2025 대비 최신 개정판

소방안전 관리자 2급

이론서

모아합격전략연구소

한국소방안전원 최신개정 완벽반영

MOAG

시험안내

▶ **소방안전관리자란?**

• **수행직무**
소방계획서의 작성, 자위소방대 및 초기대응체계의 구성·운영·교육, 피난 및 방화시설의 유지·관리, 소방훈련 및 교육, 소방시설의 유지·관리, 화기취급의 감독 업무를 수행한다.

• **진로 및 전망**
소방안전관리자는 소방안전관리대상물(전국 약 32만 개소)에 의무적으로 선임하도록 법으로 규정되어 있으며, 고층 건축물 화재 등 대형재난에 효과적으로 대응하기 위한 안전관리 인력의 수요는 지속적으로 증가할 것으로 예상된다.

▶ **응시자격**

대학에서 소방안전관리학과를 졸업했거나 대학 및 고등학교에서 관련 교과목을 6학점 이상 이수하고 졸업한 자, 또는 소방서 1년 이상 화재 진압 업무에 종사한 경우와 관련 국가기술자격증을 소지한 경우 등이 있다. 일반인의 경우 한국소방안전원에서 진행하는 소방안전 강습교육을 수료하면 해당 시험에 응시할 수 있는 자격을 부여받을 수 있다.

▶ **시험과목 및 배점**

2과목	1과목
• 소방시설(소화설비, 경보설비, 피난구조설비)의 점검·실습·평가	• 소방안전관리자 제도
• 소방계획 수립이론·실습·평가(피난약자의 피난계획 등 포함)	• 소방관계법령(건축관계법령 포함)
• 자위소방대 및 초기대응체계 구성 등 이론·실습·평가	• 소방학개론
• 작동기능점검표 작성 실습·평가	• 화기취급감독 및 화재위험작업 허가·관리
• 응급처치 이론·실습·평가	• 위험물·전기·가스 안전관리
• 소방안전 교육 및 훈련 이론·실습·평가	• 피난시설, 방화구획 및 방화시설의 관리
• 화재 시 초기대응 및 피난 실습·평가	• 소방시설의 종류 및 기준
• 업무수행기록의 작성유지 실습·평가	• 소방시설(소화설비, 경보설비, 피난구조설비)의 구조

시험방법	배점	문항수	시간
객관식 (선택형, 4지 1선택)	1문제 4점	50문항 (과목별 25문항)	1시간(60분)

* 합격기준 : 모든 과목 100점 만점 기준으로 40점 이상, 전 과목 평균 70점 이상 득점한 사람

▶ 시험일정

구분	운영횟수	원서접수, 시험일, 합격자 발표
2급	1441회	홈페이지 ➔ 소방안전교육 ➔ 시험신청 ➔ 일정확인

※ 1·2·3급 시험 운영횟수는 지역별 접수인원에 따라 변경될 수 있으며, 세부 시험일정은 등급별 "시험신청 ➔ 시험일정" 페이지에서 확인 가능

▶ 응시원서 접수방법

구분		시험 접수방법
강습교육 수료자 또는 재시험 접수 희망자		별도의 "응시자격심사" 절차 없이 시험접수 가능 (방문접수 또는 인터넷접수 가능)
학력, 경력, 자격 등의 응시자격으로 최초 시험접수 희망자	방문 접수	응시자격(증빙서류) 심사 후 시험접수 진행 ※ 단, 접수예정 또는 마감된 시험일정에는 접수할 수 없음
	인터넷 접수	① "응시자격심사" 신청(증빙서류 첨부) ② "응시자격심사" 승인 이후 시험접수 가능(방문 또는 인터넷 접수 가능)

▶ 한국소방안전원 시·도지부 안내

• 대표번호 : 1899-4819(콜센터)
　※ 운영시간 : 평일 08:00 ~ 18:00 (점심시간 12:00 ~ 13:00, 토요일, 일요일 공휴일 제외)
• 시·도지부 연락처

구분	전화번호	구분	전화번호
서울지부	02) 850-1378	경기지부	031) 257-0131
서울동부지부	02) 850-1392	경기북부지부	031) 945-3118
부산지부	051) 553-8423	강원지부	033) 345-2119
대구경북지부	053) 431-2393	충북지부	043) 237-3119
인천지부	032) 569-1971	전북지부	063) 212-8315
광주전남지부	062) 942-6679	경남지부	055) 237-2071
대전충남지부	042) 638-4119	제주지부	064) 758-8047
울산지부	052) 256-9011	-	-

▶ 기타사항

• 응시자격, 시험과목 등은 관련법령 개정에 따라 변경될 수 있습니다.
• 소방안전관리자 강습교육 및 시험과 관련된 자세한 사항은 시·도지부로 문의하시기 바랍니다.

10일 단기완성

Day 1	OT 및 커리큘럼 Part 01 소방관계법령 Chapter 01 ~ 03	강의시간 약 3시간 / 복습 2시간
Day 2	Part 01 소방관계법령 Chapter 04 ~ 05	강의시간 약 3시간 / 복습 2시간
Day 3	Part 01 소방관계법령 Chapter 06 ~ 07	강의시간 약 3시간 / 복습 2시간

※ **학습 Comment** Part 01은 소방안전관리자의 제도와 교육에 관한 전반적인 내용과 더불어 소방과 관련된 법을 배우는 시간입니다. 소방기본법, 화재예방법, 소방시설법뿐만 아니라 건축관계법령까지 시험에 출제되고 있으므로 각 법 조항 중 중요한 내용들을 위주로 학습해주시기 바랍니다.

Day 4	Part 02 소방학개론 Chapter 01 ~ 03	강의시간 약 3시간 / 복습 2시간

※ **학습 Comment** 소방학개론은 기본적인 '불'에 관한 내용을 배우는 파트입니다. '연소'와 '화재' 그리고 화재발생 시 어떻게 소화하는지 기본 개념부터 탄탄히 다지는 시간을 가져보세요.

Day 5	Part 03 화기취급 감독 및 화재위험작업 허가·관리 Chapter 01 ~ 03 Part 04 피난시설, 방화구획 및 방화시설 유지·관리 Chapter 01	강의시간 약 3시간 / 복습 2시간

※ **학습 Comment** 용접, 용단, 연마, 땜, 드릴 등 화염 또는 불꽃(스파크)을 발생시키는 작업 또는 가연성 물질의 점화원이 될 수 있는 모든 기기를 사용하는 작업의 준수사항과 화재감시자에 관한 내용을 배우는 Part입니다. 분만 아니라 화재 시 안전한 피난을 위한 피난경로와 대피공간의 기준을 학습해주시기 바랍니다.

Day 6	Part 05 소방시설의 종류 및 기준, 구조·점검 Chapter 01	강의시간 약 3시간 / 복습 2시간
Day 7	Part 05 소방시설의 종류 및 기준, 구조·점검 Chapter 02	강의시간 약 3시간 / 복습 2시간
Day 8	Part 05 소방시설의 종류 및 기준, 구조·점검 Chapter 03	강의시간 약 3시간 / 복습 2시간
Day 9	Part 05 소방시설의 종류 및 기준, 구조·점검 Chapter 04	강의시간 약 3시간 / 복습 2시간

※ **학습 Comment** 소화설비, 경보설비, 피난구조설비의 종류와 설치기준, 작동원리, 점검방법을 배우는 Part입니다. 시험에서 가장 큰 부분을 차지하며 출제되고 있을 뿐만 아니라 실무에서도 매우 중요한 부분이기 때문에 반드시 꼼꼼히 학습해주시기 바랍니다.

Day 10	Part 06 소방계획 수립 Part 07 응급처치 Part 08 소방안전교육 및 훈련 Part 09 작동점검표 작성 및 실습	강의시간 약 3시간 / 복습 2시간

※ **학습 Comment** 소방계획의 수립과 자위소방대 및 초기대응체계의 구성, 운영, 화재발생 시 대응 방법과 피난계획의 수립 등에 대해 학습합니다. 또한 Part 07 응급처치에서는 최근 출제 빈도가 높아졌기 때문에 응급처치 개요부터 요령까지 꼼꼼히 학습해주시기 바랍니다. 소방안전교육 및 훈련에서는 훈련의 실시 원칙을 위주로 학습해주세요.

이 책의 특징

▶ 다양한 그림자료로 더 쉽고 빠르게 이해하는 핵심이론

핵심 중의 핵심만 정리, 짧은 시간 안에 학습이 가능하도록 내용을 구성하였으며, **다양한 그림 자료를 제공**함으로써 더 쉽고 빠르게 이해될 수 있도록 하였습니다.

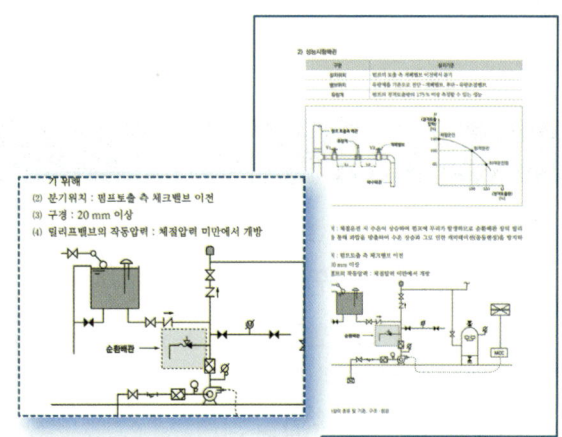

▶ 최신 출제경향이 반영된 예상문제 수록

해당 이론 학습이 끝날 때마다 **출제 가능성이 높은 문제풀이**를 통해 바로바로 복습하고 실력을 점검할 수 있도록 하였습니다. 또한 군더더기 없는 **꼭 필요한 내용만 담은 해설**로 문제의 핵심만 학습할 수 있도록 하였습니다.

▶ 최다 빈출 핵심지문 OX퀴즈 수록

실제 시험에서 자주 출제되는 핵심지문을 OX퀴즈로 다시 한번 더 체크할 수 있도록 함으로써 **학습 개념을 좀 더 쉽게 정리**할 수 있도록 하였으며, **시험에 대한 선행학습**이 가능하도록 하였습니다.

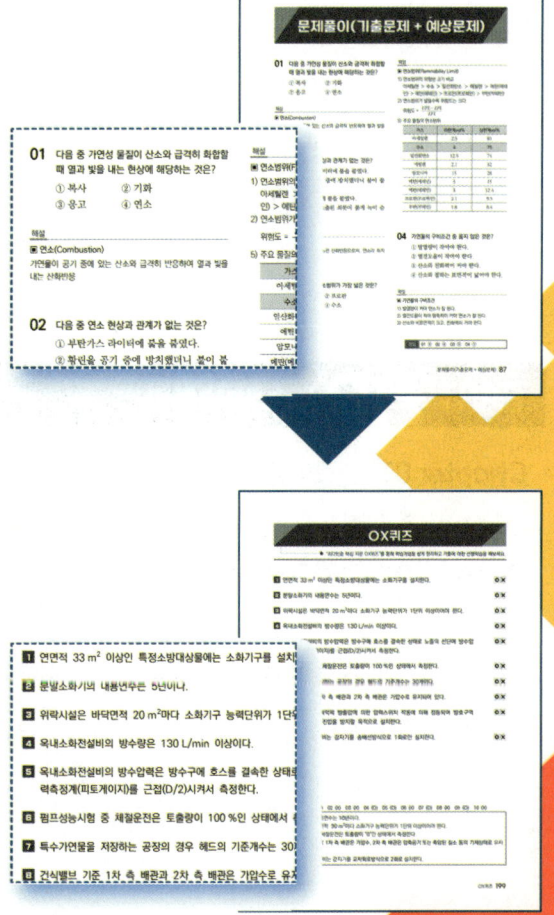

목차

PART 01 소방관계법령

Chapter 01 소방안전관리자 제도 …………………………………………………… 10
Chapter 02 소방안전관리자 선임 …………………………………………………… 11
Chapter 03 소방안전관리자 교육 …………………………………………………… 16
  ▲ OX퀴즈 / 29   ▲ 문제풀이(기출문제+예상문제) / 30
Chapter 04 소방기본법 ……………………………………………………………… 33
  ▲ OX퀴즈 / 37   ▲ 문제풀이(기출문제+예상문제) / 38
Chapter 05 화재의 예방 및 안전관리에 관한 법률 ……………………………… 39
  ▲ OX퀴즈 / 45   ▲ 문제풀이(기출문제+예상문제) / 46
Chapter 06 소방시설 설치 및 관리에 관한 법률 ………………………………… 47
  ▲ OX퀴즈 / 56   ▲ 문제풀이(기출문제+예상문제) / 57
Chapter 07 건축관계법령 …………………………………………………………… 59
  ▲ OX퀴즈 / 68   ▲ 문제풀이(기출문제+예상문제) / 69

PART 02 소방학개론

Chapter 01 연소이론 ………………………………………………………………… 72
  ▲ OX퀴즈 / 86   ▲ 문제풀이(기출문제+예상문제) / 87
Chapter 02 화재이론 ………………………………………………………………… 91
  ▲ OX퀴즈 / 97   ▲ 문제풀이(기출문제+예상문제) / 98
Chapter 03 소화이론 ………………………………………………………………… 101
  ▲ OX퀴즈 / 106   ▲ 문제풀이(기출문제+예상문제) / 107

PART 03 화기취급 감독 및 화재위험작업 허가·관리

Chapter 01 화기취급작업 ·· 110
Chapter 02 위험물 안전관리 ··· 120
Chapter 03 전기 안전관리 ··· 126
Chapter 04 가스 안전관리 ··· 128
▶ OX퀴즈 / 131   ▶ 문제풀이(기출문제+예상문제) / 132

PART 04 피난시설, 방화구획 및 방화시설의 유지·관리

Chapter 01 방화구획 등 ·· 136
▶ OX퀴즈 / 140   ▶ 문제풀이(기출문제+예상문제) / 141

PART 05 소방시설의 종류 및 기준, 구조·점검

Chapter 01 소방시설의 종류 및 기준 ···································· 144
Chapter 02 소화설비 ··· 153
▶ OX퀴즈 / 199   ▶ 문제풀이(기출문제+예상문제) / 200
Chapter 03 경보설비 ··· 208
▶ OX퀴즈 / 222   ▶ 문제풀이(기출문제+예상문제) / 223
Chapter 04 피난구조설비 ·· 226
▶ OX퀴즈 / 235   ▶ 문제풀이(기출문제+예상문제) / 236

PART 06 소방계획 수립

Chapter 01 소방계획의 수립 ·· 240
Chapter 02 자위소방대 및 초기대응체계 구성·운영 ········· 243
Chapter 03 화재대응 및 피난 ·· 246
Chapter 04 업무수행 기록의 작성·유지 ························· 250
▶ OX퀴즈 / 252　　　▶ 문제풀이(기출문제+예상문제) / 253

PART 07 응급처치

Chapter 01 응급처치 개요 ··· 256
Chapter 02 응급처치 요령 ··· 258
▶ OX퀴즈 / 262　　　▶ 문제풀이(기출문제+예상문제) / 263

PART 08 소방안전교육 및 훈련

Chapter 01 소방안전교육 및 훈련 ·································· 268
▶ OX퀴즈 / 270　　　▶ 문제풀이(기출문제+예상문제) / 271

PART 09 작동점검표 작성 및 실습

Chapter 01 작동기능점검표 작성 ··································· 274
Chapter 02 자체점검 실시결과 보고서 작성 ··················· 278
▶ OX퀴즈 / 281　　　▶ 문제풀이(기출문제+예상문제) / 282

PART 01
소방관계법령

CHAPTER 01 소방안전관리지 제도
CHAPTER 02 소방안전관리자 선임
CHAPTER 03 소방안전관리자 교육
CHAPTER 04 소방기본법
CHAPTER 05 화재의 예방 및 안전관리에 관한 법률
CHAPTER 06 소방시설 설치 및 관리에 관한 법률
CHAPTER 07 건축관계법령

소방안전관리자 제도

1. 개요

소방대상물의 대형화, 고층화, 복잡화로 화재 및 재난 시 다수의 인명 피해와 막대한 재산상의 손실이 발생되며, 우리가 예측하기 어려운 많은 위험에 노출되어 발생되고 있다. 이에 민간 소방의 최일선에 있는 관리자들에게 일정한 자격을 갖추게 하여 화재 및 재난 등에 효과적으로 대응하고, 더 나아가 국민의 생명과 재산을 보호하기 위하여 소방안전관리자 제도를 도입하여 시행 중이다.

2. 소방안전관리자의 수행업무

1) 소방계획서의 작성
2) 자위소방대 및 초기대응체계의 구성·운영·교육
3) 피난 및 방화시설의 유지·관리
4) 소방훈련 및 교육
5) 소방시설의 유지·관리
6) 화기취급의 감독 업무를 수행
7) 소방안전관리에 관한 업무수행에 관한 기록·유지(3), 5), 6)항 업무)
8) 화재발생 시 초기대응
9) 그 밖에 소방안전관리에 필요한 업무

CHAPTER 02 소방안전관리자 선임

01 소방안전관리자 선임대상물

1. 소방안전관리자의 선임대상물

특급대상물	1급대상물	2급대상물	3급대상물
[아파트] • 50층 이상(지하층 제외) • 높이 200 m 이상 (지상부터)	[아파트] • 30층 이상(지하층 제외) • 높이 120 m 이상 (지상부터)	• 지하구 • 공동주택(옥내/SP설치) • 보물·국보목조건축물 • 옥내소화전·스프링클러· 물분무등 설치대상	간이스프링 클러설비 또는 자동화재 탐지설비 설치된 특정소방 대상물
[아파트 제외한 모든 건축물] • 30층 이상(지하층 포함) • 높이 120 m 이상 (지상부터)	[아파트 제외한 모든 건축물] • 11층 이상(지하층 제외)		
[모든 건축물] • 연면적 10만 m² 이상 (아파트 제외)	[모든 건축물] • 연면적 1만 5천 m² 이상 (아파트 및 연립주택 제외)		
-	[가연성 가스] 1000 t 이상 저장·취급	[가연성 가스] 100 ~ 1000 t 저장·취급 가스제조설비 도시가스 허가시설	
[제외 장소] • 지하구 • 위험물 저장·처리시설 중 위험물 제조소등 • 철강 등 불연물품 저장·취급 창고 • 동·식물원		[제외 장소] 호스릴방식의 물분무 등만 설치한 경우	

02 소방안전관리자 자격조건

1. 소방안전관리자 대상물별 자격조건

자격 \ 대상물	특급	1급	2급	3급
소방기술사·관리사	모두 해당			
소방설비기사	1급 대상물 5년 이상 경력	해당	해당	해당
소방설비산업기사	1급 대상물 7년 이상 경력	해당	해당	해당
소방공무원	20년 이상	7년 이상	3년 이상	1년 이상
위험물안전관리자 (위험물기능장·위험물산업기사·기능사)	-	-	해당	해당
「기업활동 규제완화에 관한 특별조치법」에 따라 소방안전관리자로 선임된 사람(소방안전관리자로 선임된 기간으로 한정한다)	-	-	해당	해당
소방청장시험 합격자 (소방안전원 주관)	특급 소방안전관리자	1급 소방안전관리자	2급 소방안전관리자	3급 소방안전관리자

2. 특급 소방안전관리대상물

1) 소방기술사 또는 소방시설관리사의 자격
2) 소방설비기사 취득 후 5년 이상 1급에서 소방안전관리자 근무 경력
3) 소방설비산업기사 취득 후 7년 이상 1급에서 소방안전관리자로 근무 경력
4) 소방공무원 20년 이상 근무 경력
5) 특급 소방안전관리대상물의 소방안전관리시험 합격한 사람
   (1) 1급에서 소방안전관리자로 5년(소방설비기사의 경우 2년, 소방설비산업기사의 경우 3년) 이상 근무한 실무 경력
   (2) 1급에서 소방안전관리자로 선임 자격이 있는 사람으로 특급 또는 1급에서 소방안전관리보조자로 7년 이상 실무 경력
   (3) 소방공무원 10년 이상 근무 경력
   (4) 소방안전관리학과 졸업 후 2년 이상 1급에서 소방안전관리자 근무 경력자
   (5) 특급에서 소방안전관리보조자로 10년 이상 근무한 실무 경력
   (6) 특급 소방안전관리 강습교육 수료자
   (7) 총괄재난관리자로 지정되어 1년 이상 근무자

3. 1급 소방안전관리대상물

1) 소방설비기사 또는 소방설비산업기사 자격
2) 소방공무원 7년 이상 근무 경력
3) 특급 소방안전관리자 자격이 인정되는 사람
4) 1급 소방안전관리대상물의 소방안전관리에 관한 시험에 합격
   ⑴ 대학 또는 고등학교(소방안전관리학과 전공, 졸업) 2년 이상 2급·3급에서 소방안전관리자로 근무한 실무 경력
   ⑵ 3년 이상 2급 또는 3급에서 소방안전관리자 실무경력과 다음 사항
      ① 대학 또는 고등학교에서 소방안전 관련 교과목 12학점 이상 이수하고 졸업
      ② 소방안전 관련 교과목을 12학점 이상 이수한 사람
      ③ 대학 또는 고등학교에서 소방안전 관련 학과를 전공하고 졸업
   ⑶ 소방행정학 또는 소방안전공학 분야에서 석사학위 이상을 취득
   ⑷ 5년 이상 2급에서 소방안전관리자로 근무한 실무 경력
   ⑸ 특급 또는 1급의 소방안전관리에 대한 강습교육을 수료
   ⑹ 2급의 소방안전관리자 선임자격자로 특급 또는 1급에서 소방안전관리보조자로 5년 이상 실무 경력
   ⑺ 2급의 소방안전관리자 선임자격자로서 2급에서 소방안전보조자로 7년 이상 근무한 실무 경력
   ⑻ 산업안전기사 또는 산업안전산업기사의 자격을 취득한 후 2년 이상 2급 소방안전관리대상물 또는 3급 소방안전관리대상물의 소방안전관리자로 근무한 실무경력이 있는 사람
   ⑼ 특급 소방안전관리대상물의 소방안전관리자 시험응시 자격이 인정되는 사람

4. 2급 소방안전관리대상물

1) 위험물기능장·위험물산업기사 또는 위험물기능사 자격
2) 소방공무원 3년 이상 근무 경력
3) 특급 또는 1급의 소방안전관리자 자격이 인정되는 사람
4) 「기업활동 규제완화에 관한 특별조치법」에 따라 소방안전관리자로 선임된 사람(소방안전관리자로 선임된 기간으로 한정)
5) 2급 소방안전관리대상물의 소방안전관리의 시험에 합격자로 다음 사항
   ⑴ 대학 또는 고등학교에서 소방안전관리학과를 전공하고 졸업
   ⑵ 대학 또는 고등학교에서 소방안전 관련 교과목을 6학점 이상 이수하고 졸업
      ① 소방안전 관련 교과목을 6학점 이상 이수한 사람
      ② 대학 또는 고등학교에서 소방안전 관련 학과를 전공하고 졸업한 사람
   ⑶ 소방본부·소방서에서 1년 이상 화재진압 또는 그 보조업무 종사자
   ⑷ 의용소방대원으로 3년 이상 근무한 경력
   ⑸ 군부대(주한 외국군부대를 포함) 및 의무소방대원 1년 이상 근무 경력
   ⑹ 자체소방대의 소방대원으로 3년 이상 근무한 경력(위험물안전관리법)

⑺ 대통령 경호공무원·별정직공무원으로서 2년 이상 안전검측 업무 경력
⑻ 경찰공무원 3년 이상 근무 경력
⑼ 특급, 1급 또는 2급의 소방안전관리에 대한 강습교육을 수료한 사람
⑽ 소방안전관리보조자 선임자격자로 특급, 1급, 2급, 3급에서 소방안전보조자로 3년 이상 근무 경력
⑾ 3급 소방안전관리대상물의 소방안전관리자로 2년 이상 근무한 실무 경력

5. 3급 소방안전관리대상물

1) 특급, 1급, 2급 소방안전관리대상물의 소방안전관리자 자격
2) 소방공무원 1년 이상 근무 경력
3) 「기업활동 규제완화에 관한 특별조치법」에 따라 소방안전관리자로 선임된 사람(소방안전관리자로 선임된 기간으로 한정)
4) 3급 소방안전관리대상물의 소방안전관리 시험에 합격자로 다음 사항
   ⑴ 의용소방대원으로 2년 이상 근무한 경력이 있는 사람
   ⑵ 자체소방대의 소방대원으로 1년 이상 근무한 경력(위험물안전관리법)
   ⑶ 대통령 경호공무원·별정직공무원으로 1년 이상 안전검측 업무 경력
   ⑷ 경찰공무원 2년 이상 근무 경력
   ⑸ 특급, 1급, 2급, 3급의 소방안전관리 강습교육 수료한 사람
   ⑹ 소방안전관리보조자 선임자격자로서 특급, 1급, 2급, 3급에서 소방안전보조자로 2년 이상 경력
   ⑺ 특급, 1급, 2급 소방안전관리대상물의 소방안전보조자 시험응시 자격이 인정되는 사람

03 소방안전관리 보조자 선임대상 및 자격

1. 선임대상

보조자선임대상 특정소방대상물	최소 선임기준
300세대 이상인 아파트	1명(300세대마다 1명 이상 추가)
연면적이 1만 5천 m² 이상인 특정소방대상물 (아파트 및 연립주택 제외)	1명(연면적 1만 5천 m²마다 1명 이상 추가) 다만 특정소방대상물의 종합방재실에 자위소방대가 24시간 상시 근무하고, 소방자동차 중 소방펌프차, 소방물탱크차, 소방화학차, 무인방수차를 운용하는 경우 3000 m² 초과마다 1명 추가 선임한다.
1) 공동주택 중 기숙사 2) 의료시설 3) 노유자시설 4) 수련시설 5) 숙박시설(숙박시설로 사용되는 바닥면적의 합계가 1500 m² 미만이고 관계인이 24시간 상시 근무하고 있는 숙박시설은 제외)	1명 다만 해당 특정소방대상물이 소재하는 지역을 관할하는 소방서장이 야간이나 휴일에 해당 특정소방대상물이 이용되지 않는다는 것을 확인한 경우에는 선임하지 않을 수 있다.

2. 자격

1) 특급, 1급, 2급, 3급 소방대상물의 소방안전관리자 자격이 있는 사람
2) 국가기술자격 중에서 행정안전부령으로 정하는 국가기술자격이 있는 사람
3) 공공기관, 특급, 1급, 2급, 3급 소방안전관리 강습교육을 수료한 사람
4) 소방안전관리대상물에서 소방안전 관련 업무에 5년 이상 근무한 경력이 있는 사람

04 공동 소방안전관리자 선임대상물

1) 복합 건축물(지하층을 제외한 11층 이상 또는 연면적 3만 제곱미터 이상인 건축물)
2) 지하가(지하의 인공구조물 안에 설치된 상점 및 사무실, 그 밖에 이와 비슷한 시설이 연속하여 지하도에 접하여 설치된 것과 그 지하도를 합한 것)
3) 판매시설 중 도매시장 및 소매시장
4) 특정소방대상물 중 소방본부장 또는 소방서장이 지정한 대상물

CHAPTER 03 소방안전관리자 교육

01 소방안전관리자(보조자) 강습교육

1. 강습과정(주관 : 한국소방안전원)

구분		주요내용
근거법령		• 「화재의 예방 및 안전관리에 관한 법률(약칭 : 화재예방법)」
교육대상	신청자격	• 소방안전관리자 자격시험에 응시하고자 하는 사람 - 제외 대상 : 소방안전관리자 강습접수 면제대상 및 결격 해당자 제외
	결격사유	1) 만 15세 미만인 사람 2) 정신질환자, 시각 및 청각장애인(단, 해당분야 전문의가 정상적인 안전관리업무 수행이 가능하다고 판단하는 경우는 제외) 3) 팔, 다리가 없거나 쓸 수 없는 사람 4) 기타 교육실시책임자가 부적격하다고 판단한 사람 5) 동일 교육과정의 자격을 취득한 사람 6) 자격이 취소된 날로부터 2년이 지나지 아니한 사람 7) 상호 간의 정상적인 언어소통이 불가능한 경우
교육과정		과정개설(시·도지부) ⇨ 수강신청(인터넷) ⇨ 소집교육 ⇨ 교육이수(시험자격 부여) ⇨ 과정별 평가 ※ 등급별 소방안전관리자 자격취득을 위해서는 별도의 시험에 합격해야 함

2. 소방안전관리자 강습교육 시간

구분	이론	실무		총교육 시간
		일반	실습 및 평가	
특급소방안전관리자	48시간	48시간	64시간	160시간
1급 소방안전관리자 (공공기관)	23시간	24시간	33시간	80시간
2급 소방안전관리자	11시간	12시간	17시간	40시간
3급 소방안전관리자	7시간	7시간	10시간	24시간

3. 소방안전관리자 강습교육 과목

교육과목	등급				
	특급	1급	공공기관	2급	3급
직업윤리 및 리더십	○				
건축·전기·가스 관계법령 및 안전관리	○				
재난관리 일반 및 관련 법령	○				
초고층 특별법	○				
소방기초이론	○				
연소·방화·방폭공학	○				
고층건축물 소방시설 적용기준	○				
화재피해 복구	○				
공사장 안전관리 계획 및 화기취급감독	○				
방재계획 수립 이론·실습·평가	○				
고층건축물 화재 등 재난사례 및 대응방법	○				
화재원인 조사실무	○				
소방신기술 동향	○				
시청각교육	○				
위험성 평가기법 및 성능위주 설계	○				
초고층 건축물 안전관리 우수사례 토의	○				
공공기관의 소방안전관리 우수사례 토의			○		
공공기관 소방안전 규정의 이해			○		
소방안전관리 업무대행 감독			○		
공사장 안전관리 계획 및 감독			○		
건축관계법령	○	○	○	○	
소방관계법령	○	○	○	○	
소방학개론	○	○	○	○	○
소방안전관리제도	○	○	○	○	○
화재예방, 소방시설 설치·유지 및 안전관리에 관한 법령	-	-	-	-	○
화재일반	-	-	○	-	○
화기취급감독(위험물·전기·가스 안전관리)	○	○	○	○	○
종합방재실 운용	○	○	○	-	-
소방시설의 구조·점검·실습 평가 1) 소화설비, 경보설비, 피난설비, 소화용수설비, 소화활동설비 　- 특급, 1급, 공공기관 **2) 소화설비, 경보설비, 피난설비 - 2급, 3급**	○	○	○	○	○
소방계획 수립 이론·실습·평가	○	○	○	○	○
작동기능점검표 작성·실습·평가	○	○	○	○	-
외관점검표 작성·실습·평가	-	-	-	-	○
1) 구조 및 응급처치 이론·실습·평가 - 특급, 1급, **2) 응급처치 이론·실습·평가 - 공공기관, 2급, 3급**	○	○	○	○	○
소방안전 교육 및 훈련 이론·실습·평가	○	○	○	○	○
화재대응 및 피난 실습·평가	○	○	○	○	
총 교육시간	160	80	80	40	24

02 2급 소방안전관리자 시험

1. 시험과목

구분	내용
1과목	소방안전관리자 제도
	소방관계법령(건축관계법령 포함)
	소방학개론
	화기취급감독 및 화재위험작업 허가·관리
	위험물·전기·가스 안전관리
	피난시설, 방화구획 및 방화시설의 관리
	소방시설의 종류 및 기준
	소방시설(소화설비, 경보설비, 피난구조설비)의 구조
2과목	소방시설(소화설비, 경보설비, 피난설비)의 구조·점검, 실습, 평가
	소방계획 수립 이론·실습·평가(화재안전취약자의 피난계획 등 포함)
	자위소방대 및 초기대응체계 구성 등 이론·실습·평가
	작동기능점검표 작성 실습·평가
	응급처치 이론·실습·평가
	소방안전교육 및 훈련 이론·실습·평가
	화재 시 초기대응 및 피난 실습·평가
	업무수행기록의 작성·유지 실습·평가

2. 시험방법 및 시간

시험방법	배점	문항수	시간
객관식 (선택형, 4지 1선택)	1문제 4점	50문항 (과목별 25문항)	1시간(60분)

3. 합격기준

모든 과목 100점 만점을 기준으로 40점 이상, 전 과목 평균 70점 이상 득점한 사람

03 소방안전관리자 실무교육

강습 및 실무교육		내용
실시권자		소방청장(한국소방안전원장에게 위임)
대상자		1) 소방안전관리자 및 소방안전관리보조자 2) 소방안전관리 업무를 대행하는 자를 감독할 수 있는 소방안전관리자 3) 소방안전관리자의 자격을 인정받으려는 자
실무교육 통보		교육실시 30일 전
실무교육 주기		선임된 날부터 6개월 이내, 교육실시 후에는 2년마다 실시 다만 강습교육 또는 실무교육 수료 후 1년 이내에 선임 시, 6개월 교육은 면제된다 (즉, 선임 후 2년마다 실무교육 실시).
실무교육 미이행 시	벌칙	과태료 50만 원

	자격정지	1) 처분권자 : 소방청장
		2) 1년 이하의 기간을 정하여 자격을 정지시킬 수 있음
		  ① 1차 : 경고(시정명령)
		  ② 2차 : 자격정지(3개월)
		  ③ 3차 : 자격정지(6개월)

04 소방안전관리자 선임 및 업무

1. 소방안전관리자(보조자) 선임

1) 선임권자

　관계인

2) 선임기한

　해당하는 날로부터 30일 이내에 선임하고, 14일 이내에 소방본부장이나 소방서장에게 신고

선임기준	해당일
신축·증축·개축·재축·대수선 또는 용도변경 시 신규 선임	특정소방대상물의 사용승인일
증축 또는 용도변경	특정소방대상물의 사용승인일 또는 용도변경 사실을 건축물관리대장에 기재한 날
양수하거나 경매, 환가, 압류재산의 매각	해당 권리를 취득한 날 관할 소방서장으로부터 소방안전관리자 선임 안내를 받은 날

선임기준	해당일
공동 소방안전관리대상이 되는 경우	소방본부장 또는 소방서장이 공동 소방안전관리 대상으로 지정한 날
소방안전관리자를 해임, 퇴직 등으로 업무가 종료된 경우	소방안전관리자를 해임, 퇴직 등 근무를 종료한 날
소방안전관리업무를 대행하는 자를 감독하는 자를 소방안전관리자로 선임한 경우로서 그 업무대행 계약이 해지 또는 종료된 경우	소방안전관리업무 대행이 끝난 날
소방안전관리자 자격이 정지 또는 취소된 경우	소방안전관리자 자격이 정지 또는 취소된 날

2. 관계인과 소방안전관리자의 업무

	업무사항	관계인	소방안전관리자
1	피난계획에 관한 사항과 소방계획서의 작성 및 시행		○
2	자위소방대 및 초기대응체계의 구성·운영·교육		○
3	소방훈련 및 교육		○
4	소방안전관리에 관한 업무수행에 관한 기록·관리(월 1회 이상, 2년간 보관)		○
5	피난시설, 방화구획 및 방화시설의 관리(업무대행 가능)	○	○
6	소방시설이나 그 밖의 소방 관련 시설의 관리(업무대행 가능)	○	○
7	화기 취급의 감독	○	○
8	화재 발생 시 초기 대응	○	○
9	그 밖에 소방안전관리에 필요한 업무	○	○

3. 소방계획서의 작성

1) 소방안전관리대상물의 위치·구조·연면적·용도 및 수용인원 등 일반 현황
2) 소방안전관리대상물에 설치한 소방시설·방화시설, 전기시설·가스시설 및 위험물시설의 현황
3) 화재 예방을 위한 자체점검계획 및 진압대책
4) 소방시설·피난시설 및 방화시설의 점검·정비계획
5) 피난층 및 피난시설의 위치와 피난경로의 설정, 장애인 및 노약자의 피난계획 등을 포함한 피난계획
6) 방화구획, 제연구획, 건축물의 내부 마감재료 및 방염물품의 사용현황과 그 밖의 방화구조 및 설비의 유지·관리계획
7) 관리의 권원이 분리된 특정소방대상물의 소방안전관리에 관한 사항
8) 소방훈련 및 교육에 관한 계획
9) 특정소방대상물의 근무자 및 거주자의 자위소방대 조직과 대원의 임무(화재안전취약자의 피난 보조 임무를 포함)에 관한 사항

10) 화기 취급 작업에 대한 사전 안전조치 및 감독 등 공사 중 소방안전관리에 관한 사항
11) 소화에 관한 사항과 연소 방지에 관한 사항
12) 위험물의 저장·취급에 관한 사항(예방규정을 정하는 제조소등은 제외)
13) 소방안전관리에 대한 업무수행에 관한 기록 및 유지에 관한 사항(월 1회 이상 작성, 2년간 보관)
14) 화재 발생 시 화재경보, 초기소화 및 피난유도 등 초기대응에 관한 사항
15) 그 밖에 소방안전관리를 위하여 소방본부장 또는 소방서장이 소방안전관리대상물의 위치·구조·설비 또는 관리 상황 등을 고려하여 소방안전관리에 필요하여 요청하는 사항

4. 관계인의 피난계획 수립, 시행

1) 피난계획에 포함되어야 할 사항

   (1) 화재경보의 수단 및 방식
   (2) 층별, 구역별 피난대상 인원의 현황
   (3) 어린이, 노인, 장애인 등 화재의 예방 및 안전관리에 취약한 자(화재안전취약자)의 현황
   (4) 각 거실에서 옥외(옥상 또는 피난안전구역을 포함)로 이르는 피난경로
   (5) 화재안전취약자 및 화재안전취약자를 동반한 사람의 피난동선과 피난방법
   (6) 피난시설, 방화구획, 그 밖에 피난에 영향을 줄 수 있는 제반 사항

2) 피난계획의 수립 및 시행에 따른 피난유도 안내정보의 제공

   (1) 연 2회 피난안내 교육을 실시하는 방법
   (2) 분기별 1회 이상 피난안내방송을 실시하는 방법
   (3) 피난안내도를 층마다 보기 쉬운 위치에 게시하는 방법
   (4) 엘리베이터, 출입구 등 시청이 용이한 지역에 피난안내영상을 제공하는 방법

5. 특정소방대상물의 근무자 및 거주자에 대한 소방훈련과 교육

1) 소방훈련·교육(훈련·교육 실시권자 : 관계인)

구분	내용	
소방훈련·교육	실시권자	관계인
	종류	소화, 통보, 피난 등
	훈련과 교육의 주기	연 1회 이상
	교육실시 결과기록부 보관기한	2년간 보관
소방훈련·교육 특정소방대상물 (대통령령)	① 의료시설, 교육연구시설, 노유자시설 ② 그 밖에 화재 발생 시 불특정 다수의 인명피해가 예상되어 소방본부장 또는 소방서장이 소방훈련·교육이 필요하다고 인정하는 특정소방 대상물	

※ 소방훈련·교육 실시 결과서를 작성하여 소방본부장 또는 소방서장에게 교육 실시일로부터 30일 이내에 제출해야 한다.

2) 소방안전교육 대상자(교육 실시권자 : 소방본부장, 소방서장) 소방훈련 대상이 아닌 것으로서,

구분	내용
안전교육 대상	소화기 또는 비상경보설비가 설치된 공장·창고 등의 특정소방대상물
	그 밖에 화재에 대하여 취약성이 높다고 관할 소방본부장 또는 소방서장이 인정하는 특정소방대상물

6. 소방안전관리자 현황표

소방안전관리자 현황표 (대상명 :   )

이 건축물의 소방안전관리자는 다음과 같습니다.

☐ 소방안전관리자 :   (선임일자 :   년   월   일)

☐ 소방안전관리대상물 등급 :   급

☐ 소방안전관리자 근무 위치(화재 수신기 위치) :

「화재의 예방 및 안전관리에 관한 법률」 제26조 제1항에 따라 이 표지를 붙입니다.

소방안전관리자 연락처 :

이 현황표의 규격은 다음과 같이 한다.
다만 소방안전관리대상물의 특성을 고려하여 크기, 재질, 글씨체를 정할 수 있다.
1. 크기 : A3 용지(가로 420밀리미터 × 세로 297밀리미터)
2. 재질 : 아트지(스티커) 또는 종이
3. 글씨체
    가. 소방안전관리자 현황표 : 나눔고딕Extra Bold 46포인트(흰색)
    나. 대상명 : 나눔고딕Extra Bold 35포인트(흰색)
    다. 본문 제목 및 내용 : 나눔바른고딕 30포인트(검정색)
    라. 하단내용 : 나눔바른고딕 24포인트(검정색)
    마. 연락처 : 나눔고딕Extra Bold 30포인트(흰색)
4. 바탕색 : 남색(RGB : 28,61,98), 회색(RGB : 242,242,242)

7. 소방안전관리 업무수행 기록·유지

소방안전관리자는 소방안전관리 업무수행에 관한 기록을 시행규칙 별지 제12호 서식에 의거, 다음 작성 주기에 따라서 작성하여야 한다.
1) 특급 및 1급 대상물 : 소방안전관리업무를 수행한 날을 포함하여 주 3회 이상
2) 2급 및 3급 대상물 : 소방안전관리업무를 수행한 날을 포함하여 주 1회 이상
3) 업무수행 내용 중 유지보수 또는 시정이 필요한 경우 : 지체 없이 관계인에게 통보
4) 기록·유지 : 업무수행에 관한 기록을 작성한 날로부터 2년간 보관

8. 소방안전관리업무 대행

소방안전관리대상물 중 연면적 등이 일정규모 미만인 대통령령으로 정하는 소방안전관리대상물의 관계인은 관리업자로 하여금 소방안전관리업무 중 대통령령으로 정하는 업무를 대행하게 할 수 있다. 이 경우 선임된 안전관리자는 관리업자의 대행 업무수행을 감독하고 대행업무 외의 소방안전관리업무는 직접 수행해야 한다.

1) 대통령령으로 정하는 소방안전관리대상물
   (1) 지상층의 층수가 11층 이상인 1급 소방안전관리대상물(다만 연면적 1만 5천 m^2 이상인 특정소방대상물과 아파트 제외)
   (2) 2급 및 3급 소방안전관리대상물

2) 대통령령으로 정하는 업무
   (1) 피난시설, 방화구획 및 방화시설의 관리
   (2) 소방시설이나 그 밖의 소방 관련 시설의 관리

05 건설현장 소방안전관리

건설공사를 하는 공사시공자가 화재발생 및 화재피해의 우려가 큰 건설현장 소방안전관리대상물을 신축·증축·개축·재축·이전·용도변경 또는 대수선하는 경우에는 소방안전관리자 자격증을 발급받은 소방안전관리자로서 건설현장 소방안전관리자 강습교육을 받은 사람을 건설현장 소방안전관리자로 선임해야 한다.

1. 건설현장 소방안전관리대상물

1) 신축·증축·개축·재축·이전·용도변경 또는 대수선을 하려는 부분의 연면적 15000 m^2 이상인 것

2) 신축·증축·개축·재축·이전·용도변경 또는 대수선을 하려는 부분의 연면적 5000 m² 이상인 것으로서 다음 어느 하나에 해당하는 것
  (1) 지하층의 층수가 2개 층 이상인 것
  (2) 지상층의 층수가 11층 이상인 것
  (3) 냉동창고, 냉장창고 또는 냉동·냉장창고

2. 건설현장 소방안전관리자 업무

  1) 건설현장의 소방계획서 작성
  2) 임시소방시설설의 설치 및 관리에 대한 감독
  3) 공사진행 단계별 피난안전구역, 피난로 등의 확보와 관리
  4) 건설현장의 작업자에 대한 소방안전 교육 및 훈련
  5) 초기대응체계의 구성·운영 및 교육
  6) 화기취급의 감독, 화재위험작업의 허가 및 관리
  7) 그 밖에 건설현장의 소방안전관리와 관련하여 소방청장이 고시하는 업무

3. 선임기간

소방시설공사 착공 신고일부터 건축물 사용승인일까지 선임

4. 선임신고

  1) 공사시공자는 선임한 날로부터 14일 이내에 소방본부장 또는 소방서장에게 선임신고해야 한다 (종합정보망 이용한 선임 신고 가능).
  2) 선임신고 서류
    (1) 건설현장 소방안전관리자 선임신고서(시행규칙 별지 제19호 서식)
    (2) 소방안전관리자 자격증
    (3) 건설현장 소방안전관리자 강습교육 수료증
    (4) 건설현장 공사 계약서 사본

소방시설등의 자체점검 등

1. 특정소방대상물의 자체점검자 및 결과의 조치

구분	내용
자체점검자	1) 관계인(점유자, 소유자, 관리자) 2) 관리업자 3) 소방안전관리자로 선임된 소방시설관리사 및 소방기술사
중대위반사항	1) 관계인이 발견 시 : 지체 없이 수리 등 필요한 조치 2) 관리업자 등이 발견 시 : 즉시 관계인에게 알려야 함 3) 중대위반사항 　① 소화펌프(가압송수장치를 포함한다) 동력·감시제어반 또는 소방시설용 전원(비상전원을 포함한다)의 고장으로 소방시설이 작동되지 않는 경우 　② 화재 수신기의 고장으로 화재경보음이 자동으로 올리지 않거나 화재수신기와 연동된 소방시설의 작동이 불가능한 경우 　③ 소화배관 등이 폐쇄·차단되어 소화수 또는 소화약제가 자동 방출되지 않는 경우 　④ 방화문 또는 자동방화셔터가 훼손되거나 철거되어 본래의 기능을 못하는 경우
자체점검 결과의 조치	1) 관리업자 또는 소방안전관리자로 선임된 소방시설관리사 및 소방기술사가 자체점검 시, 점검이 끝난 날로부터 10일(공휴일, 토요일 제외) 이내에 관계인에게 보고 2) 1)에 따라 보고서를 제출받은 관계인 또는 스스로 자체점검을 실시한 관계인은 자체점검이 끝난 날로부터 15일(공휴일, 토요일 제외) 소방본부장 또는 소방서장에게 서면이나 소방청장이 지정하는 전산망을 통하여 보고하고 2년간 자체 보관 3) 2)에 따라 보고 받은 소방본부장 또는 소방서장은 다음에 따라 이행계획의 완료 기간을 정하여 관계인에게 통보(이행이 어려운 경우 기간 변경 가능) 　① 소방시설등을 구성하고 있는 기계·기구를 수리하거나 정비하는 경우 : 보고일로부터 10일 이내 　② 소방시설등의 전부 또는 일부를 철거하고 새로 교체하는 경우 : 보고일로부터 20일 이내 4) 관계인은 이행을 완료한 날로부터 10일 이내에 이행보고서를 소방본부장 또는 소방서장에게 보고 5) 자체점검 결과 보고를 마친 관계인은 보고한 날로부터 10일 이내에 관련 사항을 특정소방대상물의 출입자가 쉽게 볼 수 있는 장소에 30일 이상 게시해야 한다.

2. 점검인력의 배치기준

1) 점검인력 1단위

   (1) 관리업자가 점검하는 경우에는 주된 점검인력인 특급점검자 1명과 보조 점검인력인 주된 기술인력 또는 보조 기술인력 2명을 점검인력 1단위로 하되, 점검인력 1단위에 보조 점검인력으로 2명(같은 건축물을 점검할 때는 4명) 이내의 주된 기술인력 또는 보조 기술인력을 추가할 수 있다.

   (2) 소방안전관리자로 선임된 소방시설관리사 또는 소방기술사가 점검하는 경우에는 주된 점검인력인 소방시설관리사 또는 소방기술사 중 1명과 보조 점검인력 2명을 점검인력 1단위로 하되, 점검인력 1단위에 2명 이내의 보조 점검인력을 추가할 수 있다. 이 경우 보조 점검인력은 해당 특정소방대상물의 관계인, 소방안전관리보조자 또는 관리업자 소속의 소방기술인력으로 할 수 있다.

   (3) 관계인이 점검하는 경우에는 주된 점검인력인 관계인 1명과 보조 점검인력 2명을 점검인력 1단위로 한다. 이 경우 보조 점검인력은 해당 특정소방대상물의 관계인, 소방안전관리자, 소방안전관리보조자 또는 관리업자 소속의 소방기술인력으로 할 수 있다.

2) 점검인력 배치기준

구분	주된 점검인력	보조 점검인력
가. 50층 이상 또는 성능위주설계를 한 특정소방대상물	소방시설관리사 경력 5년 이상인 특급점검자 1명 이상	고급점검자 이상의 기술인력 1명 이상 및 중급점검자 이상의 기술인력 1명 이상
나. 특급 소방안전관리대상물(가목의 특정소방대상물은 제외한다)	소방시설관리사 경력 3년 이상인 특급점검자 1명 이상	고급점검자 이상의 기술인력 1명 이상 및 초급점검자 이상의 기술인력 1명 이상
다. 1급 또는 2급 소방안전관리대상물	소방시설관리사 경력 1년 이상인 특급점검자 1명 이상 * 2025년 6월 30일까지는 "소방시설관리사 1명 이상"이다.	중급점검자 이상의 기술인력 1명 이상 및 초급점검자 이상의 기술인력 1명 이상
라. 3급 소방안전관리대상물	특급점검자 1명 이상	초급점검자 이상의 기술인력 2명 이상

※ 주된 점검인력 : 해당 점검 업무 전반을 총괄하는 사람을 말한다.
※ 보조 점검인력 : 주된 점검인력을 보조하고, 주된 점검인력의 지시를 받아 점검 업무를 수행하는 사람을 말한다.

3) 점검인력 1단위가 하루 동안 점검할 수 있는 특정소방대상물의 연면적(이하 "점검한도 면적"이라 한다)은 다음 각 목과 같다.

   (1) 종합점검 : 8000 m^2
   (2) 작동점검 : 10000 m^2

⑶ 점검인력 1단위에 보조 점검인력을 1명씩 추가할 때마다 종합점검의 경우에는 2000 m^2, 작동점검의 경우에는 2500 m^{2}씩을 점검한도 면적에 더한다. 다만 하루에 2개 이상의 특정소방대상물을 배치할 경우 1일 점검한도 면적은 특정소방대상물별로 투입된 점검인력에 따른 점검한도 면적의 평균값으로 적용하여 계산한다.
⑷ 점검인력은 하루에 5개의 특정소방대상물에 한하여 배치할 수 있다. 다만 2개 이상의 특정소방대상물을 2일 이상 연속하여 점검하는 경우에는 배치기한을 초과해서는 안 된다.

3. 자체점검의 구분과 그 대상

구분	작동점검	종합점검
정의	소방시설등을 인위적 조작하여 정상적 작동하는지 점검	작동점검 + 소방설비의 주요부품의 구조기준이 화재안전기준과 건축법 등에 적합한지 여부 점검 1) 최초점검 : 해당 특정소방대상물의 소방시설등이 신설된 경우 건축물을 사용할 수 있게 된 날부터 60일 이내 점검 2) 그 밖의 종합점검 : 최초점검을 제외한 종합점검
점검 대상 및 점검자	1) 간이스프링클러설비 또는 자동화재탐지설비가 설치된 특정소방대상물(3급 소방안전관리대상물) ▶ 점검자 • 관계인 • 소방안전관리자 • 소방시설관리업자 • 특급점검자(특급점검자에 관한 규정 : 24.12.1부터 적용) 2) "1"에 해당하지 아니하는 특정소방대상물("3)"에 해당하는 특정소방대상물은 제외한다) ▶ 점검자 • 소방안전관리자로 선임된 소방시설관리사 및 소방기술사 • 소방시설관리업자 3) 작동점검 제외 대상 ⑴ 위험물제조소등 ⑵ 소방안전관리자를 선임하지 않은 대상 ⑶ 특급소방안전관리대상물	1) 최초점검 대상물 2) 스프링클러설비가 설치된 특정소방대상물 3) 물분무등소화설비[호스릴 방식의 물분무등소화설비만을 설치한 경우는 제외]가 설치된 연면적 5000 m^2 이상인 특정소방대상물(위험물 제조소등은 제외) 4) 다중이용업의 영업장이 설치된 특정소방대상물로서 연면적이 2000 m^2 이상인 것(단란주점, 유흥주점, 노래연습장, 산후조리원, 고시원, 안마시술소, 영화상영관, 비디오물감상실업, 복합영상물제공업) 5) 제연설비가 설치된 터널 6) 공공기관 중 연면적(터널·지하구의 경우 그 길이와 평균폭을 곱하여 계산된 값)이 1000 m^2 이상인 것으로서 옥내소화전설비 또는 자동화재탐지설비가 설치된 것(소방대가 근무하는 공공기관은 제외) ▶ 점검자 1) 소방시설관리업자 2) 소방안전관리자로 선임된 소방관리사·기술사
점검자	• 관계인 • 소방안전관리자 • 소방시설관리업자	1) 소방시설관리업자 2) 소방안전관리자로 선임된 소방관리사·기술사

구분	작동점검	종합점검
점검 횟수	연 1회 이상	1) 연 1회 이상 - 특급소방대상물 : 반기에 1회 이상 - 우수대상물 : 3년 이하 기간 면제(화재 시 제외)
점검 시기	1) 종합점검 대상 : 종합점검(최초점검은 제외한다)을 받은 달부터 6개월이 되는 달에 실시 2) 1)에 해당하지 않는 특정소방대상물 : 특정소방대상물의 사용승인일이 속하는 달의 말일까지 실시	1) 최초점검 : 건축물의 사용승인을 받은 날 또는 소방시설완공검사증명서(일반용)를 받은 날로부터 60일 이내 2) 그 외 : 건축물의 사용승인일이 속하는 달에 실시 3) 건축물 사용승인일 이후 다음 항목에 따라 종합점검대상에 해당하게 된 경우에는 그 다음 해부터 실시 - 물분무등소화설비[호스릴 방식의 물분무등소화설비만을 설치한 경우는 제외]가 설치된 연면적 5000 m² 이상인 특정소방대상물 (제조소등은 제외) 4) 하나의 대지경계선 안에 2개 이상의 점검 대상 건축물 등이 있는 경우에는 그 건축물 중 사용승인일이 가장 빠른 연도의 건축물의 사용승인일을 기준으로 점검할 수 있음 5) 학교 : 해당 건축물의 사용승인일이 1 ~ 6월 사이에 있는 경우 6월 30일까지 실시

4. 소방시설등 자체점검기록표

〈소방시설등 자체점검기록표[시행규칙 별표5]〉

```
소방시설등  자체점검기록표

• 대상물명 :
• 주   소 :
• 점검구분 :            [ ] 작동점검        [ ] 종합점검
• 점 검 자 :
• 점검기간 :        년    월    일  ~    년    월    일
• 불량사항  : [ ] 소화설비   [ ] 경보설비    [ ] 피난구조설비
             [ ] 소화용수설비 [ ] 소화활동설비 [ ] 기타설비  [ ] 없음
• 정비기간 :        년    월    일  ~    년    월    일

                                              년    월    일

「소방시설 설치 및 관리에 관한 법률」제24조제1항 및 같은 법 시행규칙 제25조에
따라 소방시설등 자체점검결과를 게시합니다.
```

OX퀴즈

● "최다빈출 핵심지문 OX퀴즈"를 통해 학습개념을 쉽게 정리하고 기출에 대한 선행학습을 해보세요.

1 최성기 화재의 진압은 소방안전관리자의 업무 중 하나이다. O X

2 11층 이상인 특정소방대상물은 1급대상물이다. O X

3 소방설비산업기사를 취득한 자는 2급 소방안전관리자 자격조건에 해당한다. O X

4 3년 이상 2급에서 소방안전관리자로 근무한 실무 경력이 있는 자는 1급 소방안전관리대상물의 소방안전관리 시험을 응시할 수 있다. O X

5 300세대 이상인 아파트는 소방안전관리보조자 선임대상이다. O X

6 연면적이 1만 5천 m^2 이상인 특정소방대상물은 연면적 1만 m^2마다 소방안전관리보조자를 추가한다. O X

7 노유자시설에는 소방안전관리보조자를 선임한다. O X

8 소방안전관리자는 해당일로부터 30일 이내에 선임하고 7일 이내에 소방본부장이나 소방서장에게 신고한다. O X

9 2급소방안전관리대상물은 소방안전관리업무대행이 가능하다. O X

10 스프링클러설비가 설치된 특정소방대상물은 종합점검 대상이다. O X

오답 지문 체크 01 (X) 02 (O) 03 (O) 04 (X) 05 (O) 06 (X) 07 (O) 08 (X) 09 (O) 10 (O)

01 화재발생 시 초기대응은 소방안전관리자의 업무이다.
04 5년 이상 2급에서 소방안전관리자로 근무한 실무 경력이 있는 자는 1급 소방안전관리대상물의 소방안전관리 시험을 응시할 수 있다.
06 연면적이 1만 5천 m^2 이상인 특정소방대상물은 연면적 **1만 5천 m^2**마다 소방안전관리보조자를 추가한다.
08 소방안전관리자는 해당일로부터 30일 이내에 선임하고 **14일** 이내에 소방본부장이나 소방서장에게 신고한다.

문제풀이(예상문제)

01 소방안전관리자를 두어야 할 특정소방대상물로서 2급 소방안전관리대상물이 아닌 것은?

① 연면적 15000 m² 이상인 것
② 지하구
③ 보물·국보 목조건축물
④ 500톤 이상의 가연성 가스 저장시설

해설
■ 2급 소방안전관리대상물
1) 지하구
2) 공동주택(옥내소화전 또는 스프링클러설비에 한함)
3) 보물·국보 목조건축물
4) 옥내소화전·스프링클러·간이스프링클러·물분무등 설치대상(호스릴 제외)
5) 가연성 가스 100 ~ 1000 t 가스제조설비 도시가스 허가시설
※ 제외 : 호스릴방식의 물분무소화설비 등만 설치된 경우

02 2급 소방안전관리대상물의 관계인이 소방안전관리자를 선임하고자 한다. 다음 중 2급 소방안전관리대상물의 소방안전관리자로 선임될 수 없는 사람은?

① 소방설비기사 또는 소방설비산업기사의 자격이 있는 사람
② 산업안전기사 또는 산업안전산업기사의 자격을 취득한 사람
③ 위험물기능장·위험물산업기사 또는 위험물기능사 자격
④ 소방공무원으로 3년 이상 근무한 경력이 있는 사람

해설
■ 2급 소방안전관리대상물 선임대상자
1) 소방기술사, 소방시설관리사,
2) 소방설비기사, 소방설비산업기사
3) 위험물기능장·위험물산업기사 또는 위험물기능사 자격
4) 소방공무원 3년 이상 근무 경력
5) 특급 또는 1급의 소방안전관리자 자격이 인정되는 사람
6) 2급 소방안전관리의 시험에 합격한 자

03 공동 소방안전관리자를 선임하여야 하는 특정소방대상물 중 복합건축물은 지하층을 제외한 층수가 몇 층 이상인 건축물만 해당되는가?

① 6층   ② 11층
③ 20층   ④ 30층

해설
■ 공동 소방안전관리자 선임대상 특정소방대상물
1) 판매시설 중 도매시장 및 소매시장
2) 소방본부장 또는 소방서장이 지정하는 것
3) 지하가
4) 복합건축물(지하층을 제외한 11층 이상 또는 연면적 3만 제곱미터 이상인 건축물)

정답 01 ① 02 ② 03 ②

04 특정소방대상물의 소방안전관리자의 업무가 아닌 것은?

① 소방시설, 그 밖의 소방 관련 시설의 유지·관리
② 의용소방대의 조직
③ 피난시설 및 방화시설의 유지·관리
④ 화기취급의 감독

해설

■ 소방대상물의 소방안전관리자 업무(6가지)
1) 피난계획에 관한 사항과 대통령령으로 정하는 사항이 포함된 소방계획서의 작성 및 시행
2) 자위소방대 및 초기대응체계 구성·운영·교육
3) 피난시설, 방화구획 및 방화시설의 유지·관리
4) 소방훈련 및 교육
5) 소방시설이나 소방 관련 시설의 유지·관리
6) 화기 취급의 감독

05 2급 소방안전관리자에 대한 강습과목이 아닌 것은?

① 소방학개론
② 건축관계법령
③ 소방기초이론
④ 화기취급감독

해설

■ 소방기초이론
특급 소방안전관리자의 강습과목

06 종합점검의 경우 점검인력 1단위가 하루 동안 점검할 수 있는 특정소방대상물의 연면적 기준으로 옳은 것은?

① 12000 m²
② 10000 m²
③ 8000 m²
④ 6000 m²

해설

■ 소방시설등의 자체점검 시 점검인력 배치기준
점검인력 1단위가 하루 동안 점검가능 연면적
1) 종합점검 : 8000 m²
2) 작동점검 : 10000 m²

07 다음 중 소방안전관리자 현황표의 기재내용이 아닌 것은?

① 소방안전관리자 성명
② 소방안전관리자 연락처
③ 소방안전관리대상물 등급
④ 소방안전관리자 선/해임날짜

해설

■ 소방안전관리자 현황표의 기재내용
1) 소방안전관리자 성명
2) 소방대상물 대상명
3) 소방안전관리대상물 등급
4) 소방안전관리자 선임날짜
5) 소방안전관리자 연락처

소방안전관리자 현황표 (대상명 :   )

이 건축물의 소방안전관리자는 다음과 같습니다.
☐ 소방안전관리자 :   (선임일자 : 년 월 일)
☐ 소방안전관리대상물 등급 :   급
☐ 소방안전관리자 근무 위치(화재 수신기 위치) :
「화재의 예방 및 안전관리에 관한 법률」 제26조 제1항에 따라 이 표지를 붙입니다.

소방안전관리자 연락처 :

정답 04 ② 05 ③ 06 ③ 07 ④

08 한국소방안전원에서 시행하는 2급 소방안전관리자의 강습교육시간은?

① 160시간   ② 80시간
③ 40시간   ④ 24시간

해설

■ 소방안전관리자 강습교육시간
1) 특급 : 160시간
2) 1급 : 80시간
3) 2급 : 40시간
4) 3급 : 24시간

09 소방안전관리자를 선임한 경우 누구에게 신고하여야 하는가?

① 시·도지사
② 관할 경찰서장
③ 관할 소방서장
④ 관할 동사무소

해설

■ 소방안전관리자 선임 관련
1) 해임한 날로부터 30일 이내 선임
2) 그로부터 14일 이내 신고
3) 관할소방본부장 또는 소방서장

10 다음 중 건설현장 소방안전관리자 선임 대상물은?

① 연면적 5000 m^2 이상, 지하층의 층수가 2개 층 이상인 신축 건설현장
② 신축을 하려는 연면적 10000 m^2 이상인 건설현장
③ 연면적 5000 m^2 이상, 지상층의 층수가 10층 이상인 증축인 건설현장
④ 연면적 3000 m^2 이상, 냉동창고 건설현장

해설

■ 건설현장 소방안전관리대상물
1) 신축·증축·개축·재축·이전·용도변경 또는 대수선을 하려는 부분의 연면적 15000 m^2 이상인 것
2) 신축·증축·개축·재축·이전·용도변경 또는 대수선을 하려는 부분의 연면적 5000 m^2 이상인 것으로서 다음 어느 하나에 해당하는 것
   (1) 지하층의 층수가 2개 층 이상인 것
   (2) 지상층의 층수가 11층 이상인 것
   (3) 냉동창고, 냉장창고 또는 냉동·냉장창고

정답 08 ③ 09 ③ 10 ①

CHAPTER 04 소방기본법

01 소방기본법

1. 소방기본법의 목적

1) 화재를 예방·경계하거나 진압
2) 화재, 재난·재해, 그 밖의 위급한 상황에서의 구조·구급 활동
3) 국민의 생명·신체 및 재산을 보호
4) 공공의 안녕 및 질서 유지와 복리 증진

2. 용어 정의

용어	정의
소방대상물	건축물, 차량, 산림·그 밖의 인공 구조물 또는 물건 항구에 매어 둔 선박(정박 중인), 선박 건조 구조물
관계지역	소방대상물이 있는 장소 및 그 이웃 지역으로 화재의 예방·경계·진압, 구조·구급 등의 활동에 필요한 지역
관계인	소방대상물의 소유자·관리자 또는 점유자
소방대	소방공무원, 의무소방원, 의용소방대원
소방대장	소방본부장 또는 소방서장 등 화재, 재난·재해, 그 밖의 위급한 상황이 발생한 현장에서 소방대를 지휘하는 사람

02 소방안전원의 설립 등

1. 소방안전원의 설립목적

1) 소방기술과 안전관리기술의 향상 및 홍보
2) 그 밖의 교육·훈련 등 행정기관이 위탁하는 업무의 수행
3) 소방 관계 종사자의 기술 향상을 위하여 설치

2. 소방안전원의 업무

1) 소방기술과 안전관리에 관한 교육 및 조사·연구
2) 소방기술과 안전관리에 관한 각종 간행물 발간
3) 화재 예방과 안전관리의식 고취를 위한 대국민 홍보
4) 소방업무에 관하여 행정기관이 위탁하는 업무
5) 소방안전에 관한 국제협력
6) 그 밖에 회원에 대한 기술지원 등 정관으로 정하는 사항

3. 소방안전원의 회원자격

1) 소방 관련 법령에 따라 등록을 하거나 허가를 받은 사람으로서 회원이 되려는 사람
2) 소방 관련 법령에 따라 소방안전관리자, 소방기술자 또는 위험물안전관리자로 선임되거나 채용된 사람으로서 회원이 되려는 사람
3) 그 밖에 소방에 관한 학식과 경험이 풍부한 사람으로서 대통령령으로 정하는 사람 가운데 회원이 되려는 사람

4. 운영경비

1) 소방기술과 안전관리에 관한 교육·연구 업무수행에 따른 수익금
2) 회원의 회비, 자산운영 수익금 등

03 벌칙

1. 5년 이하의 징역 또는 5000만 원 이하의 벌금

1) 위력을 사용하여 출동한 소방대의 화재진압·인명구조 또는 구급활동을 방해하는 행위
2) 소방대가 화재진압·인명구조 또는 구급활동을 위하여 현장에 출동하거나 현장에 출입하는 것을 고의로 방해하는 행위
3) 출동한 소방대원에게 폭행 또는 협박을 행사하여 화재진압·인명구조 또는 구급활동을 방해하는 행위(음주 또는 약물로 인한 심신장애 상태에서 위반 시 형법의 면제 및 감경 미적용)
4) 출동한 소방대의 소방장비를 파손하거나 그 효용을 해하여 화재진압·인명구조 또는 구급활동을 방해하는 행위
5) 소방자동차의 출동을 방해한 사람
6) 사람을 구출하는 일 또는 불을 끄거나 불이 번지지 아니하도록 하는 일을 방해한 사람
7) 정당한 사유 없이 소방용수시설을 사용하거나 소방용수시설의 효용을 해치거나 그 정당한 사용을 방해한 사람

2. 3년 이하의 징역 또는 3000만 원 이하의 벌금

화재가 발생하거나 불이 번질 우려가 있는 소방대상물 또는 토지의 강제처분을 방해한 자 또는 정당한 사유 없이 그 처분에 따르지 아니한 사람

3. 300만 원 이하의 벌금

1) 소방대상물과 토지, 차량 및 물건 등의 처분을 방해한 자 또는 정당한 사유 없이 그 처분에 따르지 아니한 사람
2) 소방활동을 위하여 긴급하게 출동할 때에는 소방자동차의 통행과 소방활동에 방해가 되는 주차, 정차된 차량 및 물건 등을 제거, 이동시키는 것을 방해하거나 사유 없이 그 처분에 따르지 아니한 자

4. 100만 원 이하의 벌금

1) 정당한 사유 없이 소방대의 생활안전활동을 방해한 사람
2) 정당한 사유 없이 소방대가 현장에 도착할 때까지 사람을 구출하는 조치 또는 불을 끄거나 불이 번지지 아니하도록 하는 조치를 하지 아니한 관계인
3) 피난 명령을 위반한 사람
4) 정당한 사유 없이 물을 사용 및 수도 개폐장치 사용·조작을 못하게 하거나 방해한 자
5) 위험물질의 공급을 차단하는 등 필요한 조치를 정당한 사유 없이 방해한 자

5. 500만 원 이하의 과태료

1) 화재 또는 구조·구급이 필요한 상황을 거짓으로 알린 사람
2) 정당한 사유 없이 화재, 재난, 재해, 그 밖의 위급한 상황을 소방본부, 소방서 또는 관계행정기관에 알리지 아니한 관계인

6. 200만 원 이하의 과태료

1) 소방자동차의 출동에 지장을 준 자
2) 소방활동구역을 출입한 사람
3) 한국119청소년단, 한국소방안전원 또는 이와 유사한 명칭을 사용한 자

7. 100만 원 이하의 과태료

소방자동차 전용구역에 주차하거나 전용구역에의 진입을 가로막는 등의 방해행위를 한 자

8. 20만 원 이하의 과태료

다음 어느 하나에 해당하는 지역 또는 장소에서 화재로 오인할 만한 우려가 있는 불을 피우거나 연막 소독을 하려는 사람이 신고를 하지 아니하여 소방자동차를 출동하게 한 사람
1) 시장지역
2) 공장·창고가 밀집한 지역
3) 목조건물이 밀집한 지역
4) 위험물의 저장 및 처리시설이 밀집한 지역
5) 석유화학제품을 생산하는 공장이 있는 지역
6) 그 밖에 시·도의 조례로 정하는 지역 또는 장소

OX퀴즈

● "최다빈출 핵심지문 OX퀴즈"를 통해 학습개념을 쉽게 정리하고 기출에 대한 선행학습을 해보세요.

1 항해 중인 선박은 소방대상물이다. ⓞⓧ

2 소방안전관리자는 소방대에 해당한다. ⓞⓧ

3 소방기술과 안전관리에 관한 교육 및 조사·연구는 소방안전원의 업무이다. ⓞⓧ

4 위력을 사용하여 출동한 소방대의 화재진압·인명구조 또는 구급활동을 방해하는 행위를 한 자는 3년 이하의 징역 또는 3000만 원 이하의 벌금에 처한다. ⓞⓧ

5 화재 또는 구조·구급이 필요한 상황을 거짓으로 알린 사람은 500만 원 이하의 과태료에 처한다. ⓞⓧ

6 한국소방안전원과 유사한 명칭을 사용한 자는 200만 원 이하의 과태료에 처한다. ⓞⓧ

오답 지문 체크 01 (X) 02 (X) 03 (O) 04 (X) 05 (O) 06 (O)

01 정박 중인 선박은 소방대상물이다.
02 소방대는 소방공무원, 의무소방원, 의용소방대원이다.
04 위력을 사용하여 출동한 소방대의 화재진압·인명구조 또는 구급활동을 방해하는 행위를 한 자는 5년 이하의 징역 또는 5000만 원 이하의 벌금에 처한다.

문제풀이(기출문제 + 예상문제)

01 소방기본법이 정하는 목적을 설명한 것으로 거리가 먼 것은?
① 풍수해의 예방, 경계, 진압에 관한 계획, 예산의 지원활동
② 화재, 재난, 재해 그 밖의 위급한 상황에서의 구급, 구조활동
③ 구조, 구급활동을 통한 국민의 생명, 신체, 재산의 보호
④ 구조, 구급활동을 통한 공공의 안녕 및 질서의 유지

해설
■ 소방기본법의 목적
이 법은 화재를 예방·경계하거나 진압하고 화재, 재난·재해, 그 밖의 위급한 상황에서의 구조·구급 활동 등을 통하여 국민의 생명·신체 및 재산을 보호함으로써 공공의 안녕 및 질서 유지와 복리증진에 이바지함을 목적으로 한다.

02 한국소방안전원의 업무가 아닌 것은?
① 화재예방과 안전관리의식의 고취를 위한 대국민 홍보
② 소방기술과 안전관리에 관한 각종 간행물의 발간
③ 소방용 기계·기구에 대한 검정기준의 개정
④ 소방기술과 안전관리에 관한 교육 및 조사·연구

해설
■ 한국소방안전원의 업무
1) 소방기술과 안전관리에 관한 교육 및 조사·연구
2) 소방기술과 안전관리에 관한 각종 간행물 발간
3) 화재 예방과 안전관리의식 고취를 위한 대국민 홍보
4) 소방업무에 관하여 행정기관이 위탁하는 업무
5) 그 밖에 회원의 복리 증진 등 정관으로 정하는 사항

03 관계인의 소방활동을 위반하여 정당한 사유 없이 소방대가 현장에 도착할 때까지 사람을 구출하는 조치 또는 불을 끄거나 불이 번지지 아니하도록 하는 조치를 하지 아니한 자에 대한 벌칙 기준으로 옳은 것은?
① 100만 원 이하의 벌금
② 200만 원 이하의 벌금
③ 300만 원 이하의 벌금
④ 400만 원 이하의 벌금

해설
■ 100만 원 이하의 벌금
정당한 사유 없이 소방대가 현장에 도착할 때까지 사람을 구출하는 조치 또는 불을 끄거나 불이 번지지 아니하도록 하는 조치를 하지 아니한 사람

정답 01 ① 02 ③ 03 ①

CHAPTER 05 화재의 예방 및 안전관리에 관한 법률

01 화재예방법의 목적 및 용어의 정의

1. 목적

화재로부터 국민의 생명·신체·재산을 보호하고 공공의 안전과 복리증진에 이바지함을 목적으로 한다.

2. 용어 정의

구분	정의
예방	화재의 위험으로부터 사람의 생명·신체 및 재산을 보호하기 위하여 화재발생을 사전에 제거하거나 방지하기 위한 모든 활동
안전관리	화재로 인한 피해를 최소화하기 위한 예방, 대비, 대응 등의 활동
화재안전조사	소방청장, 소방본부장 또는 소방서장이 소방대상물, 관계지역 또는 관계인에 대하여 소방시설등이 소방 관계 법령에 적합하게 설치·관리되고 있는지, 소방대상물에 화재의 발생 위험이 있는지 등을 확인하기 위하여 실시하는 현장조사·문서열람·보고요구 등을 하는 활동
화재예방강화지구	시·도지사가 화재발생 우려가 크거나 화재가 발생할 경우 피해가 클 것으로 예상되는 지역에 대하여 화재의 예방 및 안전관리를 강화하기 위해 지정·관리하는 지역
화재예방안전진단	화재가 발생할 경우 사회·경제적으로 피해 규모가 클 것으로 예상되는 소방대상물에 대하여 화재위험요인을 조사하고 그 위험성을 평가하여 개선대책을 수립하는 것

02 화재안전조사

1. 화재안전조사

1) 소방시설등이 소방 관계 법령에 적합하게 설치·관리되고 있는지, 소방대상물에 화재의 발생 위험이 있는지 등을 확인하기 위하여 실시하는 현장조사·문서열람·보고요구 등을 하는 활동
2) 화재안전조사권자 : 소방청장, 소방본부장, 소방서장

3) 화재안전조사의 실시 대상 선정 : 소방청장, 소방본부장, 소방서장
4) 화재안전조사에 참여할 수 있는 전문가
   (1) 소방기술사
   (2) 소방시설관리사
   (3) 소방방재분야에 전문지식을 갖춘 사람

2. 화재안전조사 실시 대상

다음 각 호에 해당하는 경우 화재안전조사 실시. 다만 개인의 주거에 대한 화재안전조사는 관계인의 승낙이 있거나 화재 발생의 우려가 뚜렷하여 긴급한 필요가 있는 때로 한정한다.
1) 관계인이 소방시설등의 자체점검 불성실 및 불완전
2) 화재예방강화지구등 다른 법률에서 화재안전조사 실시하도록 한 경우
3) 화재예방안전진단이 불성실하거나 불완전하다고 인정되는 경우
4) 국가적 주요 행사
5) 화재 자주 발생하거나 발생할 우려 장소
6) 재난예측정보, 기상예보분석결과 화재·재난·재해 발생위험이 높을 시
7) 그 이외 화재·재난·재해 등 인명 또는 재산피해 발생 우려 시

3. 화재안전조사의 항목

1) 소방안전관리 업무 수행에 관한 사항
2) 화재의 예방조치 등에 관한 사항
3) 소방시설등의 자체점검 등에 관한 사항
4) 소방자동차 전용구역의 설치에 관한 사항
5) 소방시설의 설치 및 관리에 관한 사항
6) 피난시설, 방화구획 및 방화시설의 관리에 관한 사항
7) 다중이용업소의 안전관리에 관한 사항
8) 위험물 안전관리에 관한 사항
9) 피난계획의 수립 및 시행에 관한 사항
10) 소화·통보·피난 등의 훈련 및 소방안전관리에 필요한 교육에 관한 사항
11) 소방시설공사업법에 따른 시공, 감리 및 감리원의 배치에 관한 사항
12) 방염에 관한 사항
13) 건설현장 임시소방시설의 설치 및 관리에 관한 사항
14) 초고층 및 지하연계 복합건축물 재난관리에 관한 특별법에 관한 사항
15) 그 밖에 소방대상물에 화재의 발생 위험이 있는지 등을 확인하기 위해 소방관서장이 화재안전조사가 필요하다고 인정하는 사항

4. 화재안전조사의 방법 및 절차

1) 화재안전조사의 절차

   관계인에게 조사대상, 조사기간, 조사사유 등 서면 통지 : 7일 이상 공개(인터넷 홈페이지나 전산시스템)

2) 화재안전조사결과에 따른 조치명령

   (1) 소방대상물의 개수·이전·제거
   (2) 사용의 금지 또는 제한, 사용 폐쇄
   (3) 공사의 정지 또는 중지

3) 화재안전조사의 연기

   연기의 사유 및 기간 등을 적어 제출 : 3일 전

5. 화재안전조사 결과에 따른 조치명령

1) 조치명령

   (1) 조치 명령권자 : 소방관서장(소방청장, 소방본부장 또는 소방서장)
   (2) 관계인에게 그 대상물의 개수, 이전, 제거, 사용의 금지 또는 제한, 사용폐쇄, 공사의 정지 또는 중지, 그 밖에 필요한 조치

2) 조치명령 미이행 사실 등의 공개

   (1) 조치명령 미이행 공개자 : 소방청장, 소방본부장 또는 소방서장
   (2) 조치명령 미이행 공개방법
      ① 소방청, 소방본부 또는 소방서의 인터넷 홈페이지(소방대상물의 명칭, 주소, 대표자의 성명, 조치명령의 내용 및 미이행 횟수)
      ② 다음 중 하나에 해당하는 매체에 1회 이상 같은 내용 공개
         • 관보·소방대상물이 있는 지방자치단체의 공보 또는 일간신문
         • 유선방송
         • 반상회보
         • 해당 소방대상물이 있는 지방자치단체의 지역 주민에게 배포하는 소식지

6. 화재안전조사 증표의 제시 및 비밀유지 의무 등

1) 화재안전조사 업무를 수행하는 관계 공무원 및 관계 전문가는 그 권한 또는 자격을 표시하는 증표를 지니고, 이를 관계인에게 내보여야 한다.
2) 화재안전조사 업무를 수행하는 관계 공무원 및 관계 전문가는 관계인의 정당한 업무를 방해하여서는 아니 되며, 조사업무를 수행하면서 취득한 자료나 알게 된 비밀을 다른 자에게 제공 또는 누설하거나 목적 외의 용도로 사용하여서는 아니 된다.

03 벌칙

1. 벌칙 및 벌금

징역(이하)	벌금(또는, 이하)	위반행위
3년	3000만 원	1. 화재안전조사 결과에 대한 조치명령 위반사항에 대한 명령을 정당한 사유 없이 위반한 자 2. 소방안전관리자 선임 또는 업무 이행에 따른 명령을 정당한 사유 없이 위반한 자 3. 화재예방안전진단 결과에 따른 보수·보강 등의 조치명령을 정당한 사유 없이 위반한 자 4. 거짓, 그 밖의 부정한 방법으로 진단기관으로 지정을 받은 자
1년	1000만 원	1. 관계인의 정당한 업무방해, 조사업무를 수행하면서 취득자료나 알게 된 비밀 제공·누설·목적 외 용도 사용 2. 소방안전관리자 자격증을 다른 사람에게 빌려 주거나 빌리거나 이를 알선한 자 3. 진단기관으로부터 화재예방안전진단을 받지 아니한 자

-	300만 원	1. 화재안전조사를 정당한 사유 없이 거부·방해 또는 기피한 자
		2. 화재 발생 위험이 크거나 소화 활동에 지장을 줄 수 있다고 인정되는 행위나 물건에 따른 명령을 정당한 사유 없이 따르지 아니하거나 방해한 자
		  1) 다음에 해당하는 행위의 금지 또는 제한
		    ① 모닥불, 흡연 등 화기의 취급
		    ② 풍등 등 소형열기구 날리기
		    ③ 용접·용단 등 불꽃을 발생시키는 행위
		    ④ 그 밖에 대통령령으로 정하는 화재 발생 위험이 있는 행위
		  2) 목재, 플라스틱 등 가연성이 큰 물건의 제거, 이격, 적재 금지 등
		  3) 소방차량의 통행이나 소화 활동에 지장을 줄 수 있는 물건의 이동
		3. 소방안전관리자, 총괄소방안전관리자 또는 소방안전관리보조자를 선임하지 아니한 자
		4. 소방시설·피난시설·방화시설 및 방화구획 등이 법령에 위반된 것을 발견하였음에도 필요한 조치를 할 것을 요구하지 아니한 소방안전관리자
		5. 소방안전관리자에게 불이익한 처우를 한 관계인
		6. 화재예방안전진단, 위탁받은 업무를 위반하여 업무를 수행하면서 알게 된 비밀을 정한 목적 외의 용도로 사용하거나 다른 사람, 기관에 제공, 누설한 자

2. 과태료 개별기준

위반행위	과태료 금액(만 원)		
	1차	2차	3차 이상
1. 화재예방강화지구에서 법을 위반하여 화기취급 등을 한 경우	300		
1) 모닥불, 흡연 등 화기취급을 한 경우	300		
2) 풍등 등 소형열기구 날리기를 한 경우	300		
3) 용접·용단 등 불꽃을 발생시키는 행위를 한 경우	300		
2. 소방안전관리자를 겸한 경우	300		
3. 소방안전관리업무를 하지 아니한 관계인 또는 소방안전관리자	100	200	300
4. 소방안전관리업무의 지도·감독을 하지 아니한 경우	300		
5. 건설현장 소방안전관리대상물의 소방안전관리자의 업무를 하지 아니한 경우	100	200	300
6. 피난유도 안내정보를 제공하지 아니한 경우	100	200	300
7. 소방훈련 및 교육을 하지 아니한 경우	100	200	300
8. 화재예방진단 결과를 제출하지 아니한 경우	-		
1) 지연제출기간이 1개월 미만인 경우	100		
2) 지연제출기간이 1개월 이상 3개월 미만인 경우	200		
3) 지연제출기간이 3개월 이상 또는 제출하지 않은 경우	300		
9. 불을 사용할 때 지켜야 하는 사항 및 특수가연물의 저장 및 취급 기준을 위반한 경우	200		
10. 소방설비 등의 설치 명령을 정당한 사유 없이 따르지 아니한 경우	200		
11. 기간 내에 선임신고를 하지 아니하거나 소방안전관리자의 성명 등을 게시하지 아니한 경우			
1) 지연신고기간이 1개월 미만인 경우	50		
2) 지연신고기간이 1개월 이상 3개월 미만인 경우	100		
3) 지연신고기간이 3개월 이상이거나 신고하지 않은 경우	200		
4) 소방안전관리자의 성명 등을 게시 하지 않은 경우	50	100	200
12. 기간 내에 건설현장 소방안전관리자 선임신고를 하지 않거나 소방안전관리자의 성명 등을 게시하지 않은 경우			
1) 지연신고기간이 1개월 미만인 경우	50		
2) 지연신고기간이 1개월 이상 3개월 미만인 경우	100		
3) 지연신고기간이 3개월 이상이거나 신고하지 않은 경우	200		

위반행위	과태료 금액(만 원)		
	1차	2차	3차 이상
13. 기간 내에 소방훈련 및 교육 결과를 제출하지 아니한 경우			
1) 지연제출기간이 1개월 미만인 경우	50		
2) 지연제출기간이 1개월 이상 3개월 미만인 경우	100		
3) 지연제출기간이 3개월 이상이거나 제출을 하지 않은 경우	200		
14. 소방안전관리자 실무교육을 받지 아니한 경우	50		

OX퀴즈

● "최다빈출 핵심지문 OX퀴즈"를 통해 학습개념을 쉽게 정리하고 기출에 대한 선행학습을 해보세요.

1 시·도지사가 화재발생 우려가 크거나 화재가 발생할 경우 피해가 클 것으로 예상되는 지역에 대하여 화재의 예방 및 안전관리를 강화하기 위해 지정·관리하는 지역을 화재예방강화지구라 한다. ⓞⓧ

2 관계인이 소방시설등의 자체점검 불성실 및 불완전하다고 판단되는 경우 화재안전조사를 실시한다. ⓞⓧ

3 화재안전조사를 할 때 관계인에게 조사대상, 조사기간, 조사사유 등을 통지하며 이때 14일 이상 인터넷 홈페이지나 전산시스템에 공개한다. ⓞⓧ

4 소방안전관리자는 화재안전조사 결과에 따른 조치명령을 갖는다. ⓞⓧ

5 화재안전조사 결과에 대한 조치명령 위반사항에 대한 명령을 정당한 사유 없이 위반한 자는 1년 이하의 징역 또는 1000만 원 이하의 벌금에 처한다. ⓞⓧ

6 화재예방강화지구에서 법을 위반하여 화기취급 등을 한 경우 500만 원 이하의 과태료에 처한다. ⓞⓧ

7 소방안전관리자 실무교육을 받지 아니한 경우 50만 원 이하의 과태료에 처한다. ⓞⓧ

오답 지문 체크 01 (O) 02 (O) 03 (X) 04 (X) 05 (X) 06 (X) 07 (O)

03 화재안전조사를 할 때 관계인에게 조사대상, 조사기간, 조사사유 등을 통지하며 이때 7일 이상 인터넷 홈페이지나 전산시스템에 공개한다.
04 소방관서장은 화재안전조사 결과에 따른 조치명령을 갖는다.
05 화재안전조사 결과에 대한 조치명령 위반사항에 대한 명령을 정당한 사유 없이 위반한 자는 3년 이하의 징역 또는 3000만 원 이하의 벌금에 처한다.
06 화재예방강화지구에서 법을 위반하여 화기취급 등을 한 경우 300만 원 이하의 과태료에 처한다.

문제풀이(기출문제 + 예상문제)

01 도시의 건물 밀집지역에 화재예방강화지구로 지정할 수 있는 자는?
① 한국소방원장
② 소방본부장 또는 소방서장
③ 행정안전부장관
④ 시·도지사

해설
■ 화재예방강화지구의 지정 등
1) 지정권자 : 시·도지사
2) 화재예방강화지구
  (1) **시장지역**
  (2) 공장·창고 밀집 지역
  (3) 목조건물 밀집 지역
  (4) 노후·불량건축물이 밀집한 지역
  (5) 위험물의 저장 및 처리 시설이 밀집 지역
  (6) 석유화학제품 생산 공장이 있는 지역
  (7) 산업단지
  (8) 물류단지
  (9) 소방시설·소방용수시설 또는 소방출동로가 없는 지역
  (10) 그 밖에 소방청장·소방본부장 또는 소방서장이 화재예방강화지구로 지정할 필요가 있다고 인정하는 지역

02 특정소방대상물의 소방계획의 작성 및 실시에 관한 지도·감독권자로 옳은 것은?
① 소방방재청장
② 소방본부장 또는 소방서장
③ 시·도지사
④ 행정안전부장관

해설
■ 소방계획 및 작성 지도·감독권자
소방본부장 또는 소방서장

정답 01 ④ 02 ②

CHAPTER 06 소방시설 설치 및 관리에 관한 법률

01 소방시설법의 목적 및 용어 정의

1. 소방시설법의 목적

특정소방대상물 등에 설치하여야 하는 소방시설등의 설치·관리와 소방용품 성능관리에 필요한 사항을 규정함으로써 국민의 생명·신체 및 재산을 보호하고 공공의 안전과 복리 증진에 이바지함을 목적으로 한다.

2. 용어의 정의

1) **소방시설**

   소화설비, 경보설비, 피난구조설비, 소화용설비, 그 밖에 소화활동설비로서 대통령령으로 정하는 것

2) **특정소방대상물**

   건축물 등의 규모·용도 및 수용인원 등을 고려하여 소방시설을 설치하여야 하는 소방대상물로서 대통령령으로 정하는 것

3) **소방시설등**

   (1) 소방시설과 비상구, 그 밖에 소방 관련 시설로서 대통령령으로 정하는 것
   (2) 그 밖에 소방 관련 시설로서 대통령령으로 정하는 것(방화문 및 자동방화셔터)

4) **무창층**

   지상층 중 다음 각 목의 요건을 모두 갖춘 개구부의 면적의 합계가 해당 층의 바닥면적의 30분의 1 이하가 되는 층
   (1) 크기는 지름 50 cm 이상의 원이 통과할 수 있는 크기일 것
   (2) 해당 층의 바닥면으로부터 개구부 밑 부분까지의 높이가 1.2 m 이내일 것
   (3) 도로 또는 차량이 진입할 수 있는 빈터를 향할 것
   (4) 화재 시 건축물로부터 쉽게 피난할 수 있도록 창살이나 그 밖의 장애물이 설치되지 아니할 것
   (5) 내부 또는 외부에서 쉽게 부수거나 열 수 있을 것

5) **피난층** : 곧바로 지상으로 갈 수 있는 출입구가 있는 층

02 소방시설의 종류

구분	목적	종류
소화설비	물 그 밖의 소화약제를 사용하여 소화하는 기계·기구 또는 설비	1) 소화기구 　① 소화기 　② 자동확산소화기 　③ 간이소화용구 2) 자동소화장치 　① 주거용 주방 　② 상업용 주방 　③ 캐비닛형 　④ 가스 　⑤ 분말 　⑥ 고체에어로졸 3) 옥내소화전설비(호스릴 포함) 4) 옥외소화전설비 5) 스프링클러설비(간이스프링클러설비(캐비닛형 포함)·화재조기진압용 스프링클러설비) 6) 물분무등소화설비 　① 물분무소화설비 　② 미분무소화설비 　③ 포 　④ 이산화탄소 　⑤ 분말 　⑥ 할론소화설비 　⑦ 할로겐화합물 및 불활성기체소화설비 　⑧ 강화액소화설비 　⑨ 고체에어로졸소화설비
경보설비	화재발생 사실을 통보하는 기계·기구 또는 설비	1) 비상경보설비(비상벨설비 및 자동식 사이렌설비) 2) 단독경보형감지기 3) 비상방송설비 4) 자동화재탐지설비 및 시각경보기 5) 누전경보기 6) 가스누설경보기 7) 자동화재 속보설비 8) 통합감시시설 9) 화재알림설비

구분	목적	종류

피난구조 설비	화재가 발생할 경우 피난하기 위하여 사용하는 기구 또는 설비	1) 피난기구
		  ① 완강기, 간이완강기
		  ② 피난사다리
		  ③ 구조대
		  ④ 피난교
		  ⑤ 미끄럼대 등
		2) 인명구조기구
		  ① 방열복, 방화복(안전모, 보호장갑 및 안전화 포함)
		  ② 공기호흡기
		  ③ 인공소생기
		3) 유도등
		  ① 피난구유도등
		  ② 통로유도등
		  ③ 객석유도등
		  ④ 피난유도선
		  ⑤ 유도표지
		4) 비상조명등 및 휴대용 비상조명등

소화용수 설비	화재를 진압하는 데 필요한 물을 공급하거나 저장하는 설비	1) 상수도소화용수설비 2) 그 밖의 소화용수설비
소화활동 설비	화재를 진압하거나 인명구조활동을 위하여 사용하는 설비	1) 제연설비 2) 연결송수관설비 3) 연결살수설비 4) 비상콘센트설비 5) 무선통신보조설비 6) 연소방지설비

03 주택에 설치하는 소방시설

1. 주택의 소방시설

1) 주택용 소방시설의 종류

   소화기 및 단독경보형 감지기

2) 주택용 소방시설의 적용대상

   단독주택, 공동주택(아파트 및 기숙사는 제외)

2. 주택용 소방시설의 설치기준

특별시·광역시·특별자치시·도 또는 특별자치도의 조례

04 방염

1. 정의
불에 잘 타지 않거나 불이 붙어 번지지 않도록 가연물을 처리하는 것

2. 방염성능기준 이상의 실내장식물 등을 설치해야 하는 특정소방대상물
1) 근린생활시설 중 의원, 조산원, 산후조리원, 체력단련장, 공연장 및 종교집회장, 치과의원, 한의원
2) 건축물의 옥내에 있는 시설로서 문화 및 집회시설, 종교시설, 운동시설(수영장은 제외)
3) 의료시설
4) 교육연구시설 중 합숙소
5) 노유자시설
6) 숙박이 가능한 수련시설
7) 숙박시설
8) 방송통신시설 중 방송국 및 촬영소
9) 다중이용업소
10) 1) ~ 9) 외의 것으로서 층수가 11층 이상인 것(아파트 제외)

3. 방염대상물품
1) 제조 또는 가공 공정에서 방염처리를 한 물품
   (1) 창문에 설치하는 커튼류(블라인드를 포함한다)
   (2) 카펫
   (3) 두께가 2 mm 미만인 벽지류(종이벽지는 제외)
   (4) 전시용 합판목재 또는 섬유판, 무대용 합판목재 또는 섬유판
   (5) 암막·무대막(영화상영관의 스크린, 골프연습장업의 스크린을 포함)
   (6) 섬유류 또는 합성수지류 등을 원료로 하여 제작된 소파·의자(단란주점영업, 유흥주점영업 및 노래연습장업의 영업장에 설치하는 것만 해당)

2) 건축물 내부의 천장이나 벽에 부착하거나 설치하는 것(다만 가구류와 너비 10 cm 이하 반자돌림대와 내부마감재료는 제외)
   (1) 종이류(두께 2 mm 이상)·합성수지류 또는 섬유류를 주원료로 한 물품
   (2) 합판이나 목재
   (3) 공간을 구획하기 위하여 설치하는 간이 칸막이(접이식 등 이동 가능한 벽체나 천장 또는 반자가 실내에 접하는 부분까지 구획하지 아니하는 벽체)
   (4) 흡음이나 방음을 위하여 설치하는 흡음재(흡음용 커튼을 포함) 또는 방음재(방음용 커튼을 포함)

3) 방염처리된 물품의 사용을 권장할 수 있는 경우
   (1) 다중이용업소, 의료시설, 노유자시설, 숙박시설 또는 장례식장에서 사용하는 침구류·소파 및 의자
   (2) 건축물 내부의 천장 또는 벽에 부착하거나 설치하는 가구류

4. 방염성능기준

구분	내용	기준
잔염시간	버너의 불꽃을 제거한 때부터 불꽃을 올리며 연소하는 상태가 그칠 때까지 시간	20초 이내
잔신시간	버너의 불꽃을 제거한 때부터 불꽃을 올리지 아니하고 연소하는 상태가 그칠 때까지 시간	30초 이내
탄화면적 탄화길이	잔염, 잔신시간 내에 탄화한 면적과 길이	50 cm² 이내 20 cm 이내
접염횟수	불꽃에 완전히 녹을 때까지 불꽃의 접촉횟수	3회 이상
연기밀도	소방청장의 고시한 방법으로 발연량 측정 시 최대연기밀도	400 이하

5. 방염성능의 검사

1) 방염대상물품 성능검사자 : 소방청장
   현장에 설치된 합판, 목재 성능검사자 : 시·도지사
2) 방염처리업의 등록을 한 자는 방염성능검사를 할 때에 거짓 시료를 제출하여서는 아니 된다.
3) 방염성능검사의 방법과 검사 결과에 따른 합격 표시 등에 필요한 사항 : 행정안전부령

방염물품의 종별	표시의 양식(단위 : mm)
합판, 섬유판, 소파·의자 등 합격표시를 바로 붙일 수 있는 것	KC (8)
커튼 등 합격표시를 가열하여 붙일 수 있는 것	KC (5)

[소방용품의 품질관리 등에 관한 규칙 별표2] - 합격표시 및 표지의 모양

구분		색채	검인	글자	규격 및 표시내용	부착위치
카페트, 소파·의자, 섬유판		백색 바탕	남색	남색	방 염 FA AA 00000 (30mm × 20mm)	1. 합격표시는 시공·설치 이후에 확인이 용이한 위치에 부착하여야 한다. 2. 포장단위가 두루마리인 방염물품의 경우 제품 폭의 끝으로부터 중앙 방향으로 최소 20 cm 이상 떨어진 지점에 부착하여야 한다. 3. 그 밖의 방염물품(포장단위가 장인 경우) 및 시공·설치 과정에서 합격표시 훼손의 우려가 없는 경우 합격표시 훼손의 우려가 없는 경우 제품 폭의 끝으로부터 20 cm 이내에 부착할 수 있다. 4. 섬유류는 표면에 가열부착한다.
합성수지 벽지류 (비닐벽지, 인테리어필름, 천연재료벽지), 합성수지 시트		은색 바탕	검정색	검정색	방 염 TA AA 00000 (15mm × 15mm)	
합판, 목재, 합성수지판, 목재 블라인드		금색 바탕	검정색	검정색	방 염 UA AA 00000 (15mm × 15mm)	
섬유류	세탁 가능	은색 바탕	검정색	검정색	방 염 (세탁가능) GA AA 00000 (25mm × 15mm)	
	세탁 불가	투명 바탕	검정색	검정색	방 염 (세탁불가) GA AA 00000 (25mm × 15mm)	

05 벌칙

1. 벌칙 및 벌금

징역 (이하)	벌금 (또는, 이하)	위반행위
5년	5000만 원	1. 소방시설에 폐쇄·차단 등의 행위를 한 자
7년	7000만 원	2. 소방시설 폐쇄·차단으로 사람이 상해 시
10년	1억 원	3. 소방시설 폐쇄·차단으로 사람이 사망 시
3년	3000만 원	1. 조치명령 위반사항에 대한 명령을 정당한 사유 없이 위반 2. 관리업 등록을 하지 않고 영업을 한 자 3. 소방용품 형식승인 받지 아니하고 제조·수입 또는 거짓이나 그 밖의 부정한 방법으로 형식승인을 받은 자 4. 제품검사를 받지 아니한 자 또는 거짓이나 그 밖의 부정한 방법으로 제품검사를 받은 자 5. 소방용품을 판매·진열하거나 소방시설공사에 사용한 자 6. 거짓이나 그 밖의 부정한 방법으로 성능인증 또는 제품검사를 받은 자 7. 제품검사를 받지 아니하거나 합격표시를 하지 아니한 소방용품을 판매·진열하거나 소방시설공사에 사용한 자 8. 구매자에게 명령을 받은 사실을 알리지 아니하거나 필요한 조치를 하지 아니한 자 9. 거짓이나 그 밖의 부정한 방법으로 전문기관으로 지정을 받은 자
1년	1000만 원	1. 자체점검을 하지 않거나 관리업자에게 정기 점검하게 하지 아니한 자 2. 소방시설관리사증을 빌려주거나 빌리거나 이를 알선한 자 3. 동시에 둘 이상의 업체에 취업한 자 4. 자격정지처분을 받고 자격정지기간 중에 관리사의 업무를 한 자 5. 관리업 등록증, 등록수첩을 다른 자에게 빌려주거나 빌리거나 이를 알선한 자 6. 영업정지처분을 받고 영업정지기간 중에 관리업의 업무를 한 자 7. 제품검사 합격표시 허위·위조·변조한 자 8. 형식승인의 변경승인을 받지 아니한 자 9. 제품검사에 합격하지 아니한 소방용품에 성능인증을 받았다는 표시 또는 제품검사에 합격하였다는 표시를 하거나 성능인증을 받았다는 표시 또는 제품검사에 합격하였다는 표시를 위조 또는 변조하여 사용한 자 10. 성능인증의 변경인증을 받지 아니한 자 11. 우수품질 표시 허위·위조·변조하여 사용한 자 12. 관계인의 업무 방해하거나 출입·검사 시 알게 된 비밀을 누설한 자

징역 (이하)	벌금 (또는, 이하)	위반행위
-	300만 원	1. 업무를 수행하면서 알게 된 비밀을 이 법에서 정한 목적 외의 용도로 사용하거나 다른 사람 또는 기관에 제공하거나 누설한 자 2. 방염성능검사에 합격하지 아니한 물품에 합격표시를 하거나 합격표시를 위조하거나 변조하여 사용한 자 3. 방염성능검사 시 거짓 시료 제출 4. 자체점검 결과의 조치를 하지 아니한 관계인 또는 관계인에게 중대위반사항을 알리지 아니한 관리업자 등

2. 과태료 개별기준

위반행위	과태료(만 원)		
	1차	2차	3차 이상
1. 법 제12조 제1항 전단을 위반한 경우			
1) 소모성 부품의 수명 경과 등 경미한 고장·불량 사항을 제외하고 최근 1년 이내에 2회 이상 소방시설을 화재안전기준에 따라 관리하지 않은 경우	100		
2) 소방시설을 다음에 해당하는 고장 상태 등으로 방치한 경우 ① 소화펌프를 고장 상태로 방치한 경우 ② 화재 수신기, 동력(감시)제어반 또는 소방시설용 전원(비상전원 포함) 차단하거나, 고장 난 상태로 방치하거나, 임의로 조작하여 자동으로 작동이 되지 않도록 한 경우 ③ 소방시설이 작동하는 경우 소화배관을 통하여 소화수가 방수되지 않는 상태 또는 소화약제가 방출되지 않는 상태로 방치한 경우	200		
3) 소방시설을 설치하지 않은 경우	300		
2. 피난시설, 방화구획 또는 방화시설을 폐쇄·훼손·변경하는 등의 행위를 한 경우 3. 점검기록표를 기록하지 아니하거나 특정소방대상물의 출입자가 쉽게 볼 수 있는 장소에 게시하지 아니한 관계인	100	200	300
4. 임시소방시설을 설치·관리하지 않은 경우 5. 점검능력평가를 받지 아니하고 점검을 한 관리업자 6. 관계인에게 점검 결과를 제출하지 아니한 관리업자 등 7. 점검인력의 배치기준 등 자체점검 시 준수사항을 위반한 관리업자 등	300		
8. 방염대상물품을 방염성능기준 이상으로 설치하지 아니한 자	200		

위반행위	과태료(만 원)		
	1차	2차	3차 이상
9. 선임신고, 변경신고, 지위승계 신고를 하지 않거나 거짓으로 신고한 경우			
1) 지연신고기간이 1개월 미만인 경우		50	
2) 지연신고기간이 1개월 이상 3개월 미만인 경우		100	
3) 지연신고기간이 3개월 이상이거나 신고를 하지 않은 경우		200	
4) 거짓으로 신고한 경우		300	
10. 소방시설등의 점검결과를 보고하지 않거나 거짓으로 보고한 관계인 또는 이행계획을 기간 내에 완료하지 않거나 거짓으로 보고한 관계인			
1) 지연보고기간이 10일 미만인 경우		50	
2) 지연보고기간이 10일 이상 1개월 미만인 경우		100	
3) 지연보고기간이 1개월 이상 또는 보고하지 않은 경우		200	
4) 관리업자 등이 점검한 결과를 축소·삭제 등 거짓으로 보고한 경우(이행계획을 기간 내에 완료하지 않거나 거짓으로 보고한 관계인)		300	
11. 관리업자가 지위승계, 행정처분 또는 휴업·폐업의 사실을 관계인에게 알리지 않거나 거짓으로 알린 경우 12. 관리업자가 기술인력의 참여 없이 자체점검을 실시한 경우 13. 관리업자가 점검능력평가 서류를 거짓으로 제출한 경우		300	
14. 감독 업무 시 보고 또는 자료제출을 하지 않거나 거짓으로 보고 또는 자료제출을 한 관계인 또는 정당한 사유 없이 관계 공무원의 출입 또는 조사·검사를 거부·방해 또는 기피한 관계인	50	100	300

OX퀴즈

"최다빈출 핵심지문 OX퀴즈"를 통해 학습개념을 쉽게 정리하고 기출에 대한 선행학습을 해보세요.

1 무창층이란 지상층 중 개구부의 면적의 합계가 해당 층의 바닥면적의 30분의 1 이하가 되는 층을 의미한다. O X

2 무창층의 개구부 크기는 지름 30 cm 이상의 원이 통과할 수 있는 크기여야 한다. O X

3 피난층은 1층을 의미한다. O X

4 연결살수설비는 소화설비이다. O X

5 11층 이상인 아파트에는 방염성능기준 이상의 실내장식물 등을 설치한다. O X

6 소방시설의 폐쇄·차단으로 사람이 사망 시 5년 이하의 징역 또는 5000만 원 이하의 벌금에 처한다. O X

7 소방용품 형식승인 받지 아니하고 제조·수입 또는 거짓이나 그 밖의 부정한 방법으로 형식승인을 받은 자는 3년 이하의 징역 또는 3000만 원 이하의 벌금에 처한다. O X

오답 지문 체크 01 (O) 02 (X) 03 (X) 04 (X) 05 (X) 06 (X) 07 (O)

02 무창층의 개구부 크기는 지름 50 cm 이상의 원이 통과할 수 있는 크기여야 한다.
03 피난층은 곧바로 지상으로 갈 수 있는 출입구가 있는 층이다.
04 연결살수설비는 소화활동설비이다.
05 11층 이상인 아파트를 제외한 특정소방대상물에는 방염성능기준 이상의 실내장식물 등을 설치한다.
06 소방시설의 폐쇄·차단으로 사람이 사망 시 10년 이하의 징역 또는 1억 원 이하의 벌금에 처한다.

문제풀이(기출문제 + 예상문제)

01 다음 용어 설명 중 옳은 것은?

① "소방시설"이란 소화설비·경보설비·피난구조설비·소화용수설비, 그 밖에 소화활동설비로서 대통령령으로 정하는 것을 말한다.
② "소방시설등"이란 소방시설과 비상구, 그 밖에 소방 관련 시설로서 행정안전부령으로 정하는 것을 말한다.
③ "특정소방대상물"이란 소방시설을 설치하여야 하는 소방대상물로서 행정안전부령으로 정하는 것을 말한다.
④ "소방용품"이란 소방시설등을 구성하거나 소방용으로 사용되는 제품 또는 기기로서 시도조례로 정하는 것을 말한다.

해설

■ 소방시설법의 정의
1) 소방시설 : 소화설비, 경보설비, 피난구조설비, 소화용수설비, 그 밖에 소화활동설비로서 대통령령으로 정하는 것을 말한다.
2) 소방시설등 : 소방시설과 비상구, 그 밖에 소방 관련 시설로서 대통령령으로 정하는 것을 말한다.
3) 특정소방대상물 : 소방시설을 설치하여야 하는 소방대상물로서 대통령령으로 정하는 것을 말한다.
4) 소방용품 : 소방시설등을 구성하거나 소방용으로 사용되는 제품 또는 기기로서 대통령령으로 정하는 것을 말한다.

02 시·도지사가 실시하는 방염처리성능검사의 대상으로 옳은 것은?

① 설치 현장에서 방염처리를 하는 합판·목재
② 제조 또는 가공 공정에서 방염처리를 한 카펫
③ 제조 또는 가공 공정에서 방염처리를 한 창문에 설치하는 블라인드
④ 설치 현장에서 방염처리를 하는 암막·무대막

해설

■ 설치현장에서의 방염처리성능검사
설치현장에서 방염처리를 하는 합판, 목재의 경우에는 시·도지사가 실시하는 방염성능검사를 받은 것이어야 한다.

정답 01 ① 02 ①

03 다음 중 방염성능기준 이상의 실내장식물을 설치하여야 하는 대상물로서 틀린 것은 어느 것인가?

① 다중이용업의 영업장
② 숙박이 가능한 수련시설
③ 방송통신시설 중 전화통신용 시설
④ 근린생활시설 중 체력단련장

해설

■ 방염성능기준 이상의 실내장식물 설치대상
1) 근린생활시설 중 의원, 조산원, 산후조리원, 체력단련장, 공연장 및 종교집회장
2) 건축물의 옥내에 있는 시설로서 문화 및 집회시설, 종교시설, 운동시설(수영장은 제외)
3) 의료시설
4) 교육연구시설 중 합숙소
5) 노유자시설
6) 숙박이 가능한 수련시설
7) 숙박시설
8) 방송통신시설 중 방송국 및 촬영소
9) 다중이용업소
10) 1) ~ 9) 외의 11층 이상(아파트 제외)

정답 03 ③

CHAPTER 07 건축관계법령

01 건축물의 방재계획

구분		내용
공간적 대응	대항성	방화구획, 방연구획, 내화재료 등을 사용하여 초기 소화에 대항성을 가짐
	회피성	불연화, 난연화 등의 내장재의 제한과 소방훈련 및 불조심 등 화재의 확대 가능성을 줄여 위험성을 낮추는 것
	도피성	화재 시 피난자가 위험에 빠지지 않도록 구조적으로 배려하는 것
설비적 대응		1) 공간적 대응(대항성) + 소방시설(스프링클러, 제연설비, 방화문, 방화셔터 등) 2) 도피성 + 유도등, 피난설비 등을 설치하여 보조

02 건축법의 목적 및 용어 정의

1. 건축법의 목적

건축물의 대지·구조·설비 기준 및 용도 등을 정하여 건축물의 안전·기능·환경 및 미관을 향상시킴으로써 공공복리의 증진에 이바지하는 것을 목적으로 한다.

2. 용어의 정의

1) 건축물

토지에 정착하는 공작물 중 지붕과 기둥 또는 벽이 있는 것과 이에 딸린 시설물, 지하나 고가의 공작물에 설치하는 사무소·공연장·점포·차고·창고, 그 밖에 대통령령으로 정하는 것

2) 건축설비

건축물에 설치하는 전기·전화 설비, 초고속 정보통신 설비, 지능형 홈네트워크 설비, 가스·급수·배수(配水)·배수(排水)·환기·난방·냉방·소화·배연 및 오물처리의 설비, 굴뚝, 승강기, 피뢰침, 국기 게양대, 공동시청 안테나, 유선방송 수신시설, 우편함, 저수조, 방범시설, 그 밖에 국토교통부령으로 정하는 설비

3) 지하층

건축물의 바닥이 지표면 아래에 있는 층으로서 바닥에서 지표면까지 평균높이가 해당 층 높이의 2분의 1 이상인 것

4) 거실

건축물 안에서 거주, 집무, 작업, 집회, 오락, 그 밖에 이와 유사한 목적을 위하여 사용되는 방

5) 주요구조부

내력벽, 기둥, 바닥, 보, 지붕틀 및 주계단을 말한다. 다만 건축물의 구조상 중요하지 않은 사이 기둥, 최하층 바닥, 작은 보, 차양, 옥외 계단, 그 밖에 이와 유사한 부분은 제외한다.

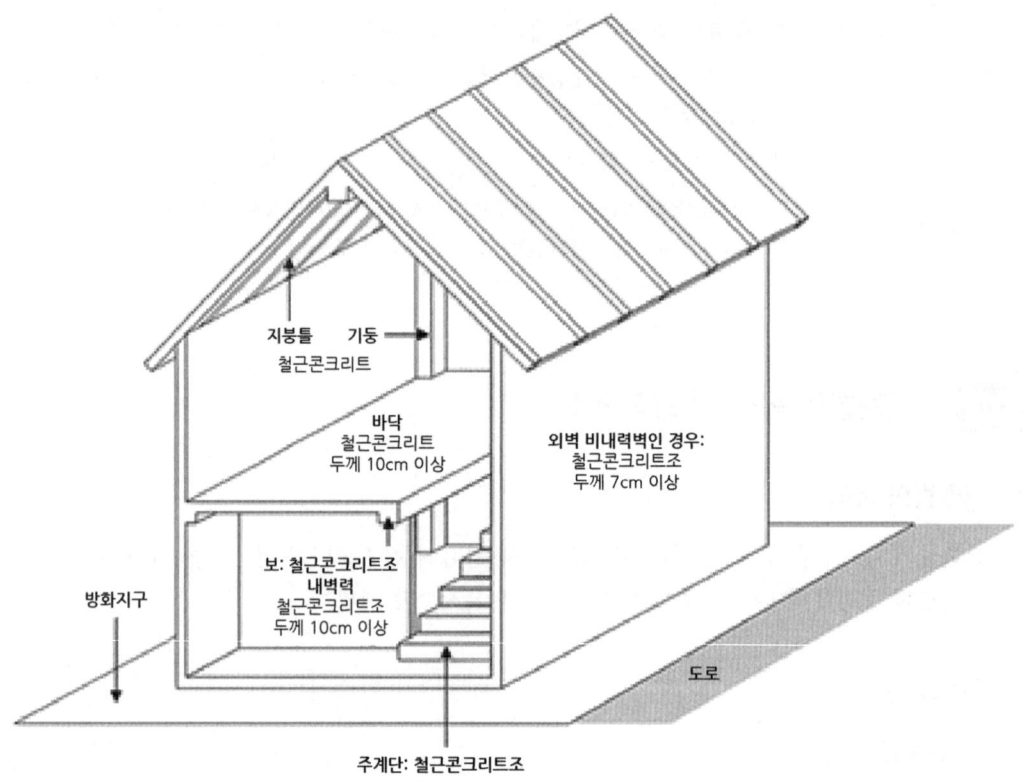

6) 건축

건축물을 신축·증축·개축·재축(再築)하거나 건축물을 이전하는 것을 말한다.

(1) 신축

건축물이 없는 대지(기존 건축물이 해체되거나 멸실된 대지를 포함한다)에 새로 건축물을 축조하는 것[부속건축물만 있는 대지에 새로 주된 건축물을 축조하는 것을 포함하되, 개축 또는 재축하는 것은 제외한다]

(2) 증축

기존 건축물이 있는 대지에서 건축물의 건축면적, 연면적, 층수 또는 높이를 늘리는 것

(3) 개축

기존 건축물의 전부 또는 일부(내력벽·기둥·보·지붕틀 중 셋 이상이 포함되는 경우를 말한다)를 해체하고 그 대지에 종전과 같은 규모의 범위에서 건축물을 다시 축조하는 것

(4) 재축

건축물이 천재지변이나 그 밖의 재해(災害)로 멸실된 경우 그 대지에 다음의 요건을 모두 갖추어 다시 축조하는 것
① 연면적 합계는 종전 규모 이하로 할 것
② 동수, 층수 및 높이는 다음의 어느 하나에 해당할 것
    가. 동수, 층수 및 높이가 모두 종전 규모 이하일 것
    나. 동수, 층수 또는 높이의 어느 하나가 종전 규모를 초과하는 경우에는 해당 동수, 층수 및 높이가 건축법령에 모두 적합할 것

(5) 이전

건축물의 주요구조부를 해체하지 아니하고 같은 대지의 다른 위치로 옮기는 것

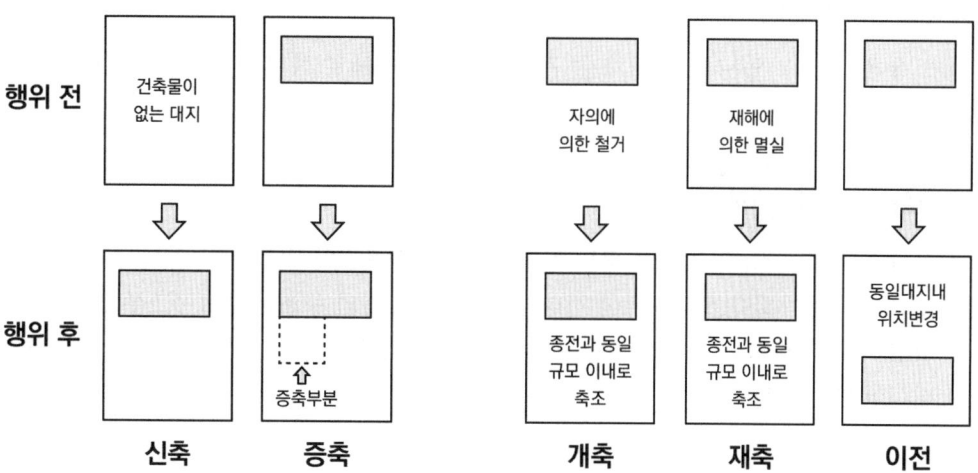

(6) 대수선

건축물의 기둥, 보, 내력벽, 주계단 등의 구조나 외부 형태를 수선·변경하거나 증설하는 것으로서 대통령령으로 정하는 다음 어느 하나에 해당하는 것으로서 증축·개축 또는 재축에 해당하지 아니하는 것을 말한다.
① 내력벽을 증설 또는 해체하거나 그 벽면적을 30 m² 이상 수선 또는 변경하는 것
② 기둥을 증설 또는 해체하거나 세 개 이상 수선 또는 변경하는 것
③ 보를 증설 또는 해체하거나 세 개 이상 수선 또는 변경하는 것

④ 지붕틀(한옥의 경우에는 지붕틀의 범위에서 서까래는 제외한다)을 증설 또는 해체하거나 세 개 이상 수선 또는 변경하는 것
⑤ 방화벽 또는 방화구획을 위한 바닥 또는 벽을 증설 또는 해체하거나 수선 또는 변경하는 것
⑥ 주계단·피난계단 또는 특별피난계단을 증설 또는 해체하거나 수선 또는 변경하는 것
⑦ 다가구주택의 가구 간 경계벽 또는 다세대주택의 세대 간 경계벽을 증설 또는 해체하거나 수선 또는 변경하는 것
⑧ 건축물의 외벽에 사용하는 마감재료를 증설 또는 해체하거나 벽면적 30 m^2 이상 수선 또는 변경하는 것

(7) 리모델링

건축물의 노후화를 억제하거나 기능 향상 등을 위하여 대수선하거나 건축물의 일부를 증축 또는 개축하는 행위

03 방화에 관한 기준

1. 내화구조의 정의

화재에 견딜 수 있는 성능을 가진 구조를 말하며, 대체로 화재 후에도 재사용이 가능한 정도의 구조이다.

2. 내화구조 적용 대상

문화 및 집회시설, 의료시설, 공동주택 등으로 일정용도와 면적 등에 해당되는 건축물의 주요구조부와 지붕을 내화구조로 하여야 한다. 다만 막구조 등의 구조는 주요구조부에만 내화구조로 할 수 있고, 연면적이 50 m^2 이하인 단층의 부속건축물로서 외벽 및 처마 밑면을 방화구조로 한 것과 무대의 바닥은 그렇지 않다.

3. 내화구조 기준

1) 바닥기준

구조	두께
철근 콘크리트조 또는 철골철근 콘크리트조	10 cm 이상
철재로 보강된 콘크리트블록조, 벽돌조 또는 석조로서 철재에 덮은 콘크리트블록	5 cm 이상
철재의 양면을 철망모르타르 또는 콘크리트로 덮은 것	5 cm 이상

2) 벽기준

구조	두께	외벽 중 비내력벽
철골 콘크리트조 또는 철골철근 콘크리트조	10 cm 이상	7 cm 이상
골구를 철골조로 하고, 그 양면에 철망모르타르	4 cm 이상	3 cm 이상
골구를 철골조로 하고, 그 양면에 콘크리트 블록, 벽돌 또는 석재	5 cm 이상	4 cm 이상
철재로 보강된 콘크리트블록조, 벽돌조 또는 석조	5 cm 이상	4 cm 이상
벽돌조	19 cm 이상	-
고온·고압의 증기로 양생된 경량기포 콘크리트패널 또는 경량기포 콘크리트 블록조	10 cm 이상	-

4. 방화구조의 정의

방화구조는 화염의 확산을 막을 수 있는 성능을 가진 구조를 말하며, 연소확대를 방지할 수 있는 구조로서 [방화구조의 기준]에 정해진 기준에 적합한 것

5. 방화구조 적용 대상

연면적이 1000 m² 이상인 목조의 건축물은 그 외벽 및 처마 밑의 연소할 우려가 있는 부분을 방화구조로 하되, 그 지붕은 불연재료로 하여야 한다.

6. 방화구조의 기준

구조	두께
철망모르타르	2 cm 이상
석고판위에 시멘트모르타르를 바른 것	2.5 cm 이상
석고판 위에 회반죽을 바른 것	
시멘트모르타르 위에 타일을 붙인 것	
심벽에 흙으로 맞벽치기를 한 것	모두 해당
산업표준화법에 의한 한국산업규격이 정하는 바에 의하여 시험한 결과 방화 2급 이상 해당	

04 건축물의 마감재료

1. 불연재료

불에 타지 아니하는 성질을 가진 재료로서 다음 어느 하나에 해당하는 재료를 말한다.

1) 콘크리트·석재·벽돌·기와·철강·알루미늄·유리·시멘트모르타르 및 회. 이 경우 시멘트모르타르 또는 회 등 미장재료를 사용하는 경우에는 「건설기술 진흥법」 제44조 제1항 제2호에 따라 제정된 건축공사표준시방서에서 정한 두께 이상인 것에 한한다.
2) 한국산업표준에 따라 시험한 결과 질량감소율 등이 국토교통부장관이 정하여 고시하는 불연재료의 성능기준을 충족하는 것
3) 그 밖에 1)과 유사한 불연성의 재료로서 국토교통부장관이 인정하는 재료
    다만 1)의 재료와 불연성재료가 아닌 재료가 복합으로 구성된 경우를 제외한다.

2. 준불연재료

불연재료에 준하는 성질을 가진 재료로서 한국산업표준에 따라 시험한 결과 가스 유해성, 열방출량 등이 국토교통부장관이 정하여 고시하는 준불연재료의 성능기준을 충족하는 것을 말한다.

3. 난연재료

한국산업표준에 따라 시험한 결과 가스 유해성, 열방출량 등이 국토교통부장관이 정하여 고시하는 난연재료의 성능기준을 충족하는 것을 말한다.

05 건축물 면적·높이·층수 등의 산정 및 제한

1. 건축물 면적의 산정

1) 대지면적

    대지의 수평투영면적으로 하되 다음에 해당하는 면적은 제외한다.
    (1) 대지 안에 건축선이 정하여진 경우 그 건축선과 도로 사이의 대지면적
    (2) 대지에 도시·군계획시설인 도로·공원등이 있는 경우 그 도시·군계획시설에 포함되는 대지면적

2) 건축면적

    건축물의 외벽(외벽이 없는 경우에는 외곽 부분의 기둥)의 중심선으로 둘러싸인 부분의 수평투영면적으로 한다.

3) 바닥면적

건축물의 각 층 또는 그 일부로서 벽·기둥 기타 이와 유사한 구획의 중심선으로 둘러싸인 부분의 수평투영면적으로 한다.

4) 연면적

하나의 건축물의 각 층의 바닥면적의 합계로 한다. 다만 용적률의 산정에 있어서는 지하층의 면적과 지상층의 주차용(해당 건축물의 부속용도인 경우만 해당)으로 사용되는 면적, 피난안전구역의 면적, 건축물의 경사지붕아래 설치하는 대피공간의 면적은 산입하지 않는다.

5) 건폐율

대지면적에 대한 건축면적(대지에 건축물이 둘 이상 있는 경우에는 이들 건축면적의 합계로 한다)의 비율

6) 용적률

대지면적에 대한 연면적(대지에 건축물이 둘 이상 있는 경우에는 이들 연면적의 합계로 한다)의 비율

7) 구역, 지역, 지구

(1) 구역 : 도시개발구역, 개발제한구역 등
(2) 지역 : 주거지역, 상업지역 등
(3) 지구 : 방화지구, 방재지구, 경관지구 등

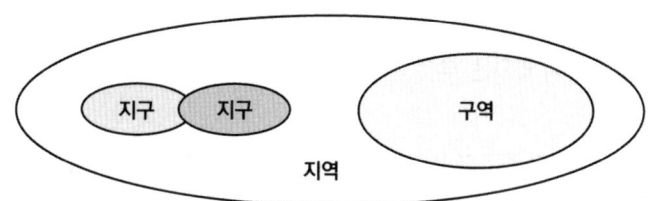

2. 건축물 높이의 산정 및 제한

1) 원칙

건축물의 높이는 지표면으로부터 해당 건축물 상단까지의 높이로 한다.

2) 건축물의 높이 산정에서 제외되는 부분

(1) 옥상부분(건축물의 옥상에 설치되는 승강기탑·계단탑·망루·장식탑·옥탑 등)으로서 그 수평투영면적의 합계가 해당 건축물 건축면적의 1/8 이하(주택법에 따른 사업계획승인 대상 공동주택으로 세대별 전용면적이 85 m² 이하인 경우 1/6 이하)인 경우로서 그 부분의 높이가 12 m를 넘는 경우에는 그 넘는 부분만 해당 건축물의 높이에 산입한다.

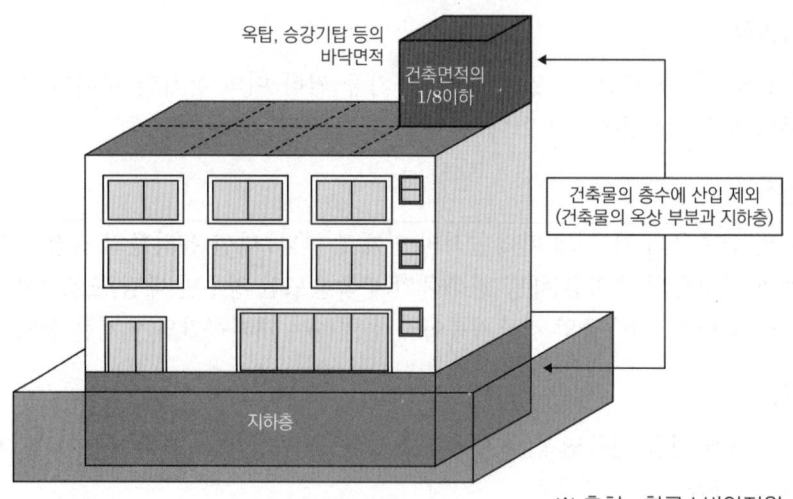

※ 출처 : 한국소방안전원

(2) 옥상돌출물(지붕마루장식·굴뚝·방화벽·기타 이와 유사한 옥상돌출부)과 난간벽(그 벽면적의 1/2 이상이 공간으로 된 것에 한함)은 해당 건축물 높이에 산입하지 않는다.

3. 건축물 층수의 산정 및 제한

1) 원칙
   (1) 건축물의 지상층만을 층수에 산입하며 건축물의 부분에 따라 층수를 달리하는 경우에는 그중에서 가장 많은 층수를 그 건축물의 층수로 본다.
   (2) 층의 구분이 명확하지 아니한 건축물은 높이 4 m마다 하나의 층으로 산정한다.

2) 건축물 층수 산정에서 제외되는 부분
   (1) 지하층
   (2) 건축물의 옥상부분(건축물의 옥상에 설치되는 승강기탑·계단탑·망루·장식탑·옥탑 등)으로서 수평투영면적의 합계가 건축물의 건축면적의 1/8 이하(주택법에 따른 사업계획승인 대상 공동주택으로 세대별 전용면적이 85 m² 이하인 경우 1/6 이하)인 것

06 방화문·자동방화셔터

1. 방화문

화재의 확대, 연소를 방지하기 위해 방화구획의 개구부에 설치하는 문을 말한다.

1) 구조

언제나 닫힌 상태를 유지하거나 화재로 인한 연기의 발생 또는 온도의 상승에 따라 자동적으로 닫히는 구조

2) 방화문의 성능

(1) 60분+ 방화문 : 연기 및 불꽃을 차단할 수 있는 시간이 60분 이상이고, 열을 차단할 수 있는 시간이 30분 이상인 방화문
(2) 60분 방화문 : 연기 및 불꽃을 차단할 수 있는 시간이 60분 이상인 방화문
(3) 30분 방화문 : 연기 및 불꽃을 차단할 수 있는 시간이 30분 이상, 60분 미만인 방화문

2. 자동방화셔터

방화구획의 용도로, 내화구조로 된 벽을 설치하지 못하는 경우 화재 시 연기 및 열을 감지하여 자동 폐쇄되는 것

1) 자동방화셔터의 설치기준 및 구조

(1) 피난이 가능한 60분+ 방화문 또는 60분 방화문으로부터 3 m 이내에 별도로 설치할 것
(2) 전동방식이나 수동방식으로 개폐할 수 있을 것
(3) 불꽃감지기 또는 연기감지기 중 하나와 열감지기를 설치할 것
(4) 불꽃이나 연기를 감지한 경우 일부 폐쇄되는 구조일 것
(5) 열을 감지한 경우 완전 폐쇄되는 구조일 것

2) 자동방화셔터 성능기준 및 구성

(1) 자동방화셔터는 상기 1)에 따른 구조를 가진 것이어야 하나, 수직방향으로 폐쇄되는 구조가 아닌 경우는 불꽃, 연기 및 열감지에 의해 완전폐쇄가 될 수 있는 구조여야 한다.
(2) 자동방화셔터의 상부는 상층 바닥에 직접 닿도록 하여야 하며, 그렇지 않은 경우 방화구획 처리를 하여 연기와 화염의 이동통로가 되지 않도록 하여야 한다.

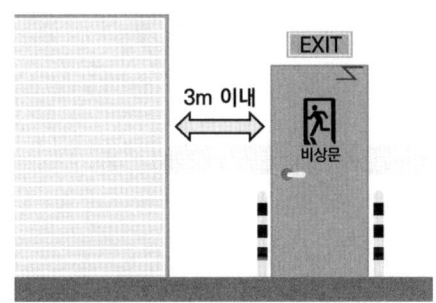

OX퀴즈

● "최다빈출 핵심지문 OX퀴즈"를 통해 학습개념을 쉽게 정리하고 기출에 대한 선행학습을 해보세요.

1 건축물의 바닥이 지표면 아래에 있는 층으로서 바닥에서 지표면까지 평균높이가 해당 층 높이의 2분의 1 이상인 것을 지하층이라 한다. ⓞⓧ

2 작은 보는 주요구조부에 해당한다. ⓞⓧ

3 기존 건축물이 있는 대지에서 건축물의 건축면적, 연면적, 층수 또는 높이를 늘리는 것을 개축이라 한다. ⓞⓧ

4 철골 콘크리트조 또는 철골철근 콘크리트조로서 두께가 10 cm 이상인 벽은 내화구조이다. ⓞⓧ

5 건축물의 외벽(외벽이 없는 경우에는 외곽 부분의 기둥)의 중심선으로 둘러싸인 부분의 수평투영면적을 바닥면적이라 한다. ⓞⓧ

6 대지면적에 대한 건축면적(대지에 건축물이 둘 이상 있는 경우에는 이들 건축면적의 합계로 한다)의 비율은 용적률이다. ⓞⓧ

7 60분 방화문은 연기 및 불꽃을 차단할 수 있는 시간이 30분 이상인 방화문이다. ⓞⓧ

오답 지문 체크 01 (O) 02 (X) 03 (X) 04 (O) 05 (X) 06 (X) 07 (X)

02 작은 보는 주요구조부에 해당하지 않는다.
03 기존 건축물이 있는 대지에서 건축물의 건축면적, 연면적, 층수 또는 높이를 늘리는 것을 **증축**이라 한다.
05 건축물의 외벽(외벽이 없는 경우에는 외곽 부분의 기둥)의 중심선으로 둘러싸인 부분의 수평투영면적을 **건축면적**이라 한다.
06 대지면적에 대한 건축면적(대지에 건축물이 둘 이상 있는 경우에는 이들 건축면적의 합계로 한다)의 비율은 **건폐율**이다.
07 60분 방화문은 연기 및 불꽃을 차단할 수 있는 시간이 60분 이상인 방화문이다.

문제풀이(기출문제 + 예상문제)

01 건축물의 방재계획 중에서 공간적 대응계획에 해당되지 않는 것은?

① 도피성 대응
② 대항성 대응
③ 회피성 대응
④ 소방시설방재 대응

해설

■ 건축물의 방재계획

구분		내용
공간적 대응	대항성	방화구획, 방연구획, 내화재료 등을 사용하여 초기 소화에 대항성을 가지도록 하는 것
	회피성	불연화, 난연화 등의 내장재의 제한과 소방훈련 및 불조심 등 화재의 확대 가능성을 줄여 위험성을 낮추는 것
	도피성	화재시 피난자가 위험에 빠지지 않도록 구조적으로 배려하는 것
설비적 대응		공간적 대응을 보완하는 것으로서 대항성에 대하여 스프링클러, 제연설비, 방화문, 방화셔터 등을, 도피성으로는 유도등, 피난설비 등을 설치하여 보조하는 것

02 건축법상 내화구조의 설명으로 옳지 않은 것은?

① 내화구조란 화재에 견딜 수 있는 성능을 가진 구조
② 화재 후에도 재사용이 가능한 정도의 구조
③ 화재 시 일정한 시간 동안 형태나 강도 등이 크게 변하지 않는 구조
④ 화염의 확산을 막을 수 있는 성능을 가진 구조

해설

■ 내화구조 , 방화구조의 정의
내화구조 – 화재를 견딜 수 있는 구조
방화구조 – 화염의 확산을 막는 구조
(내화구조 ≫ 방화구조)

03 건축물의 주요구조부에 해당되지 않는 것은?

① 내력벽   ② 기둥
③ 주계단   ④ 작은 보

해설

■ 주요구조부
1) 건축물의 구조 내력상의 주요한 부분
2) 주요구조부의 종류
　(1) 벽
　(2) 보(작은 보 제외)
　(3) 기둥(사잇기둥 제외)
　(4) 바닥(최하층 바닥 제외)
　(5) 지붕틀(차양 제외)
　(6) 주계단(옥외계단 제외)

정답 01 ④ 02 ④ 03 ④

04 지하층이라 함은 건축물의 바닥이 지표면 아래에 있는 층으로서 바닥에서 지표면까지의 평균 높이가 해당 층 높이의 얼마 이상인 것을 말하는가?

① 1/2　② 1/3
③ 1/4　④ 1/5

해설

■ 지하층의 정의

건축물의 바닥이 지표면 아래에 있는 층으로 바닥에서 지표면까지의 평균 높이가 해당층 높이의 1/2 이상인 것

05 다음 중 용어에 관한 설명으로 옳지 않은 것은?

① 60분 방화문은 연기를 차단할 수 있는 시간이 60분 이상인 방화문
② 피난층이란 곧바로 지상으로 갈 수 있는 출입구가 있는 층을 말한다.
③ 무창층의 유효개구부는 도로 또는 차량이 진입할 수 있는 빈터로 향하여야 한다.
④ 소방시설이란 소화설비, 경보설비, 피난설비, 소화용수설비, 그 밖에 소화활동설비로서 대통령령으로 정하는 것을 말한다.

해설

■ 방화문의 종류

1) 60분+ 방화문 : 연기 및 불꽃을 차단할 수 있는 시간이 60분 이상이고, 열을 차단할 수 있는 시간이 30분 이상인 방화문
2) 60분 방화문 : 연기 및 불꽃을 차단할 수 있는 시간이 60분 이상인 방화문
3) 30분 방화문 : 연기 및 불꽃을 차단할 수 있는 시간이 30분 이상, 60분 미만인 방화문

06 다음 중 건축과 관련한 용어의 설명으로 옳지 않은 것은?

① 바닥면적 : 건축물의 각 층 또는 그 일부벽, 기둥 등 기타 유사한 구획의 중심선으로 둘러싸인 부분의 수평투영면적
② 용적률 : 연면적/대지면적
③ 연면적 : 하나의 건축물 각 층의 바닥면적의 합계
④ 건폐율 : 대지면적에 대한 바닥면적의 비율

해설

■ 건폐율

대지면적에 대한 건축면적으로 나눈 값

정답 04 ① 05 ① 06 ④

PART 02
소방학개론

CHAPTER 01 연소이론
CHAPTER 02 화재이론
CHAPTER 03 소화이론

CHAPTER 01 연소이론

01 연소

1. 연소의 정의
1) 가연물이 공기 중의 산소와 결합하여 빛과 열을 수반하는 산화반응이다.
2) 연소는 발열반응한다.
3) 화학반응이 진행되기 위한 최소한의 활성화에너지가 필요하다.

2. 연소의 3요소(작열연소)
1) 연소가 시작할 수 있는 필수요소
2) 가연물, 산소공급원, 점화원

3. 연소의 4요소(불꽃연소)
1) 연소가 지속될 수 있는 필수요소
2) 연소의 3요소(가연물, 산소공급원, 점화원) + 연쇄반응

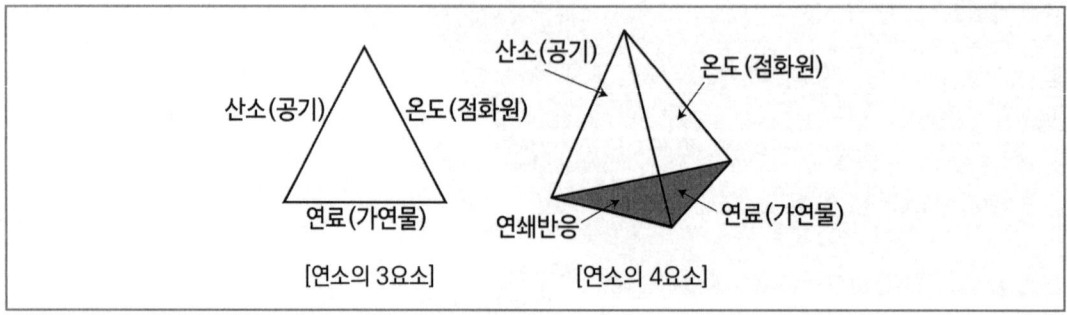

[연소의 3요소]   [연소의 4요소]

02 가연물

1. 가연물의 정의
불에 탈 수 있는 물질, 즉 산화반응 시 발열반응을 할 수 있는 물질이다.

2. 가연물이 되기 쉬운 조건
1) 활성화 에너지가 적어야 한다(작은 에너지로도 연소 가능).
2) 발열량이 커야 한다.
3) 열전도도가 작아야 한다(열축적 용이).
4) 산소와 친화력이 좋아야 한다.
5) 산소와 접촉할 수 있는 표면적이 넓어야 한다(비표면적이 커야 한다).
6) 건조도가 높아야 한다.
7) 최소산소농도가 낮아야 한다.

3. 가연물의 위험성

작을수록 위험	클수록 위험
열전도도 활성화에너지 인화점·착화점 점성·비중 끓는점·녹는점	온도·압력·열량 연소속도 연소범위 화학적 활성도 건조도·연소열

4. 가연물이 될 수 없는 물질의 종류

구분	해당 물질	이유
산소와 결합하여 더 이상 산소와 반응하지 않는 물질	물(H_2O) 이산화탄소(CO_2) 산화알루미늄(Al_2O_2)	산소와 이미 결합되어 산화반응을 하지 않음 → 완전연소생성물 산소공급원
0족의 불활성 기체	헬륨(He), 네온(Ne) 아르곤(Ar), 크립톤(Kr) 크세논(Xe), 라돈(Rn)	최외곽 전자가 8개로 안정되어 더 이상 화학반응을 하지 않음
흡열반응 물질	질소(N_2)	열을 흡수하여 주변을 냉각시켜서 화학반응이 원활하지 않음

03 산소공급원

1. 공기성분

1) 산소 : 21 %
2) 질소 : 78 %
3) 아르곤 : 0.93 %
4) 이산화탄소 : 0.04 %
5) 기타 : 0.03 %

2. 산소함유물질(산화성 물질)

구분	특징
제1류 위험물(산화성 고체)	불연성이지만 자신이 산소를 함유하고 있어 분해 시 산소 방출
제5류 위험물(자기반응성 물질)	폭발성 물질로 공기 중 산소와 관계없이 자기연소
제6류 위험물(산화성액체)	불연성이지만 분해 시 산소가 발생

3. 가연성과 조연성 가스

구분	가연성 가스	조연성 가스
정의	자기 자신이 연소하는 가스	자기 자신은 타지 않고 연소를 도와주는 가스
종류	일산화탄소(CO), 수소(H_2), 메탄(메테인)(CH_4), 암모니아(NH_3), 부탄(부테인)(C_4H_{10})	오존(O_3), 공기, 산소(O_2), 염소(Cl), 불소(F)

04 점화원(Ignition Source)

1. 점화원의 정의
가연물이 연소를 시작할 때 필요한 에너지를 활성화에너지라 하고, 그 활성화에너지의 공급원을 점화원이라고 한다.

2. 점화원 형태에 의한 분류

구분	종류
전기적 점화원	유도열, 유전열, 저항열, 아크열, 정전기열, 낙뢰에 의한 열
기계적 점화원	단열 압축열, 충격, 마찰 스파크
화학적 점화원	용해열, 분해열, 연소열, 자연 발화열
열적 점화원	고온 표면, 적외선, 복사열 등

05 연소의 분류

1. 연소의 상태적 분류

1) 기체의 연소

구분	내용	종류
확산연소	가연성기체가 공기 중으로 확산되며, 공기와 혼합기체를 형성하여 연소	메탄(메테인), 에탄(에테인), 수소
예혼합 연소	가연물과 공기가 미리 혼합된 상태로 점화원에 의해 연소되거나 스스로 연소	가솔린 엔진, 버너

2) 액체의 연소

구분	내용	종류
액적연소 (분무연소)	액체연료를 분사하면 안개상으로 분무화되어 공기 접촉 면적을 넓게 하여 연소	벙커C유
증발연소	액체를 가열 시 열에 의해 액체가 증기가 되어 증기가 연소	가솔린, 등유, 경유, 알코올
분해연소	휘발성이 작고, 점성이 큰 액체 가연물이 열분해하여 가스로 분해되어 연소	중유, 아스팔트, 글리세린

3) 고체의 연소

구분	내용	종류
표면연소 (작열연소)	고체의 표면에서 불꽃을 내지 않고 연소	숯, 코크스, 목탄, 금속분
분해연소	고체 가연물이 온도 상승 시 열분해를 통해 발생하는 가연성 가스가 연소	종이, 목재, 플라스틱, 섬유
증발연소	열분해를 일으키지 않고 그대로 증발하여 연소	유황(황), 나프탈렌, 파라핀
자기연소	물질 내부에 산소를 함유하고 있어 외부의 산소 공급 없이 연소	니트로(나이트로)셀룰로오스, 니트로(나이트로)글리세린, 질산에스테르(에스터)류

2. 연소의 형태에 의한 분류

1) 정상연소

연소 시 충분한 공기공급으로 열 발생속도와 확산속도가 균형 있게 연소한다.

2) 비정상연소

발생열이 급격히 팽창하며 연소하거나, 균형을 취했을 때 연소되지 않는다(폭발, 폭굉, Blow Off 등).

3. 불꽃의 유무에 의한 분류

구분	불꽃이 있는 연소	불꽃이 없는 연소
화재	표면화재	심부화재
물질	고체, 액체, 기체	고체
연소형태	분해, 자기, 증발, 확산, 예혼합, 자연발화	표면연소, 훈소, 작열연소
부촉매 소화	가능	불가능

06 연소의 기본 용어

1. 인화점(Flash Point)

1) 정의

   (1) 점화원을 가했을 때 연소가 시작되는 최저온도
   (2) 인화점이 낮을수록 위험도가 크다.
   (3) 인화성 액체위험물의 위험성척도

2) 물질의 인화점

물질	인화점	물질	인화점
프로필렌	-107℃	톨루엔	4.4℃
가솔린	-43℃	에틸알코올	13℃
이황화탄소	-30℃	등유	43~72℃
아세톤	-18℃	경유	50~70℃

2. 연소점(Fire Point)

1) 외부 점화원에 의해 발화 후 연소를 지속시킬 수 있는 최저온도
2) 인화점보다 5~10℃ 높고, 불꽃이 최소 5초 이상 지속되는 온도

3. 발화점(Ignition Point)

1) 가연성 물질에 불꽃을 접하지 아니하였을 때 연소가 가능한 최저온도
2) 공기 중에서 스스로 타기 시작하는 온도
3) 물질의 발화점

물질	발화점	물질	발화점
아세톤	538℃	가솔린	300℃
프로필렌	497℃	등유	210℃
톨루엔	480℃	경유	200℃
에틸알코올	423℃	이황화탄소	100℃

4) 발화점이 낮아지는 조건(위험성↑)

   (1) 발열량이 클수록
   (2) 산소의 농도가 클수록(산소와 친화력이 클수록)
   (3) 압력이 높을수록

⑷ 분자구조가 복잡할수록
⑸ 활성화 에너지가 낮을수록
⑹ 열전도율이 낮을수록

4. 온도(Temperature)

1) 물질의 뜨겁고 차가운 정도를 수량으로 나타낸 것으로서 분자들의 운동 상태로 결정한다.
2) 온도의 종류

온도	내용
섭씨온도 ℃	• 표준대기압에서 어는점 [0 ℃], 끓는점을 [100 ℃]로 하여 100등분한 온도 • $℃ = \dfrac{5}{9}(°F - 32)$
화씨온도 °F	• 표준대기압에서 어는점 [32 °F], 끓는점을 [212 °F]로 하여 180등분한 온도 • $°F = \dfrac{9}{5} × ℃ + 32$
캘빈온도 K	$K = ℃ + 273$
랭킨온도 R	$R = °F + 460$

5. 비열(Specific Heat)

1) 어떤 물체의 단위 중량당 1 kg을 온도 1 ℃만큼 상승시키는 열량이다.
2) 단위 : kcal/kg·℃ (kJ/kg·K)
3) 물질마다 비열은 다르나 물은 비열이 커서 냉각효과가 뛰어나다.

6. 잠열과 현열

1) 잠열(Latent Heat) : 온도변화 없이 상태변화에만 필요한 열량

잠열	상태변화
융해잠열	얼음 → 물(80 kcal/kg)
기화(증발)잠열	물 → 수증기(539 kcal/kg)

2) 현열(Sensible Heat)

물질의 상의 변화는 없고, 온도 변화만 있을 때 필요한 열량

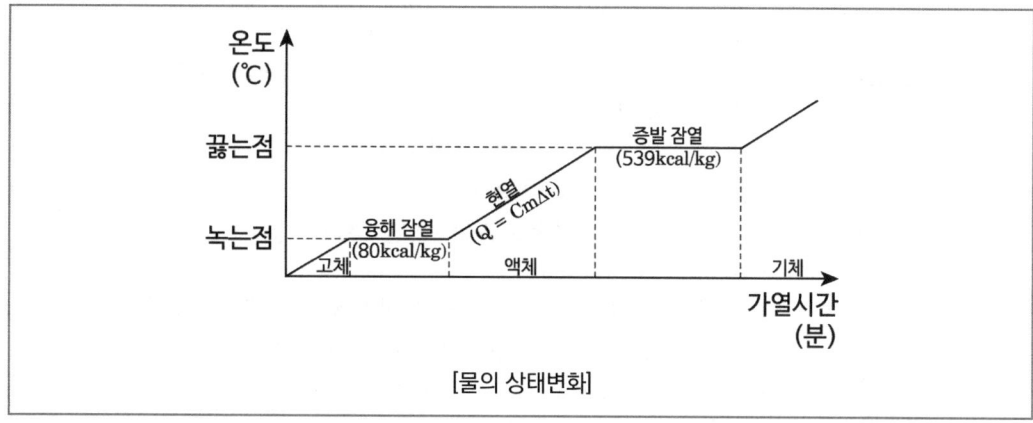

[물의 상태변화]

7. 증기비중

1) 공기에 대한 가스의 무게비(가스무게/공기무게)

증기비중	공기에 대한 무게
증기비중 > 1	공기보다 무겁다.
증기비중 < 1	공기보다 가볍다.

2) 계산식

$$증기비중 = \frac{분자량}{29} \text{ (29 : 공기의 평균 분자량)}$$

07 연소생성물

1. 정의

1) 연소에 의해서 생성되는 물질
2) 연소가스 + 불꽃(화염) + 연기 + 열 = 연소생성물

2. 연소 시 주요 생성 가스

연소가스	특징
일산화탄소 (CO)	• 공기보다 가벼운 무색, 무취인 유독성 가스이다. • 인체 내의 헤모글로빈과 결합하여 인체 내 산소결핍을 초래한다. • 불완전연소 시 발생한다. • 상온에서 염소와 작용하여 포스겐을 생성한다.
이산화탄소 (CO_2)	• 공기보다 무거운 무색, 무취인 가스이다. • 다량 존재 시 산소 부족을 유발하여 질식효과가 있다. • 완전연소 시 발생한다. • 독성은 거의 없으나 호흡속도를 증가시켜 유해가스 흡입을 증가시킨다.
암모니아 (NH_3)	• 눈, 코, 폐 등에 매우 자극성이 큰 가연성 가스이다. • 질소함유물인 수지류, 나무 등 연소 시 발생한다. • 상업용, 공업용 냉동시설의 냉매로 많이 사용한다.
포스겐 ($COCl_2$)	• PVC, 수지류 등 연소 시 발생한다. • 맹독성(0.1 ppm)가스이다.
황화수소(H_2S)	• 달걀 썩는 냄새가 난다. • 황을 포함한 유기화합물의 불완전연소로 발생한다.
아크로레인 (CH_2CHCHO)	• 맹독성(0.1 ppm)가스이다. • 석유제품, 유지 등의 연소 시 발생한다.
시안화수소 (HCN)	• 무색의 맹독성 가스(청산가스)이며, 가연성 가스이다. • 석유제품, 유지 등의 연소 시 발생한다. • 일산화탄소와는 다르게 헤모글로빈과 결합하지 않고도 호흡 저해를 통한 질식을 유발한다.

3. 연소 시 기타 생성 가스

1) CO에 의한 인체의 영향

최대허용농도	생리적 반응
800 ppm	2 ~ 3시간 내 사망
1600 ppm	1시간 내 사망
3200 ppm	30분 내 사망
6400 ppm	10 ~ 15분 내 사망
12800 ppm	1 ~ 3분 내 사망

2) CO_2에 의한 인체의 영향

최대허용농도	생리적 반응
2 %	불쾌감
4 %	눈의 자극, 두통, 현기증
8 %	호흡 곤란
9 %	구토
10 %	1분 내 의식 상실
20 %	단시간 내 사망(중추신경 마비)

3) CO와 CO_2 비교

구분	CO	CO_2
비중	0.97	1.52
연소성	있다	없다
특성	화재중독사 주원인	화재 시 가장 많이 발생

08 불꽃(화염)

1. 연소 시 불꽃의 색과 온도

연소의 색	온도(℃)
암적색	700 ℃
적색	850 ℃
휘적색	950 ℃
황적색	1100 ℃
백색	1300 ℃
휘백색	1500 ℃

2. Ceiling Jet Flow(천장제트흐름)

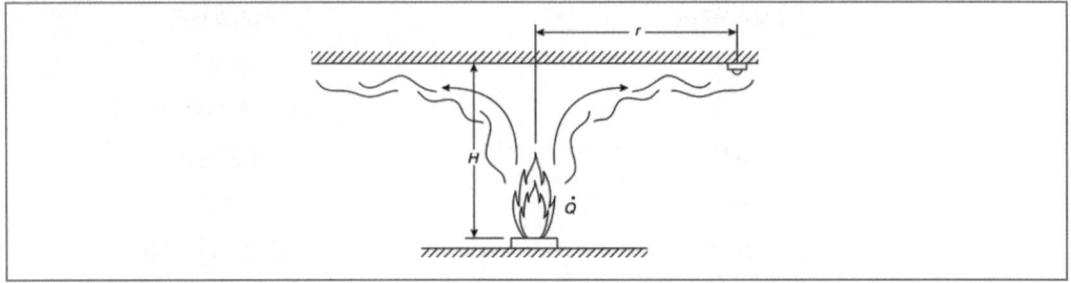

1) 고온의 연소생성물이 부력에 의해 힘을 받아 천장 면 아래에 얇은 층을 형성하는 빠른 속도의 가스 흐름을 말한다.
2) 화재감지기 및 스크링클러헤드는 유효범위 내에 설치한다.
3) 천장제트흐름의 두께는 층고의 5 ~ 12 % 정도이다.

09 열에 의한 화상 증상

구분	설명
1도 화상	표피손상 : 홍반성(가벼운 통증 수반)
2도 화상	진피손상 : 수포성
3도 화상	피하지방층 손상 : 괴사성(피부이식 필요)
4도 화상	근육층 손상 : 탄화, 흑색(피하, 근육, 뼈까지 도달하며, 주로 전기화재에서 많이 발생)

10 연기(Smoke)

1. 연기의 특징

1) 연기의 입자크기 : 0.01 ~ 10 μm
2) 수소가 많으면 백색, 적으면(탄소가 많으면) 흑색 연기가 발생한다.
3) 일반화재의 경우 백색, 유류화재의 경우에는 흑색 연기가 발생한다.
4) 유독가스를 다량 함유한다.
5) 연기 발생 시 산소농도를 낮추어 산소 결핍을 초래한다.

2. 연기의 유동속도

1) 수평방향 : 0.5 ~ 1 m/s
2) 수직방향 : 2 ~ 3 m/s
3) 계단, 실내 : 3 ~ 5 m/s

3. 연기의 특성

1) 광선을 흡수한다.
2) 고열이고, 유동 확산이 매우 빠르다.
3) 산소의 농도가 낮다. 15 % 이하 시 위험하다.
4) 고온의 화염을 수반하고, 화염을 확산시킨다.
5) 유독가스를 함유한다(마취성, 자극성, 독성 가스).

11 연기의 유동

1. 연기의 유동 원인

1) 공조설비(HVAC) : 건축물 내부에 있는 냉·난방, 통풍, 공기조화설비의 영향
2) 부력 : 화재실 내 온도가 상승하여 밀도차에 의한 연기 상승
3) 바람 : 외부의 바람이 건물 내로 유입하여 압력차 발생
4) 연돌효과(Stack Effect) : 건축물 내·외부공기의 온도차로 인한 압력차에 의해 공기가 이동
5) 피스톤 효과 : 승강기 이동으로 인한 교란 발생
6) 팽창력 : 화재 시 온도 상승으로 인한 가스의 팽창

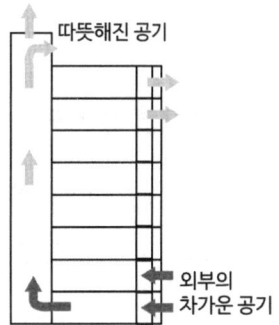

2. 연기의 이동속도

이동방향	이동속도(m/s)
수평 방향	0.5 ~ 1.0 m/s
수직 방향	2 ~ 3 m/s
계단실 내의 수직 이동속도	3 ~ 5 m/s

12 연기의 제어방식

1. 연기의 제어이론

방법	내용
희석	신선한 공기를 공급하여 연기의 농도를 낮추는 것
배기	건물 내의 압력차에 의하여 연기를 외부로 배출시키는 것
차단	연기가 일정한 장소 내로 들어오지 못하도록 하는 것

2. 연기 제연방식

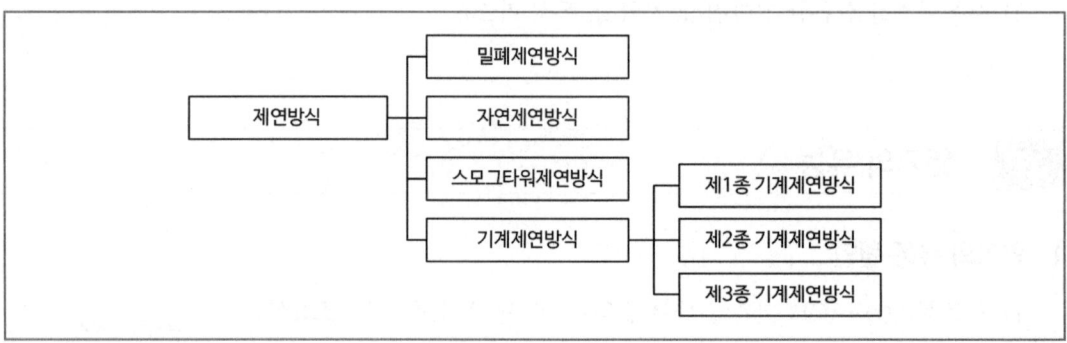

3. 자연제연 및 스모크 - 타워방식

자연제연방식	스모크 - 타워방식
창문이나 배기구를 통해서 연기를 자연적으로 배출	천장에 루프모니터 등이 바람에 의해 작동되면서 흡인력을 이용하여 제연

4. 기계 제연방식(강제 제연방식)

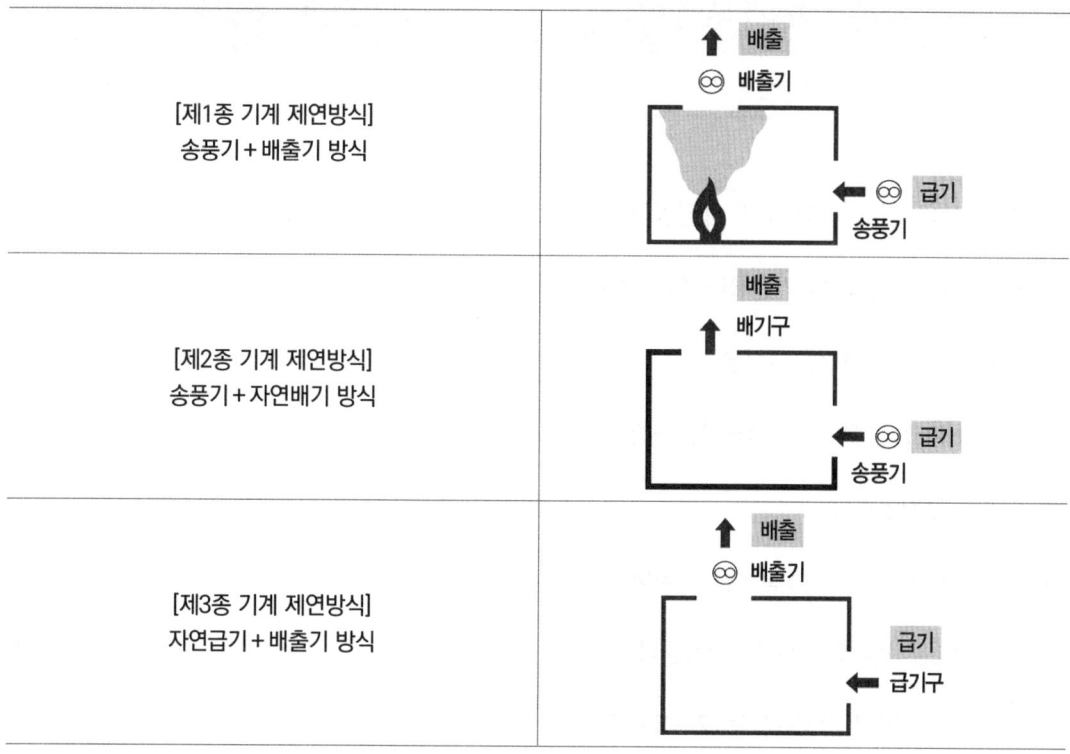

[제1종 기계 제연방식] 송풍기 + 배출기 방식	
[제2종 기계 제연방식] 송풍기 + 자연배기 방식	
[제3종 기계 제연방식] 자연급기 + 배출기 방식	

13 열전달

1. 열전달

1) 온도차가 발생되어 열이 높은 곳에서 낮은 곳으로 이동하는 것을 말한다.
2) 전열현상이라고도 하며, 전도·대류·복사로 구분할 수 있다.

2. 열전달의 종류

종류	내용
전도(Conduction)	• 고체 간의 열전달 현상으로 고온체와 저온체의 직접적인 접촉에 의해 열이 이동한다.
대류(Convection)	• 유체의 흐름에 의하여 열이 이동한다.
복사(Radiation)	• 열전달 매질이 없이 전자파 형태로 열이 이동한다. • 화재 시 열 이동에 가장 크게 작용하며, 플래시 오버에 큰 영향을 미친다.

OX퀴즈

● "최다빈출 핵심지문 OX퀴즈"를 통해 학습개념을 쉽게 정리하고 기출에 대한 선행학습을 해보세요.

1 연쇄반응은 연소의 3요소에 해당한다. O X

2 열전도도가 작을수록 가연물이 되기 쉽다. O X

3 산화성 고체는 제6류 위험물이다. O X

4 마찰 스파크는 전기적 점화원에 속한다. O X

5 종이는 분해연소한다. O X

6 산소의 농도가 클수록 발화점이 낮아진다. O X

7 3도 화상은 피부의 괴사가 시작된다. O X

8 연기의 수직방향 유동속도는 2 ~ 3 m/s이다. O X

9 고체 간의 열전달 현상으로 고온체와 저온체의 직접적인 접촉에 의해 열이 이동하는 것은 대류이다. O X

오답 지문 체크 01 (X) 02 (O) 03 (X) 04 (X) 05 (O) 06 (O) 07 (O) 08 (O) 09 (X)

01 연쇄반응은 연소의 4요소에 해당한다.
03 산화 액체는 제6류 위험물이다.
04 마찰 스파크는 기계적 점화원에 속한다.
09 고체 간의 열전달 현상으로 고온체와 저온체의 직접적인 접촉에 의해 열이 이동하는 것은 전도이다.

문제풀이(기출문제 + 예상문제)

01 다음 중 가연성 물질이 산소와 급격히 화합할 때 열과 빛을 내는 현상에 해당하는 것은?

① 복사 ② 기화
③ 응고 ④ 연소

해설

■ 연소(Combustion)
가연물이 공기 중에 있는 산소와 급격히 반응하여 열과 빛을 내는 산화반응

02 다음 중 연소 현상과 관계가 없는 것은?

① 부탄가스 라이터에 불을 붙였다.
② 황린을 공기 중에 방치했더니 불이 붙었다.
③ 알코올램프에 불을 붙였다.
④ 공기 중에 노출된 쇠못이 붉게 녹이 슬었다.

해설

■ 녹의 형성
열과 빛을 동반하지 않는 느린 산화반응으로서, 연소라 하지 않는다.

03 다음 물질 중 연소범위가 가장 넓은 것은?

① 에틸렌
② 프로판(프로페인)
③ 메탄(메테인)
④ 수소

해설

■ 연소범위(Flammability Limit)
1) 연소범위의 위험성 크기 비교
아세틸렌 > 수소 > 일산화탄소 > 에틸렌 > 메탄(메테인) > 에탄(에테인) > 프로판(프로페인) > 부탄(부테인)
2) 연소범위가 넓을수록 위험도는 크다.
위험도 = $\dfrac{UFL - LFL}{LFL}$
3) 주요 물질의 연소범위

가스	하한계vol%	상한계vol%
아세틸렌	2.5	81
수소	4	75
일산화탄소	12.5	74
에틸렌	2.1	32
암모니아	15	28
메탄(메테인)	5	15
에탄(에테인)	3	12.4
프로판(프로페인)	2.1	9.5
부탄(부테인)	1.8	8.4

04 가연물의 구비조건 중 옳지 않은 것은?

① 발열량이 작아야 한다.
② 열전도율이 작아야 한다.
③ 산소와 친화력이 커야 한다.
④ 산소와 접하는 표면적이 넓어야 한다.

해설

■ 가연물의 구비조건
1) 발열량이 커야 연소가 잘 된다.
2) 열전도율이 적어 열축적이 커야 연소가 잘 된다.
3) 산소와 비표면적이 크고, 친화력이 커야 한다.

정답 01 ④ 02 ④ 03 ④ 04 ①

05 다음 중 점화원이 될 수 없는 것은?
① 정전기   ② 기화열
③ 금속성 불꽃 ④ 전기 스파크

해설

■ 점화원(= 착화원 = 활성화에너지)
1) 화염에 불을 붙이는 '물리적 에너지'이다.
2) 점화원이 될 수 있는 것 : 불꽃, 마찰, 고온표면, 단열압축, 복사열, 자연발화, 정전기 등
3) 점화원이 될 수 없는 것 : 단열팽창, 기화열, 증발열, 냉각열 등

06 다음 중 자연발화가 일어나기 쉬운 조건이 아닌 것은?

① 열전도율이 클 것
② 적당량의 수분이 존재할 것
③ 주위의 온도가 높을 것
④ 표면적이 넓을 것

해설

■ 자연발화(Spontaneous Ignition)
1) 외부의 열원이 없어도 물질 자체적으로 열을 축적하여 공기 중에서 스스로 발화하는 현상
2) 자연발화의 조건(열축적)
  (1) 열전도율이 작을수록
    (열을 외부로 전달하지 않고, 축적한다)
  (2) 활성화에너지가 작을수록
  (3) 분자량이 클수록
  (4) 온도, 습도, 농도, 압력이 클수록
  (5) 표면적이 넓을수록
  (6) 공기와 접촉 면적이 클수록

07 일반적인 자연발화의 방지법이 아닌 것은?
① 습도를 높일 것
② 통풍을 원활하게 하여 열축적을 방지할 것
③ 저장실의 온도를 낮출 것
④ 발열반응에 정촉매 작용을 하는 물질을 피할 것

해설

■ 자연발화 방지법
1) 가연성 물질의 제거
2) 통풍이나 환기를 통한 열축적 방지
3) 저장실의 온도를 낮춘다.
4) 황린 : 물 / 칼륨, 나트륨 : 석유 속에 보관
5) 습도가 높은 곳을 피한다(수분 : 촉매작용).

08 착화온도 500℃에 대한 설명으로 옳은 것은?
① 500℃로 가열하면 산소 공급 없이 인화한다.
② 500℃로 가열하면 공기 중에서 스스로 타기 시작한다.
③ 500℃로 가열하여도 점화원이 없으면 타지 않는다.
④ 500℃로 가열하면 마찰열에 의하여 연소한다.

해설

■ 착화온도(Ignition Point)
1) 가연성 물질에 불꽃을 접하지 아니하였을 때 연소가 가능한 최저온도
2) 공기 중에서 스스로 타기 시작하는 온도
  착화온도 = 착화점 = 발화온도 = 발화점
3) 착화온도가 낮을수록 위험성은 크다.

정답 05 ② 06 ① 07 ① 08 ②

09 연소점은 인화점보다 대략 몇 도 정도 높은 온도에서 얼마의 시간을 유지할 수 있는 온도를 말하는가?

① 온도 : -5 ~ 10 ℃, 시간 : 5초
② 온도 : 5 ~ 10 ℃, 시간 : 5초
③ 온도 : 10 ~ 15 ℃, 시간 : 5초
④ 온도 : 10 ~ 15 ℃, 시간 : 10초

해설

■ 연소점
1) 인화점보다 5 ~ 10 ℃ 정도 높으며, 연소상태가 5초 이상 지속되는 온도
2) 점화에너지에 의해 화염이 발생하기 시작하며, 연소를 지속시킬 수 있는 최소온도

10 메탄(메테인)이 완전연소할 때의 연소생성물을 옳게 나열한 것은?

① H_2O, HCl ② SO_2, CO_2
③ SO_2, HCl ④ CO_2, H_2O

해설

■ 메탄(메테인)의 완전연소방정식
$CH_4 + 2O_2 \rightarrow \underline{CO_2 + 2H_2O}$(연소생성물)

11 연소가스 중 많은 양을 차지하고 있으며, 가스 그 자체의 독성은 없으나 다량이 존재할 경우 사람의 호흡속도를 증가시키고, 이로 인하여 화재가스에 혼합된 유해가스의 흡입을 증가시켜 위험을 가중시키는 가스는?

① CO ② CO_2
③ SO_2 ④ NH_3

해설

■ 연소 시 주요 생성 가스

연소가스	특징
일산화탄소 (CO)	• 불완전연소 시 발생 • 유독성 • 흡입 시 COHb(Carboxy Hemoglo Bin)을 형성하여 산소운반 방해(질식사망)
이산화탄소 (CO_2)	• 연소가스 중 가장 많은 양 발생 • 다량 흡입 시 호흡속도 증가 • 완전연소 시 발생
암모니아 (NH_2)	• 눈, 코, 폐 등에 매우 자극성이 큰 가연성 가스 • 질소함유물인 수지류, 나무 등 연소 시 발생
포스겐 ($COCl_2$)	• 염소가 함유된 가연물 연소 시 발생 • PVC, 수지류 등의 연소 시 발생 • 맹독성(0.1 ppm)가스

12 화재에서 휘적색의 불꽃온도는 섭씨 몇 도 정도인가?

① 325 ℃   ② 550 ℃
③ 950 ℃   ④ 1300 ℃

해설

■ 연소 시 불꽃의 색과 온도

연소의 색	온도
암적색	700 ~ 750 ℃
적색	850 ℃
휘적색	900 ~ 950 ℃
황적색	1100 ℃
백색	1200 ~ 1300 ℃
휘백색	1500 ℃

정답 09 ② 10 ④ 11 ② 12 ③

13 건물 내에서 연기의 수직방향 이동속도는 약 몇 m/s인가?

① 0.1 ~ 0.2　② 0.3 ~ 0.8
③ 2 ~ 3　　　④ 10 ~ 20

해설
■ 연기의 이동 속도

이동방향	이동속도
수평 방향	0.5 ~ 1.0 m/s
수직 방향	2 ~ 3 m/s
계단실 내의 수직이동속도	3 ~ 5 m/s

14 고층 건축물 내 연기거동 중 굴뚝효과에 영향을 미치는 요소가 아닌 것은?

① 건물 내·외의 온도차
② 화재실의 온도
③ 건물의 높이
④ 층의 면적

해설
■ 굴뚝효과의 영향요소
1) 화재실온도
2) 건축물 내·외부온도차
3) 건축물 높이

정답　13 ③　14 ④

CHAPTER 02 화재이론

01 개요

시대와 공간을 막론하고 인간은 항상 예상하기 어려운 재난이나 사고의 위험 속에서 살고 있고, 인간은 재난을 예방하고 피해를 최소화하려는 노력을 계속하여야 하며, 행정당국은 국민들이 이러한 욕구를 충족시키기 위해서 재난예방 및 각종 사고에 대한 유형별 대처능력을 제고하고, 국민의 안전교육 강화를 위한 다양한 교육개발과 재난관리 인력의 전문화 등을 위해 노력하고 있다.

02 발화요인별 분석

1. 발화요인의 분류

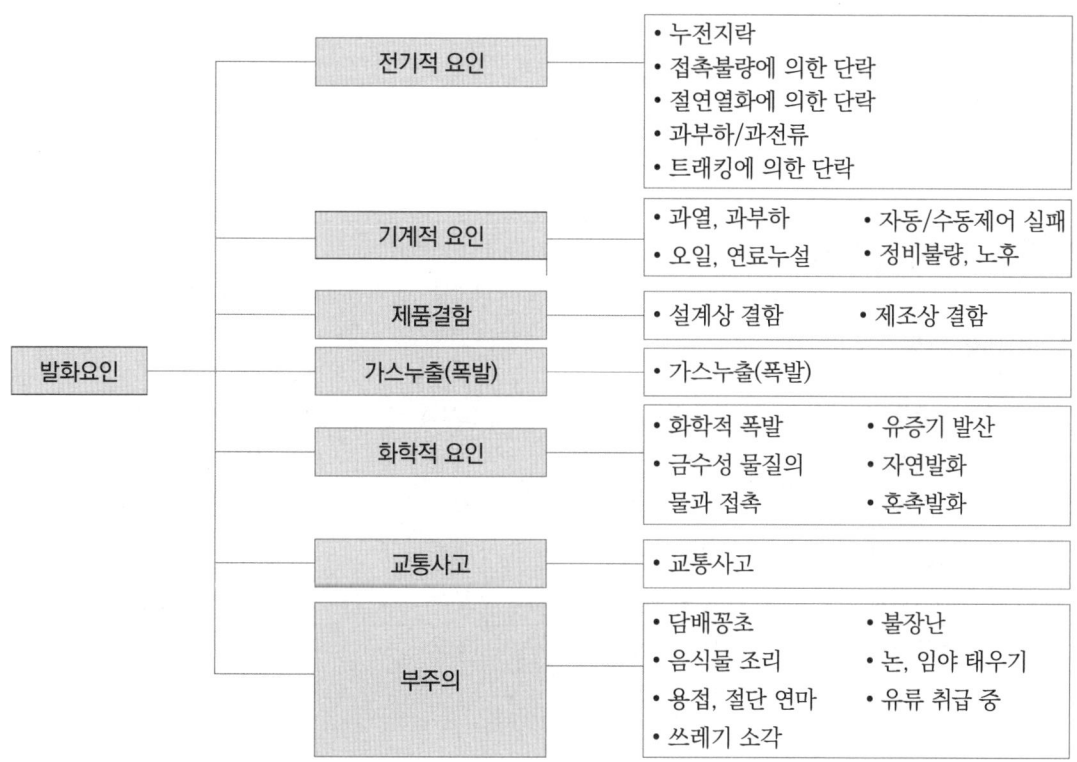

2. 발화요인의 순서

1) 발화요인의 순서

   부주의(49.7 %) ⇨ 전기적 요인(23 %) ⇨ 기계적 요인(10.2 %) ⇨ 미상(9.3 %) ⇨ 방화

2) 부주의에 의한 발화 중 원인별 순서

   담배꽁초(31 %) ⇨ 음식물 조리 중(17 %) ⇨ 쓰레기 소각(13 %) ⇨ 불씨, 불꽃, 화원방치(13 %) ⇨ 용접, 절단, 연마(5 %) ⇨ 가연물 근접 방치(5 %) ⇨ 기타(16 %)

03 화재의 개요

1. 화재의 정의

1) 사람의 의도에 반하거나 고의로 발생되는 연소현상으로서 소화설비 등으로 소화할 필요가 있거나 화학적 폭발현상
2) 자연 또는 인위적인 원인에 대하여 불이 물체를 연소시키고, 인명과 재산 손해를 주는 현상

2. 화재의 특징

1) 우발성
2) 확대성
3) 불안정성

04 화재의 분류

1. 화재의 구분

등급	화재	표시색	적응물질
A급 화재	일반 화재	백색	목재, 섬유, 합성섬유
B급 화재	유류 화재	황색	인화성 액체
C급 화재	전기 화재	청색	통전 중인 전기설비, 기기화재
D급 화재	금속 화재	무색	가연성 금속
K급 화재	식용유 화재	황색	식용유

2. 일반화재(A급 화재)

1) 나무, 섬유, 종이, 고무, 플라스틱류와 같은 일반가연물이 타고 나서 재가 남는 화재
2) 합성고분자 유기화합물(플라스틱)의 구분

열가소성 수지(열에 의해 변형)	열경화성 수지(열에 의해 변형되지 않음)
PVC수지 폴리에틸렌수지 폴리스틸렌수지	페놀수지 요소수지 멜라민수지

3) 소화 : 물의 냉각효과 이용

3. 유류화재(B급 화재)

1) 인화성 액체, 가연성 액체, 석유 그리스, 타르, 오일, 유성도료, 솔벤트, 래커, 알코올 및 인화성 가스와 같은 유류가 타고 나서 재가 남지 않는 화재
2) 소화 : 주로 포를 사용하나 가스계, 미분무 등 질식효과 이용

4. 전기화재(C급 화재)

1) 전류가 흐르고 있는 전기기기 및 배선과 관련된 화재를 말한다.
2) 전기화재의 원인

구분	내용
과전류	줄의 법칙에 의해 발열
단락(합선)	1000 A 이상의 단락전류
지락	단락전류가 목재, 금속체 등에 흐를 때 발화
누전	절연이 파괴되어 누설전류의 발열
접속부 과열	접촉저항 등 접촉상태가 불완전할 때 발열
스파크	스위치의 ON, OFF 시 스파크에 의한 발열
정전기	부도체의 마찰에 의해 전하가 축적되어 방전, 발화
열적경과	방열이 잘 되지 않는 장소에서의 열축적
절연열화 또는 탄화	절연체 등이 시간경과에 의해 절연성이 저하되거나 탄화되어 발열
낙뢰	번개 등으로 순간적으로 수 만 A 이상의 전류

5. 주방화재(K급 화재)

1) 주방에서 동·식물유를 취급하는 조리기구에서 일어나는 화재
2) 인화점과 발화점의 차이가 적고, 재발화 우려

3) 주방화재의 소화방법

　(1) 비누화현상(Saponification Phenomenon)

　　① 유지를 알칼리로 처리해 글리세린과 비누로 만드는 반응
　　② 제1종 분말소화약제($NaHCO_3$) : 금속비누 거품의 질식효과로 재발화 방지

　(2) K급 소화기

05 건물화재의 성상

1. 구획화재(Compartment Fire)의 진행

1) 구획화재

　화재가 발생한 공간을 하나의 방이나 건축공간으로 구분

2) 구획실화재의 단계

　(1) 발화 : 가연물이 공기 중에서 산소와 반응해 열과 빛을 내는 초기단계
　(2) 성장기 : 성장 초기 백색 연기가 발생하며, 화재 중기에 플래시 오버가 발생하여 검은 연기를 분출
　(3) 최성기 : 실내온도가 급격히 상승하여 화재가 순간적으로 실내 전체에 확산
　(4) 감쇠기 : 산소 소진으로 화세가 부분적으로 소멸되고, 연기 발생이 정지

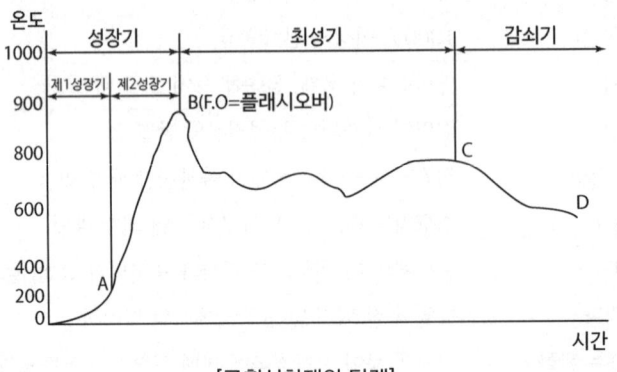

[구획실화재의 단계]

2. 플래시 오버(Flash Over)

1) 화재로 인하여 실내의 온도가 급격히 상승하여 화재가 순간적으로 실내 전체에 확산되는 현상
2) 특징 : 혼합연소, 비정상연소
3) 발생 시기 : 성장기 ~ 최성기
4) 실내온도 : 약 800 ~ 900 ℃
5) 대책

(1) 불연화, 난연화
(2) 가연물의 양 제한
(3) 개구부 제한

3. 백 드래프트(Back Draft)

1) 공기 부족으로 훈소상태에 있을 때 신선한 공기 유입으로 실내의 축적된 가스가 단시간에 연소, 폭발하여 실외로 분출되는 현상
2) 농연 분출, 파이어볼(Fire Ball), 건물 붕괴
3) 발생시기 : 감쇠기(소방관의 살인사건이라고 불린다)
4) 대책
   (1) 폭발력 억제 : 문을 조금만 열어 다량의 공기 유입을 방지하여 폭발력 억제
   (2) 환기 : 출입문 개방 전에 환기구를 개방
   (3) 소화 : 방수를 하여 실내 온도를 저하
   (4) 격리 : 실을 밀폐상태로 두어 온도를 자연적으로 저하

06 목조건축물의 화재

1. 목재의 성분

셀룰로오스 + 반셀룰로오스 + 리그닌

2. 목재형태에 따른 연소상태

구분	연소가 빠르다	연소가 느리다
표면	거친 것	매끄러운 것
크기	작고 얇은 것	크고 두꺼운 것
수분량	매우 작다.	15 % 이상 착화가 어렵다.

3. 목조건축물의 화재진행단계

무염착화 ⇨ 발염착화 ⇨ 출화(옥내·외 출화) ⇨ 최성기 ⇨ 연소낙하(지붕, 벽 붕괴)

4. 건축물 화재의 특성 비교

구분	목조 건축물	내화 건축물
화재성상	고온, 단기형	저온, 장기형
최성기 온도	1100 ~ 1300 ℃	800 ~ 1000 ℃
건물화재 연소특성		

OX퀴즈

● "최다빈출 핵심지문 OX퀴즈"를 통해 학습개념을 쉽게 정리하고 기출에 대한 선행학습을 해보세요.

1 부주의에 의한 발화가 가장 큰 요인을 차지한다. O X

2 화재는 정형성을 가지고 있다. O X

3 전기화재는 D급 화재이다. O X

4 실내온도가 급격히 상승하여 화재가 순간적으로 실내 전체에 확산되는 단계는 감쇄기이다. O X

5 화재로 인하여 실내의 온도가 급격히 상승하여 화재가 순간적으로 실내 전체에 확산되는 현상을 플래시오버라 한다. O X

6 일반화재의 소화는 물의 냉각효과를 이용한다. O X

7 목조건축물은 저온 장기형의 화재성상을 보인다. O X

오답 지문 체크 01 (O) 02 (X) 03 (X) 04 (X) 05 (O) 06 (O) 07 (X)

02 화재는 우발성, 확대성, 불안정성을 가지고 있다.
03 전기화재는 C급 화재이다.
04 실내온도가 급격히 상승하여 화재가 순간적으로 실내 전체에 확산되는 단계는 최성기이다.
07 목조건축물은 고온 단기형의 화재성상을 보인다.

문제풀이(기출문제 + 예상문제)

01 화재에 대한 설명으로 옳지 않은 것은?
① 인간이 제어하여 인류의 문화와 문명의 발달을 가져오게 한 근본적인 존재를 말한다.
② 불을 사용하는 사람의 부주의와 불안정한 상태에서 발생되는 것을 말한다.
③ 불로 인하여 사람의 신체, 생명 및 재산상의 손실을 가져다주는 재앙을 말한다.
④ 실화, 방화로 발생하는 연소현상을 말하며, 사람에게 유익하지 못한 해로운 불을 말한다.

해설

■ 화재의 정의
자연 또는 인위적인 원인에 대하여 불이 물체를 연소시키고, 인명과 재산 손해를 주는 현상

02 다음 중 화재 발생 가능성이 가장 낮은 경우는?
① 주위 온도가 높을 때
② 인화점이 낮을 때
③ 활성화에너지가 클 때
④ 폭발 하한계가 낮을 때

해설

■ 화재 발생 가능성이 높은 경우
1) 활성화에너지가 적어야
2) 발열량이 커야
3) 열전도율이 작아야
4) 산소와 친화력이 좋아야
5) 산소와 접촉할 수 있는 표면적이 넓어야
6) 연쇄반응을 일으킬 수 있어야

03 화재의 분류방법 중 유류화재를 나타내는 것은?
① A급 화재
② B급 화재
③ C급 화재
④ D급 화재

해설

■ 화재의 분류

등급	화재	표시색	적응물질
A급	일반화재	백색	목재, 섬유, 합성섬유
B급	유류화재	황색	인화성액체
C급	전기화재	청색	통전 중인 전기설비, 기기화재
D급	금속화재	무색	가연성금속
K급	주방화재	황색	식용유

04 전기화재의 원인으로 가장 관계가 없는 것은?
① 단락
② 과전류
③ 누전
④ 절연과다

해설

■ 전기화재의 원인
1) 절연과다가 되면 더욱 더 안전해진다.
2) 전기화재의 원인 : 과전류, 단락, 지락, 누전, 접촉 불량, 스파크, 절연열화, 전기불꽃, 정전기, 아크, 낙뢰

정답 01 ① 02 ③ 03 ② 04 ④

05 내화건축물 화재의 진행과정으로 가장 옳은 것은?

① 화원 → 최성기 → 성장기 → 감퇴기
② 화원 → 감퇴기 → 성장기 → 최성기
③ 초기 → 성장기 → 최성기 → 감퇴기
　→ 종기
④ 초기 → 감퇴기 → 최성기 → 성장기
　→ 종기

해설

■ 건축물 화재의 진행과정
1) 목조건축물
　무염착화 → 발염착화 → 발화 → 최성기
2) 내화건축물
　초기 → 성장기 → 최성기 → 감퇴기 → 진화

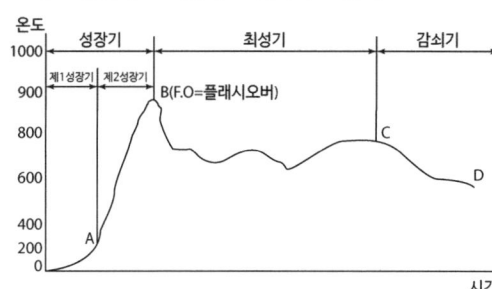

06 목재건축물의 화재진행과정을 순서대로 나열한 것은?

① 무염착화 → 발염착화 → 발화 → 최성기
② 무염착화 → 최성기 → 발염착화 → 발화
③ 발염착화 → 발화 → 최성기 → 무염착화
④ 발염착화 → 최성기 → 무염착화 → 발화

해설

■ 목조건축물 화재의 진행과정
무염착화 → 발염착화 → 발화 → 최성기

07 다음 중 플래시 오버(Flash Over)를 가장 옳게 설명한 것은?

① 도시가스의 폭발적 연소를 말한다.
② 휘발유 등 가연성 액체가 넓게 흘러서 발화한 상태를 말한다.
③ 옥내화재가 서서히 진행하여 열 및 가연성 기체가 축적되었다가 일시에 연소하여 화염이 크게 발생하는 상태를 말한다.
④ 화재층의 불이 상부층으로 올라가는 현상을 말한다.

해설

■ 플래시 오버(Flash Over)
1) 화재로 인하여 실내의 온도가 급격히 상승하여 화재가 순간적으로 실내 전체에 확산되는 현상
2) 특징 : 혼합연소, 비정상연소
3) 발생 시기 : 성장기 ~ 최성기
4) 실내온도 : 약 800 ~ 900 ℃

정답 05 ③ 06 ① 07 ③

08 백 드래프트(Back Draft)에 대한 설명 중 옳지 않은 것은?

① 화재 초기에 대부분 발생되어 화재 확대의 원인이 된다.
② 가연성 가스량이 많고, 산소량이 적을 때 공기의 갑작스러운 유입으로 화재 확대가 된다.
③ 밀폐된 공간에서 대부분 화재 감쇠기에서 많이 발생된다.
④ 공기의 공급이 원활한 경우에는 발생하지 않는다.

해설

■ 백 드래프트(Back Draft)
1) 밀폐된 공간에서 화재 시 산소 부족으로 불꽃을 내지 못하고, 가연성 가스만 축적하고 있다가 출입문 또는 창문 개방 시 화재의 확대가 되는 현상
2) 발생 시기 : 감쇠기
3) 소방관의 소방활동 시 인명피해가 많이 발생되는 시기

정답 08 ①

CHAPTER 03 소화이론

01 소화

1. 정의
연소의 3요소 또는 4요소 중 한 가지 이상을 제거하여 더 이상 연소가 진행되지 않도록 하는 것을 말한다.

2. 소화의 원리
연소의 3요소 또는 4요소 중 어느 한 가지를 차단하여 연소가 일어날 수 없도록 한다.

3. 소화의 원리(형태)에 따른 분류

구분	소화	내용
물리적 소화	냉각소화	• 점화원을 냉각하여 소화 • 주수로 물의 증발잠열(기화잠열)을 이용 • CO_2 소화설비 : 줄 - 톰슨효과에 의한 냉각 • 적용 : 스프링클러설비, 옥내·옥외소화전, 포소화설비 등
	질식소화	• 산소농도를 15 % 이하로 희박하게 하여 소화 • 유류화재에서의 포소화설비 • CO_2 소화설비 : 피복을 입혀 소화 • 적용 : 마른모래, 팽창질석, 팽창진주암
	제거소화	• 가연물을 이동·제거하여 소화 • 적용 : 산림벌목, 촛불 끄기
화학적 소화	부촉매소화	• 연쇄반응 차단에 의한 소화 • 적용 : 할론소화설비, 청정할로겐 강화액 및 분말소화설비 등

02 소화약제에 따른 소화효과

1. 소화약제의 분류

분류	소화약제
수계	물, 포소화약제, 강화액, 산·알칼리
가스계	이산화탄소, 할론, 할로겐화합물 및 불활성기체, 분말소화약제

2. 물 소화약제의 주수형태

주수형태	내용	소화설비 적용
봉상주수	막대모양의 물줄기로 주수 냉각효과 및 파괴효과	옥내소화전, 옥외소화전, 연결송수관 설비
적상주수	물방울 형태로 주수 (직경 : 0.5 ~ 6 mm) 냉각효과	스프링클러설비, 연결살수설비
무상주수	안개 같은 분무상태로 주수 (직경 : 0.01 ~ 1 mm) 공기, 전기가 통하지 않아 B, C급 화재에 적용	물분무 소화설비, 미분무 소화설비

03 포(Foam) 소화약제

1. 발포기구에 의한 분류

구분	내용
화학포	• 2가지의 소화약제가 화학반응을 일으켜 생성되는 기체를 핵으로 하는 포 • 구조가 간단하고 조작 용이
기계포	• 물과 약제의 혼합액에 공기를 불어 넣어 발생시킨 포 • 수성막포, 내알콜포, 불화단백포 등

2. 포의 소화효과

1) 소화효과 : 질식효과, 냉각효과
2) 적응화재 : 일반화재, 유류화재

04 이산화탄소 소화약제

1. 이산화탄소(CO_2) 소화약제의 특징

1) 무색, 무취이며 전기적으로 비전도성이다.
2) 공기보다 1.5배 무겁다.
3) 상온에서는 기체이지만 고압용기에 액화시켜 보관한다.
4) 소화효과 : 질식, 냉각, 피복효과
5) 적응화재 : 전기실, 통신실, 유류화재

2. 이산화탄소(CO_2) 소화약제의 장·단점

구분	내용
장점	• 전기적으로 비전도성 : 전기실 적응성 • 소화 후 오손이 작으므로 증거 보존이 용이 • 공기보다 비중이 커서 심부화재 적응성 • 자체 압력으로도 방사가 가능
단점	• 흡입 시 질식 우려 • 접촉 시 동상의 우려 • 지구온난화에 영향 • 사람이 상주하는 장소에 사용 제한 • 방사 시 큰 소음

3. 이산화탄소(CO_2) 소화효과

1) 질식효과 : 산소농도를 15 % 이하로 낮춤(가장 큰 효과)
2) 냉각효과 : 방사 시 기화열에 의한 열 흡수
3) 피복효과 : 공기비중의 1.5배로 연소물을 덮음

05 할론 소화약제

1. 할로겐(Halogen)족 원소

1) 주기율표 17족 원소로 F, Cl, Br, I 등이 있다.
2) 비금속 원소이며, 강한 산화작용을 한다.
3) 전기음성도 : 원자가 전자를 끌어당기는 정도

$$F > Cl > Br > I$$

4) 부촉매 효과 : 활성화에너지를 높여 반응 억제로 연쇄반응 차단

$$F < Cl < Br < I$$

2. 할론 소화설비의 종류

종류	분자식	상온·상압
할론 1211	CF_2ClBr	기체
할론 1301	CF_3Br	기체
할론 1011	CH_2ClBr	액체
할론 2402	$C_2F_4Br_2$	액체

3. 할론 소화약제의 장·단점

장점	단점
부촉매작용으로 억제효과가 크다.	가격이 비싸고, 독성이 있다.
금속에 대해 부식성이 적고, 소화약제의 변질이 없다.	오존파괴지수(ODP), 지구온난화지수(GWP)가 높아 환경에 악영향
비전도성으로 전기화재에 적응성	생산 중지

06 할로겐화합물 및 불활성기체 소화약제(청정소화약제)

1. 할로겐화합물 및 불활성기체 소화약제의 정의

할로겐화합물(할론 1211, 할론 1301, 할론 2402 제외) 및 불활성기체로서 비전도성이며, 휘발성이 있거나 증발 후 잔여물이 없는 소화약제

2. 할로겐화합물 및 불활성기체 소화약제의 소화효과

1) 할로겐화합물 소화약제 : 부촉매소화 + 물리적 소화
2) 불활성기체 소화약제 : 물리적 소화

3. 청정소화약제의 구비조건

1) 오존파괴지수(ODP)가 0일 것
2) 지구온난화지수(GWP)가 낮을 것
3) 소화능력이 우수할 것
4) 독성이 낮을 것
5) 가격이 적당할 것
6) 유지관리 측면에서 경제적일 것

07 분말 소화약제의 종류

종별	소화약제	약제색	적응화재
제1종	탄산수소나트륨(Na_2HCO_3)	백색	BC급
제2종	탄산수소칼륨($KHCO_3$)	담자색(담회색)	BC급
제3종	제1인산암모늄($NH_4H_2PO_4$)	담홍색	ABC급
제4종	탄산수소칼륨 + 요소 ($KHCO_3 + (NH_2)_2CO$)	회(백)색	BC급

OX퀴즈

● "최다빈출 핵심지문 OX퀴즈"를 통해 학습개념을 쉽게 정리하고 기출에 대한 선행학습을 해보세요.

1 물의 증발잠열을 이용한 소화는 냉각소화이다. ⓞⓧ

2 산림의 벌목은 제거소화에 해당한다. ⓞⓧ

3 스프링클러설비는 봉상주수형태이다. ⓞⓧ

4 이산화탄소 소화약제는 공기보다 0.6배 가볍다. ⓞⓧ

5 산소농도를 15 % 이하로 낮추는 것은 냉각효과를 이용한 소화이다. ⓞⓧ

6 연쇄반응을 차단하는 것은 부촉매 효과이다. ⓞⓧ

7 제1인산암모늄은 ABC급 화재에 적응성이 있다. ⓞⓧ

오답 지문 체크 01 (O) 02 (O) 03 (X) 04 (X) 05 (X) 06 (O) 07 (O)

03 스프링클러설비는 적상주수형태이다.
04 이산화탄소 소화약제는 공기보다 **1.5배 무겁다**.
05 산소농도를 15 % 이하로 낮추는 것은 **질식효과**를 이용한 소화이다.

문제풀이(기출문제 + 예상문제)

01 일반적으로 공기 중 산소농도를 몇 vol% 이하로 감소시키면 연소상태의 중지 및 질식소화가 가능하겠는가?
① 15   ② 21
③ 25   ④ 31

해설

■ 질식소화
공기 중의 산소농도를 16 vol% 이하로 희박하게 하여 소화

02 화학적 소화방법에 해당하는 것은?
① 모닥불에 물을 뿌려 소화한다.
② 모닥불을 모래로 덮어 소화한다.
③ 유류화재를 할론 1301로 소화한다.
④ 지하실 화재를 이산화탄소로 소화한다.

해설

■ 화학적 소화

구분	소화	내용
화학적 소화	부촉매소화	연쇄반응을 차단하여 소화 억제소화

※ 화학적 소화 : 할론, 할로겐 청정소화약제

03 화재의 소화원리에 따른 소화방법의 적용이 잘못된 것은?
① 냉각소화 : 스프링클러설비
② 질식소화 : 이산화탄소소화설비
③ 제거소화 : 포소화설비
④ 억제소화 : 할로겐화합물소화설비

해설

■ 포소화설비 : 질식효과, 냉각효과

04 다음 원소 중 수소와의 결합력이 가장 큰 것은?
① F   ② Cl
③ Br ④ I

해설

■ 할로겐화합물 소화약제
1) 전기음성도 : 원자가 전자를 끌어당기는 정도
   ∴ F > Cl > Br > I
2) 부촉매 효과(소화능력크기) : 활성화에너지를 높여서 반응을 억제시켜 연쇄 반응을 차단
   ∴ F < Cl < Br < I

정답 01 ① 02 ③ 03 ③ 04 ①

PART 03
화기취급 감독 및 화재위험작업 허가·관리

CHAPTER 01 화기취급작업
CHAPTER 02 위험물 안전관리
CHAPTER 03 전기 안전관리
CHAPTER 04 가스 안전관리

화기취급작업

01 화기취급작업 안전관리규정

1. 화기취급작업

화기취급 작업은 용접, 용단, 연마, 땜, 드릴 등 화염 또는 불꽃(스파크)을 발생시키는 작업 또는 가연성 물질의 점화원이 될 수 있는 모든 기기를 사용하는 작업

2. 관련 법규 기준

1) 화재의 예방 및 안전관리에 관한 법률

   (1) 화재의 예방조치 등

   ① 누구든지 화재예방강화지구 및 이에 준하는 대통령령으로 정하는 장소에서는 다음 각 호의 어느 하나에 해당하는 행위를 하여서는 아니 된다. 다만 행정안전부령으로 정하는 바에 따라 안전조치를 한 경우에는 그러하지 아니한다.
      1. 모닥불, 흡연 등 화기의 취급
      2. 풍등 등 소형열기구 날리기
      3. 용접·용단 등 불꽃을 발생시키는 행위
      4. 그 밖에 대통령령으로 정하는 화재 발생 위험이 있는 행위

   (2) 특정소방대상물의 소방안전관리

   ① 특정소방대상물(소방안전관리대상물은 제외한다)의 관계인과 소방안전관리대상물의 소방안전관리자는 다음 각 호의 업무를 수행한다. 다만 제1호·제2호·제5호 및 제7호의 업무는 소방안전관리대상물의 경우에만 해당한다.
      1. 피난계획에 관한 사항과 대통령령으로 정하는 사항이 포함된 소방계획서의 작성 및 시행
      2. 자위소방대 및 초기대응체계의 구성, 운영 및 교육
      3. 피난시설, 방화구획 및 방화시설의 관리
      4. 소방시설이나 그 밖의 소방 관련 시설의 관리
      5. 소방훈련 및 교육
      6. 화기 취급의 감독

7. 행정안전부령으로 정하는 바에 따른 소방안전관리에 관한 업무수행에 관한 기록·유지(제3호·제4호 및 제6호의 업무를 말한다)
8. 화재발생 시 초기대응
9. 그 밖에 소방안전관리에 필요한 업무

2) 소방시설 설치 및 관리에 관한 법률

⑴ 건설현장의 임시소방시설 설치 및 관리

① 건설공사를 하는 자(이하 "공사시공자"라 한다)는 특정소방대상물의 신축·증축·개축·재축·이전·용도변경·대수선 또는 설비 설치 등을 위한 공사 현장에서 인화성 물품을 취급하는 작업 등 대통령령으로 정하는 작업(이하 "화재위험작업"이라 한다)을 하기 전에 설치 및 철거가 쉬운 화재대비시설(이하 "임시소방시설"이라 한다)을 설치하고 관리하여야 한다.

⑵ 화재위험작업 및 임시소방시설등

① "인화성 물품을 취급하는 작업 등 대통령령으로 정하는 작업"이란 다음 각 호의 어느 하나에 해당하는 작업을 말한다.
1. 인화성·가연성·폭발성 물질을 취급하거나 가연성 가스를 발생시키는 작업
2. 용접·용단(금속·유리·플라스틱 따위를 녹여서 절단하는 일을 말한다) 등 불꽃을 발생시키거나 화기를 취급하는 작업
3. 전열기구, 가열전선 등 열을 발생시키는 기구를 취급하는 작업
4. 알루미늄, 마그네슘 등을 취급하여 폭발성 부유분진(공기 중에 떠다니는 미세한 입자를 말한다)을 발생시킬 수 있는 작업
5. 그 밖에 제1호부터 제4호까지와 비슷한 작업으로 소방청장이 정하여 고시하는 작업

3) 산업안전보건기준에 관한 규칙

⑴ 위험물 등이 있는 장소에서 화기 등의 사용 금지

사업주는 위험물이 있어 폭발이나 화재가 발생할 우려가 있는 장소 또는 그 상부에서 불꽃이나 아크를 발생하거나 고온으로 될 우려가 있는 화기·기계·기구 및 공구 등을 사용해서는 아니 된다.

⑵ 유류 등이 있는 배관이나 용기의 용접 등

사업주는 위험물, 위험물 외의 인화성 유류 또는 인화성 고체가 있을 우려가 있는 배관·탱크 또는 드럼 등의 용기에 대하여 미리 위험물 외의 인화성 유류, 인화성 고체 또는 위험물을 제거하는 등 폭발이나 화재의 예방을 위한 조치를 한 후가 아니면 화재위험작업을 시켜서는 아니 된다.

(3) 화재위험작업 시의 준수사항

① 사업주는 통풍이나 환기가 충분하지 않은 장소에서 화재위험작업을 하는 경우에는 통풍 또는 환기를 위하여 산소를 사용해서는 아니 된다.

② 사업주는 가연성 물질이 있는 장소에서 화재위험작업을 하는 경우에는 화재예방에 필요한 다음 각 호의 사항을 준수하여야 한다.
  1. 작업 준비 및 작업 절차 수립
  2. 작업장 내 위험물의 사용·보관 현황 파악
  3. 화기작업에 따른 인근 가연성 물질에 대한 방호조치 및 소화기구 비치
  4. 용접불티 비산방지덮개, 용접방화포 등 불꽃, 불티 등 비산방지조치
  5. 인화성 액체의 증기 및 인화성 가스가 남아 있지 않도록 환기 등의 조치
  6. 작업근로자에 대한 화재예방 및 피난교육 등 비상조치

③ 사업주는 작업시작 전에 제2항 각 호의 사항을 확인하고 불꽃·불티 등의 비산을 방지하기 위한 조치 등 안전조치를 이행한 후 근로자에게 화재위험작업을 하도록 해야 한다.

④ 사업주는 화재위험작업이 시작되는 시점부터 종료될 때까지 작업내용, 작업일시, 안전점검 및 조치에 관한 사항 등을 해당 작업장소에 서면으로 게시해야 한다. 다만 같은 장소에서 상시·반복적으로 화재위험작업을 하는 경우에는 생략할 수 있다.

(4) 화재감시자

① 사업주는 근로자에게 다음 각 호의 어느 하나에 해당하는 장소에서 용접·용단 작업을 하도록 하는 경우에는 화재감시자를 지정하여 용접·용단 작업 장소에 배치해야 한다. 다만 같은 장소에서 상시·반복적으로 용접·용단작업을 할 때 경보용 설비·기구, 소화설비 또는 소화기가 갖추어진 경우에는 화재감시자를 지정·배치하지 않을 수 있다.
  1. 작업반경 11미터 이내에 건물구조 자체나 내부(개구부 등으로 개방된 부분을 포함한다)에 가연성 물질이 있는 장소
  2. 작업반경 11미터 이내의 바닥 하부에 가연성 물질이 11미터 이상 떨어져 있지만 불꽃에 의해 쉽게 발화될 우려가 있는 장소
  3. 가연성 물질이 금속으로 된 칸막이·벽·천장 또는 지붕의 반대쪽 면에 인접해 있어 열전도나 열복사에 의해 발화될 우려가 있는 장소

② 화재감시자는 다음 각 호의 업무를 수행한다.
  1. 제1항 각 호에 해당하는 장소에 가연성 물질이 있는지 여부의 확인
  2. 가스 검지, 경보 성능을 갖춘 가스 검지 및 경보 장치의 작동 여부의 확인
  3. 화재 발생 시 사업장 내 근로자의 대피 유도

③ 사업주는 제1항 본문에 따라 배치된 화재감시자에게 업무 수행에 필요한 확성기, 휴대용 조명기구 및 화재 대피용 마스크(한국산업표준 제품이거나 「소방산업의 진흥에 관한 법률」에 따른 한국소방산업기술원이 정하는 기준을 충족하는 것이어야 한다) 등 대피용 방연장비를 지급해야 한다.

(5) 화기사용 금지

사업주는 화재 또는 폭발의 위험이 있는 장소에서 다음 각 호의 화재 위험이 있는 물질을 취급하는 경우에는 화기의 사용을 금지해야 한다.
1. 제236조 제1항에 따른 물질
2. 별표 1 제1호·제2호 및 제5호(폭발성 물질 및 유기과산화물, 물반응성 물질 및 인화성 고체, 인화성 가스)에 따른 위험물질

(6) 소화설비

① 사업주는 건축물, 별표 7의 화학설비 또는 제5절의 위험물 건조설비가 있는 장소, 그 밖에 위험물이 아닌 인화성 유류 등 폭발이나 화재의 원인이 될 우려가 있는 물질을 취급하는 장소(이하 이 조에서 "건축물등"이라 한다)에는 소화설비를 설치하여야 한다.
② 제1항의 소화설비는 건축물등의 규모·넓이 및 취급하는 물질의 종류 등에 따라 예상되는 폭발이나 화재를 예방하기에 적합하여야 한다.

(7) 방화조치

사업주는 화로, 가열로, 가열장치, 소각로, 철제굴뚝, 그 밖에 화재를 일으킬 위험이 있는 설비 및 건축물과 그 밖에 인화성 액체와의 사이에는 방화에 필요한 안전거리를 유지하거나 불연성 물체를 차열(遮熱)재료로 하여 방호하여야 한다.

(8) 화기사용 장소의 화재 방지

① 사업주는 흡연장소 및 난로 등 화기를 사용하는 장소에 화재예방에 필요한 설비를 하여야 한다.
② 화기를 사용한 사람은 불티가 남지 않도록 뒤처리를 확실하게 하여야 한다.

(9) 소각장

사업주는 소각장을 설치하는 경우 화재가 번질 위험이 없는 위치에 설치하거나 불연성 재료로 설치하여야 한다.

3. 주요 화기취급작업

1) 용접·용단

(1) 정의

① 용접 : 접합하고자 하는 둘 이상의 물체(주로 금속)의 접합 부분에 존재하는 방해물질을 세거하여 결합시키는 과정으로 주로 열을 통하여 두 금속을 용융시켜 물체(금속)을 접하는 것
② 용단 : 고체 금속을 절단하는 것을 말하며, 금속 절단 부분에 산화 반응 등을 일으켜 그 열로 재료를 녹여서 절단하는 것

(2) 용접방법에 따른 분류

구분	종류
아크 (Arc) 용접	① 전기회로에 있는 2개의 금속을 서로 접촉시켜 전류를 흐르게 하고 이를 조금 떼어 놓으면 청백색의 아크가 발생하여 고열이 발생 ② 이 고열로 금속 부분이 일부 기화 되며 통전상태의 전류흐름은 계속해서 유지 ③ 고열은 금속을 용융시키는 것이 가능하고 금속을 용착시키는 용접을 아크용접이라고 함 ④ 아크 용접의 최고온도는 6000 ℃에 이르며 일반적으로 3500 ~ 5000 ℃ 정도의 고열 발생
가스 용접 (용단)	① 가연성 가스와 산소와의 반응에서 생기는 가스 연소열을 용접의 열원으로 사용하는 용접법 ② 가연성 가스로는 주로 아세틸렌, 프로판, 부탄, 수소 등이 사용 ③ 산소-아세틸렌은 화염의 온도가 높고 화염조절이 용이하여 일반적으로 사용

(3) 용접작업의 화재 위험성

① 스패터(Spatter)현상
   용접 작업 시 작은 입자의 용적들이 비산되는 현상, 즉 불티가 튀기는 현상
② 용접·용단 작업 시 비산불티의 특성
   ㉠ 수천 개의 비산된 불티 발생
   ㉡ 비산거리 : 작업높이, 철판두께, 풍향, 풍속 등 조건 및 환경에 따라 상이(실내에서 무풍 시 약 11 m 정도)
   ㉢ 온도 : 1600 ℃ 이상의 고온체
   ㉣ 불티 직경 : 약 0.3 ~ 3 mm
   ㉤ 비산불티는 작업과 동시에 짧게는 수분 사이, 길게는 수 시간 이후에도 화재 가능성 있음

2) 용접·용단 작업자의 주요 재해발생원인 및 대책

구분		종류
화재	불꽃 비산	① 불꽃받이나 방염시트 사용 ② 불꽃비산구역 내 가연물 제거하고 정리정돈 ③ 소화기 비치
	열을 받은 용접부분의 뒷면에 있는 가연물	① 용접부 뒷면 점검 ② 작업종료 후 점검

구분		종류
폭발	토치나 호스에서 가스누설	① 가스누설이 없는 토치나 호스 사용 ② 좁은 구역에서 작업 시 휴게시간에 토치를 공기의 유통이 좋은 장소에 보관 ③ 호스 접속 시 실수 없도록 호스에 명찰 부착
	드럼통이나 탱크를 용접, 절단 시 잔류 가연성 가스 증기의 폭발	내부에 가스나 증기가 없는 것을 확인
	역화	① 정비된 토치와 호스 사용 ② 역화방지기 설치
화상	토치나 호스에서 산소 누설	산소누설이 없는 호스 사용
	산소를 공기대신으로 환기나 압력 시험용으로 사용	① 산소의 위험성 교육 실시 ② 소화기 비치

02 화기취급작업 허가 및 관리

1. 화기취급작업 안전대책

1) 화기취급작업의 절차

   (1) 사전허가

   ① 처리절차 : 작업허가
   ② 업무내용
      ㉠ 작업요청
      ㉡ 승인검토 및 허가서 발급

   (2) 안전조치

   ① 처리절차
      ㉠ 화재예방조치
      ㉡ 안전교육
   ② 업무내용
      ㉠ 가연물 이동 및 보호조치
      ㉡ 소방시설 작동 확인
      ㉢ 용접·용단장비·보호구 점검
      ㉣ 화재안전교육
      ㉤ 비상시 행동요령 교육

(3) 작업·감독

① 처리절차
㉠ 화재감시자 입회 및 감독
㉡ 최종 작업 확인
② 업무내용
㉠ 화재감시자 입회
㉡ 화기취급 감독
㉢ 현장상주 및 화재감시
㉣ 작업종료 확인

2) 화재위험작업의 관리감독 절차

(1) 화재안전 감독관은 예상되는 화기작업의 위치를 확정하고, 화기작업의 시작 전, 작업현장의 화재안전조치 상태 및 예방책 확인
 ① 주요 확인사항 : 소화기 및 방화수 배치, 불꽃방지포 설치, 작업현장 주변 가연물 및 위험물 이격상태, 전기를 이용한 화기작업 시 전기인입 상태 등
(2) 작업현장의 준비상태가 확인되고, 화재안전 감시자가 현장에 배치된 후, 화재안전 감독관은 서명을 하고 화기작업허가서 발급
(3) 화기작업허가서는 작업구역 내 게시하여, 해당 작업현장 내의 작업자와 관리자는 화기작업에 대한 사항 인지
(4) 화기작업 중 화재감시자는 작업 중은 물론, 휴식시간 및 식사시간 등에도 해당 현장에 대한 감시활동 진행하며, 화재발생 시 초동대처가 가능한 상태의 대응준비를 갖추어야 함

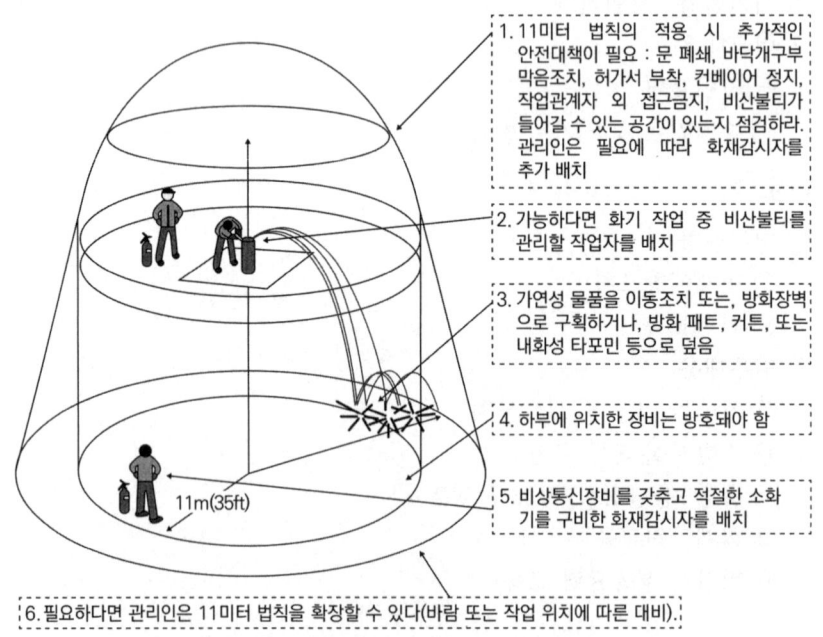

[작업 시 불꽃 낙하로 직하층에 화재감시자가 필요한 경우]

※ 출처 : 한국소방안전원

⑸ 작업완료 시 화재감시자는 해당작업구역 내에 30분 이상 더 상주하면서 발화 및 착화 발생 여부에 대한 감시(작업구역의 직상, 직하층에 대한 점검 병행) 후 허가서 확인란에 서명
⑹ 화재안전 감독관에게 작업 종료 통보(작업통보 이후 추가 3시간 이후까지는 순찰점검 등을 통한 현장 관찰 필요)
⑺ 전체 작업 및 감시감독시간 완료 시 화재안전 감독관은 해당 구역에 대한 최종 점검 및 확인 후 허가서에 서명하여 작업완료 확인(확인날인된 허가서는 작업기록으로 보관)

3) 화기취급작업 신청서

작업 개요	작업명칭	
	작업기간	년 월 일, 시 ~ 시(시간)
	작업장소	
	작업 책임자	(☎)
작업 계획	작업종류	용접·용단 등 작업종류
	작업절차	작업절차 및 내용을 간단히 기술
	작업인원	○○명(세부명단 첨부)
	사용장비	주요 장비 내역(세부목록 첨부)
	보충작업 필요 여부	☐ 밀폐공간출입 ☐ 정전작업 ☐ 굴착작업 ☐ 방사선 사용 ☐ 고소작업 ☐ 중장비 작업
	첨 부	작업자 명단, 장비목록, 도면 등

귀사의 화기취급작업 안전수칙을 준수하고 화재감시자의 지시에 따라 안전하게 작업할 것을 확약하며 위와 같이 화기취급작업을 신청합니다.

년   월   일

작업 책임자 :   (서 명)

※ 출처 : 한국소방안전원

4) 화기취급작업 허가서

화기취급작업 허가서(전면)		
허가 개요	작업명칭	
	허가기간	년 월 일, 시 ~ 시(시간)
	허가장소	
	작업개요	작업인원, 용접·용단 작업 종류, 사용장비 등
	보충작업 필요 여부	☐ 밀폐공간출입 ☐ 정전작업 ☐ 굴착작업 ☐ 방사선 사용 ☐ 고소작업 ☐ 중장비 작업
안전 요구 사항	■ 작업 시 안전조치가 요구되는 사항을 [V] 표시	
	① 화재예방조치	② 안전교육
	☐ 가연물 이동 및 보호조치 ☐ 소화설비(소화,경보) 작동 확인 ☐ 용접·용단 장비/보호구 점검	☐ 화재안전교육(작업수칙) ☐ 비상시 행동요령 ☐ 소방시설 사용 교육·훈련
	③ 화재감시자 입회 및 감독	④ 기타
	☐ 화재감시자 지정 및 입회 ☐ 개인보호장구 착용 ☐ 소화기 및 비상통신장치 비치	☐ 작업구역설정(출입통제) ☐ 작업구역 통풍 및 환기 ☐ 작업 사전공지(게시, 통보, 방송)
	■ 기타 요구사항	
	안전한 작업수행에 필요한 특별 요구사항을 직접 기입	
확인	안전조치 확인 ■ 확인일자 : ■ 확 인 자 : (서명)	작업완료 ■ 완료시간 : ■ 화재감시자 : (서명)
	위와 같이 화기취급작업을 허가합니다. 년 월 일 소방안전관리자 : (서명)	

화기취급작업 안전수칙(후면)	
구분	주요내용
가연물 이동	■ 작업현장(반경 11 m 이내)의 가연물 이동(제거) 　* 벽, 파티션, 천장의 반대편에 있는 가연물 이동(제거) ■ 작업현장(반경 11 m 이내)의 바닥을 깨끗이 청소 ■ 가연성, 인화성 물질을 보관하던 배관, 용기, 드럼에 대해 위험물질을 방출하고 폭발 및 화재위험성을 미리 확인 ■ 벽, 파티션, 천장 지붕에 가연성 덮개나 단열재가 없을 것
가연물 보호	작업현장(반경 11 m 이내) 가연물의 이동(제거) 등이 어려울 경우 조치 ■ 작업현장(반경 11 m 이내)의 가연물에 차단막 등 설치 ■ 개구부(벽, 바닥, 덕트)에 대해 불연성 물질로 폐쇄 ■ 가연성 바닥재(종이, 나무, 섬유)의 경우 보호조치 ■ 덕트 및 컨베이어벨트를 통해 불티가 비산·점화 가능 시 작동을 정지하거나 적절한 보호조치(차단막 설치 등)
화기취급 수칙	■ 작업허가서에 따른 허가장소, 시간 및 장비를 사용 ■ 용접·용단 장비를 사전에 점검하고 개인보호장구 착용 ■ 불티가 가연물로 비산되지 않도록 주의하여 작업 ■ 작업현장의 화재 위험성이 높아지는 경우 작업 중단 ■ 화재감시자의 지시에 따라 작업수행 및 안전수칙 준수 ■ 작업현장 내 금연 및 음주 금지(위반 시 작업허가 취소)
화재 시 행동요령	■ 화재발생 시 소화기, 옥내소화전으로 초기 소화 ■ 초기소화 실패 시 화재신고(방재실 보고 포함) 및 경보설비 작동 ■ 발화원(용접·용단 작업에 사용되는 가스용기 등) 제거 ■ 화재확산 시 작업자 및 인근 재실자(거주자) 피난유도

※ 출처 : 한국소방안전원

CHAPTER 02 위험물 안전관리

01 위험물 안전관리의 목적

1. 위험물의 저장, 취급 및 운반과 이에 따른 안전관리에 관한 사항
2. 위험물로 인한 위해를 방지하여 공공의 안전을 확보함

02 용어의 정의

구분	내용
위험물	인화성 또는 발화성 등의 성질을 가지는 것으로서 대통령령이 정하는 물품
지정수량	위험물의 종류별로 위험성을 고려하여 대통령령이 정하는 수량으로서 제조소등의 설치허가 등에 있어서 최저의 기준이 되는 수량
제조소	위험물을 제조할 목적으로 지정수량 이상의 위험물을 취급하기 위하여 허가를 받은 장소
저장소	지정수량 이상의 위험물을 저장하기 위한 대통령령이 정하는 장소로서 허가를 받은 장소 옥내저장소, 옥외탱크저장소, 옥내탱크저장소, 지하탱크저장소, 간이탱크저장소, 이동탱크저장소옥외저장소
취급소	지정수량 이상의 위험물을 제조 외의 목적으로 취급하기 위한 대통령령이 정하는 장소로서 허가를 받은 장소 일반취급소, 주유취급소, 이송취급소, 판매취급소, 암반탱크저장소
제조소등	제조소·저장소 및 취급소

03 위험물의 분류(위험물안전관리법)

구분	개요
제1류 위험물	산화성 고체(강산화성 물질)
제2류 위험물	가연성 고체(환원성 물질)
제3류 위험물	자연발화성·금수성 물질
제4류 위험물	인화성 액체
제5류 위험물	자기반응성 물질
제6류 위험물	산화성 액체

04 제1류 위험물(산화성 고체)

1. 종류 및 지정수량

품명	지정수량	품명	지정수량
아염소산 염류	50 kg	브로민산 염류	300 kg
염소산 염류	50 kg	질산 염류	300 kg
과염소산 염류	50 kg	아이오드산 염류	300 kg
무기과산화물	50 kg	과망가니즈산 염류	1000 kg

2. 특징

1) 자신은 불연성이지만, 다량의 산소를 함유한 강산화제
2) 가열, 충격, 마찰 등에 의해 분해 및 산소 방출
3) 대부분 물에 잘 녹음(습기주의)
4) 소화방법 : 다량의 물을 사용하여 냉각소화, 무기과산화물은 건조사로 피복소화

05 제2류 위험물(가연성 고체)

1. 종류 및 지정수량

품명	지정수량	품명	지정수량
황화인	100 kg	마그네슘	500 kg
적린	100 kg	철분	500 kg
황	100 kg	금속분	500 kg
		인화성 고체	1000 kg

2. 특징

1) 저온 착화하기 쉬운 가연성 물질
2) 연소 시 유독가스 발생
3) 소화방법
   (1) 주수에 의한 냉각소화
   (2) 철분, 마그네슘, 금속분 : 건조사에 의한 피복 질식소화

06 제3류 위험물(자연발화성 및 금수성 물질)

1. 종류 및 지정수량

위험물	지정수량	위험물	지정수량
칼륨	10 kg	알칼리금속 및 알칼리토금속	50 kg
나트륨		유기금속화합물	
알킬알루미늄		금속의 수소화물	300 kg
알킬리튬		금속의 인화물	
황린	20 kg	칼슘·알루미늄의 탄화물	

2. 금수성 물질

1) 물과 접촉하여 발화, 가연성 가스 발생
2) 소화 : 마른 모래, 팽창질석, 팽창진주암에 의한 질식소화

3. 자연발화성 물질

1) 외부 열원이 없어도 물질 자체적으로 열을 축적하여 공기 중에서 스스로 발화하는 물질로, 상온에서 발화하므로 보호액 속에 저장
2) 보호액

위험물	저장장소(보호액)
황린, 이황화탄소(CS_2)	물속
나이트로셀룰로오스	알코올 속
칼륨(K), 나트륨(Na), 리튬(Li)	석유류(등유) 속
아세틸렌(C_2H_2)	디메틸프롬아미드(DMF), 아세톤

4. 특징

1) 물과 반응하거나 자연발화에 의해 수소 등 가연성 가스를 발생시키거나 발열하는 물질
2) 용기 파손 또는 누출에 주의
3) 보호액 속에 저장
4) 소화방법
   (1) 건조사나 금속 화재용 소화약제에 의한 질식소화
   (2) 황린은 물을 사용하여 냉각효과

07 제4류 위험물(인화성 액체)

1. 종류 및 지정수량

품명		지정수량	품명		지정수량
특수인화물		50 L	제3석유류	비수용성	2000 L
제1석유류	비수용성	200 L		수용성	4000 L
	수용성	400 L	제4석유류		6000 L
알코올류		400 L	동·식물유류		10000 L
제2석유류	비수용성	1000 L			
	수용성	2000 L			

2. 특징

1) 인화하기 쉬움
2) 화기 엄금, 정전기 방지 조치
3) 대부분 물보다 가볍고, 증기는 공기보다 무거움
4) 증기는 공기와 혼합되어 연소·폭발
5) 착화온도가 낮은 것은 위험
6) 소화방법
   (1) 포, CO_2, 할론, 할로겐화합물 및 불활성기체 소화약제 등으로 질식소화
   (2) 대부분 물에 녹지 않아 주수소화 불가능

08 제5류 위험물(자기반응성 물질)

1. 종류 및 지정수량

위험물	위험물	지정수량
유기과산화물	나이트로화합물	제1종 : 10 kg 제2종 : 100 kg
질산에스터류	나이트로소화합물	
하이드록실아민	아조화합물	
하이드록실아민염류	다이아조화합물	
-	하이드라진유도체	

2. 특징

1) 가연성으로 물질자체가 산소를 함유하고 있어 외부 산소 공급 없이도 연소가 가능
2) 가열, 충격, 마찰 등에 의해 착화 및 폭발
3) 소화방법 - 주수에 의한 냉각소화

09 제6류 위험물(산화성 액체)

1. 종류 및 지정수량

위험물	지정수량
과염소산, 과산화수소, 질산	300 kg

2. 특징

1) 부식성·유독성이 강한 산화성 액체
2) 조연성 액체(자체는 불연)
3) 일부는 물과 접촉하면 발열
4) 소화방법
   (1) 건조사, CO_2에 의한 질식소화
   (2) 위급 시(소량 화재 시) 대량의 물로 냉각소화

10 위험물 안전관리제도

1. 제조소등 설치 허가권자 : 시·도지사

2. 위험물의 취급

1) 지정수량 이상 : 제조소등에서 취급하며 위험물안전관리법을 적용
2) 지정수량 미만 : 시·도의 조례

3. 위험물안전관리자

1) 선임신고 : 선임한 날부터 14일 이내에 소방본부장 또는 소방서장에 신고
2) 해임, 퇴직 시 : 30일 이내에 재선임

CHAPTER 03 전기 안전관리

01 전기화재의 주요 원인

원인	상세내용
열축적	전열기구 등에 의한 복사열축적으로 과열되어 발화
과전류(과부하)	전선의 과전류에 의한 허용온도를 초과 시 피복손상 및 단락 또는 직접 발화
합선(단락)	1) 기계적인 손상 2) 전선의 노후로 인해 절연체가 손실되어 단락에 의한 발화
누전	통전경로를 벗어난 전류가 흐르면 스파크나 줄열의 축적으로 발화
절연불량	전기설비, 전선 등의 절연불량
정전기	정전기로부터의 불꽃

02 전기화재의 예방대책

1. 예방대책

1) 하나의 콘센트에 여러 가지 전기기구를 꽂아서 사용하지 않을 것
2) 사용하지 않는 기구는 전원을 끄고 플러그를 뽑아 둘 것
3) 플러그를 뽑을 때는 선을 당기지 말고 몸체를 잡고 뽑을 것
4) 과전류 차단장치 설치할 것
5) 규격 퓨즈를 사용하고 끊어질 경우 그 원인을 해결할 것
6) 전기시설 설치 시 전문 면허업체에 의뢰하여 정확하게 시공할 것
7) 콘센트에 플러그는 흔들리지 않게 완전히 꽂아 사용할 것
8) 누전차단기를 설치하고 월 1~2회 동작 여부 확인할 것
9) 전선은 묶거나 꼬이지 않도록 주의할 것
10) 전기담요는 접힌 부분에 열이 발생하므로 밟거나 접어서 사용하지 않을 것
11) 비닐전선은 열에 약하므로 백열전등이나 전열기구 등 고열을 발생하는 기구에는 고무코드 전선을 사용할 것

12) 비닐장판이나 양탄자 밑으로는 전선이 지나지 않도록 할 것
13) 전기기구는 'KS' 제품을 사용하고 사용 전 사용설명서 읽어볼 것
14) 전선이 쇠붙이나 움직이는 물체와 접촉되지 않도록 할 것

CHAPTER 04 가스 안전관리

01 가스의 위험성

1. 열량이 높고 공해가 적어 가정용, 공업용, 차량용으로 사용 증가
2. 관리 소홀 시 가스누출로 인한 중독 및 화재, 폭발사고 등 대형화재 유발

02 연료가스의 특성

구분	액화석유가스(LPG)	액화천연가스(LNG)
주성분	프로판(프로페인)(C_3H_8), 부탄(부테인)(C_4H_{10})	메탄(메테인)(CH_4)
증기비중	LPG는 공기보다 1.5 ~ 2배 무거움	LNG는 공기보다 0.6배 가벼움
누출 시 특징	공기보다 무거워 낮은 곳에 체류	공기보다 가벼워 높은 곳에 체류
용도	가정용, 공업용, 자동차 연료	도시가스
폭발 범위	1) 프로판(프로페인) : 2.1 ~ 9.5 % 2) 부탄(부테인) : 1.8 ~ 8.4 %	5 ~ 15 %

03 가스화재의 발생원인 및 주의사항

1. 가스화재의 발생원인

공급자	사용자
1) 용기밸브의 오조작	1) 실내에 용기보관 중 가스누설
2) 용기교체 작업 중 누설화재	2) 점화 미확인으로 인한 누설폭발
3) 잔량 가스처리 및 취급 미숙	3) 환기불량에 의한 질식사
4) 가스충전 작업 중 누설폭발	4) 가스사용 중 장시간 자리이탈
5) 고압가스 운반기준 미이행	5) 성냥불로 누설확인 중 폭발
6) 배관 내의 공기치환작업 미숙	6) 호스접속 불량 방치
7) 용기 보관실 점화원(성냥 등) 사용	7) 조정기 분해 오조작
8) 배달원의 안전의식 결여	8) 콕크 조작 미숙
	9) 인화성 물질 동시 사용

2. 가스화재의 주의사항

과정	주의사항
사용 전	1) 가스가 새고 있는지 냄새 확인하고, 환기 시킬 것 2) 가스연소기 부근에는 가연성 물질 두지 않을 것 3) 콕크, 호스 등 연결부는 호스 밴드로 확실하게 조이고, 호스가 낡거나 손상이 있을 때에는 즉시 교체 4) 연소기구는 자주 청소하여 불구멍 등이 막히지 않도록 주의
사용 중	1) 콕크를 돌려 점화 시 불이 붙었는지 확인 2) 파란 불꽃 상태가 되도록 조절(황색, 적색 불꽃은 불완전 연소로 일산화탄소 발생) 3) 장시간 자리를 비우지 말고 주의하여 지켜볼 것
사용 후	1) 가스연소기에 부착된 콕크는 물론 중간밸브도 확실하게 잠글 것 2) 장기간 외출 시 중간밸브와 함께 용기밸브도 잠그고, 도시가스 사용 시 메인 밸브까지 잠글 것

04 가스누설경보기

1. 정의

가스누설경보기는 가연성 가스가 누설되어 화재나 폭발, 중독사고로 이어질 가능성이 높아 초기경보하여 자동으로 조작밸브의 폐쇄와 관리자에게 경보를 알려주는 장치

2. 종류

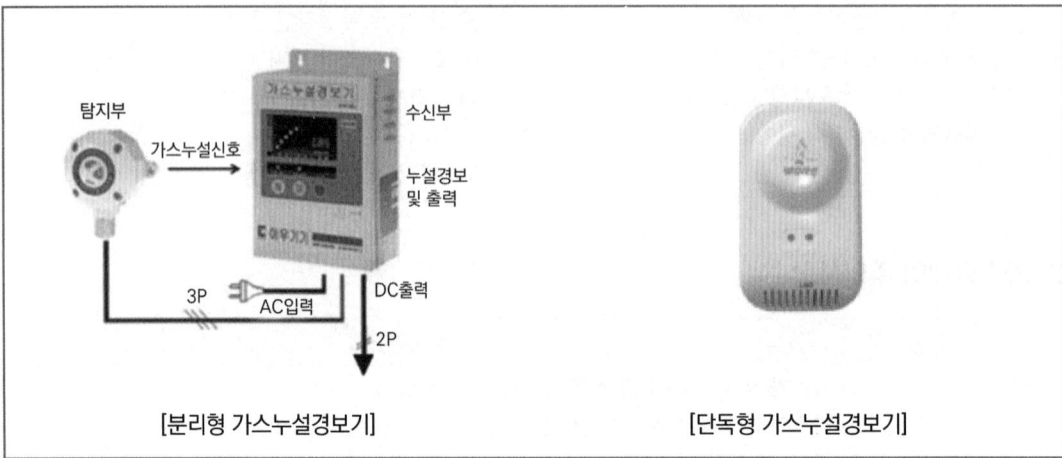

[분리형 가스누설경보기]   [단독형 가스누설경보기]

3. 설치 기준

1) 공기보다 무거운 가스의 경우(LPG)

① 탐지기 상단은 바닥면으로부터 30 cm 이내에 설치
② 가스연소기 또는 관통부로부터 수평거리 4 m 이내에 설치

2) 공기보다 가벼운 가스의 경우(LNG)

① 탐지기 하단은 천정면에서 30 cm 이내에 설치
② 가스연소기로부터 수평거리 8 m 이내

3) 차단밸브

① 차단기구는 가스주배관에 견고히 부착되었는지 확인
② 가스차단밸브의 정상 개폐 여부 확인

OX퀴즈

● "최다빈출 핵심지문 OX퀴즈"를 통해 학습개념을 쉽게 정리하고 기출에 대한 선행학습을 해보세요.

1 작업반경 11미터 이내에 건물구조 자체나 내부(개구부 등으로 개방된 부분을 포함한다)에 가연성물질이 있는 장소에는 화재감시자를 배치해야 한다. ⓄⓍ

2 용접 작업 시 작은 입자의 용적들이 비산되는 현상, 즉 불티가 튀기는 현상은 스패터이다. ⓄⓍ

3 과염소산염류는 제6류 위험물이다. ⓄⓍ

4 금수성 물질은 주수소화를 한다. ⓄⓍ

5 액화석유가스의 주성분은 메테인이다. ⓄⓍ

6 환기불량에 의한 질식사는 가스화재의 발생원인 중 공급자의 원인에 해당한다. ⓄⓍ

7 공기보다 가벼운 가스의 경우 탐지기 하단은 천정면에서 30 cm 이내에 설치한다. ⓄⓍ

8 공기보다 가벼운 가스의 경우 탐지기는 가스연소기로부터 수평거리 4 m 이내에 설치한다. ⓄⓍ

오답 지문 체크 01 (O) 02 (O) 03 (X) 04 (X) 05 (X) 06 (X) 07 (O) 08 (X)

03 과염소산염류는 **제1류** 위험물이다.
04 금수성 물질은 **질식소화**를 한다.
05 액화석유가스의 주성분은 **부테인, 프로페인**이다.
06 환기불량에 의한 질식사는 가스화재의 발생원인 중 **사용자**의 원인에 해당한다.
08 공기보다 가벼운 가스의 경우 탐지기는 가스연소기로부터 수평거리 **8 m** 이내에 설치한다.

문제풀이(기출문제 + 예상문제)

01 화기취급작업 중 접합하고자 하는 둘 이상의 금속의 접합 부분에 존재하는 방해물질을 제거하여 결합시키는 과정으로 주로 열을 통하여 두 금속을 용융시켜 금속을 접하는 것으로 옳은 것은?

① 용접
② 용단
③ 스패터
④ 연마

해설
■ 용접
접합하고자 하는 둘 이상의 물체(금속)의 접합 부분에 존재하는 방해물질을 제거하여 결합시키는 과정으로 주로 열을 통하여 두 금속을 용융시켜 물체(금속)을 접하는 것

02 화기취급작업 안전관리규정 중 화재위험작업 시 준수사항에 관한 내용으로 옳지 않은 것은?

① 통풍이나 환기가 충분하지 않은 장소에서 화재위험작업을 하는 경우에는 통풍 또는 환기를 위하여 산소를 사용해야 한다.
② 가연성 물질이 있는 장소에서 화재위험작업을 하는 경우에는 화재예방에 필요한 사항을 준수하여야 한다.
③ 작업시작 전에 화재예방에 필요한 사항을 확인하고 불꽃·불티 등의 비산을 방지하기 위한 조치 등 안전조치를 이행한 후 근로자에게 화재위험작업을 하도록 해야 한다.
④ 화재위험작업이 시작되는 시점부터 종료 될 때까지 작업내용, 작업일시, 안전점검 및 조치에 관한 사항 등을 해당 작업장소에 서면으로 게시해야 한다.

해설
■ 화재위험작업 시의 준수사항
1) 사업주는 통풍이나 환기가 충분하지 않은 장소에서 화재위험작업을 하는 경우에는 통풍 또는 환기를 위하여 산소를 사용해서는 아니 된다.
2) 사업주는 가연성 물질이 있는 장소에서 화재위험작업을 하는 경우에는 화재예방에 필요한 다음 각 호의 사항을 준수하여야 한다.
   1. 작업 준비 및 작업 절차 수립
   2. 작업장 내 위험물의 사용·보관 현황 파악
   3. 화기작업에 따른 인근 가연성 물질에 대한 방호조치 및 소화기구 비치
   4. 용접불티 비산방지덮개, 용접방화포 등 불꽃, 불티 등 비산방지조치
   5. 인화성 액체의 증기 및 인화성 가스가 남아 있지 않도록 환기 등의 조치
   6. 작업근로자에 대한 화재예방 및 피난교육 등 비상조치
3) 사업주는 작업시작 전에 제2항 각 호의 사항을 확인하고 불꽃·불티 등의 비산을 방지하기 위한 조치 등 안전조치를 이행한 후 근로자에게 화재위험작업을 하도록 해야 한다.
4) 사업주는 화재위험작업이 시작되는 시점부터 종료 될 때까지 작업내용, 작업일시, 안전점검 및 조치에 관한 사항 등을 해당 작업장소에 서면으로 게시해야 한다. 다만 같은 장소에서 상시·반복적으로 화재위험작업을 하는 경우에는 생략할 수 있다.

정답 01 ① 02 ①

03 다음 중 위험물안전관리법령상 제1류 위험물에 해당하는 것은?

① 염소산나트륨
② 과염소산
③ 나트륨
④ 황린

해설

■ 제1류 위험물(산화성 고체)의 종류
1) **염소산염류**, 아염소산류, 과염소산염류
2) 브로민산염류, 아이오딘산염류, 과망가니즈산염류
3) 질산염류, 다이크로뮴산염류
4) 무기과산화물

04 다음 중 제4류 위험물의 공통성질이 아닌 것은?

① 인화하기 쉽다.
② 증기는 공기보다 가볍다.
③ 증기는 공기와 혼합되어 연소, 폭발한다.
④ 물보다 가볍고 물에 녹지 않는다.

해설

■ 제4류 위험물 특징
1) 인화하기 쉬움
2) 화기 엄금, 정전기 방지 조치
3) 대부분 물보다 가볍고, 증기는 공기보다 무거움
4) 증기는 공기와 혼합되어 연소·폭발
5) 착화온도가 낮은 것은 위험
6) 소화방법
　(1) 포, CO_2, 할론, 할로겐화합물 및 불활성기체 소화약제 등으로 질식소화
　(2) 대부분 물에 녹지 않아 주수소화 불가능

05 전기화재의 주요 원인으로 옳지 않은 것은?

① 전선이 무거운 물건 등에 눌렸을 때 단락에 의한 발화
② 배선 및 전기기계기구 등의 절연으로 인한 발화
③ 누전차단기 고장에 의한 발화
④ 멀티콘센트의 허용전류를 초과해서 발생하는 과전류에 의한 발화

해설

■ 전기화재 주요 원인
1) 열축적
2) 과전류(과부하)
3) 합선(단락)
4) 누전
5) 절연불량
6) 정전기

06 다음 중 액화천연가스(LNG)에 대한 설명으로 옳지 않은 것은?

① 주성분은 메탄(메테인)이다.
② 주로 가정용도시가스로 사용된다.
③ 누출 시 천장에 체류한다.
④ 비중은 공기보다 6.6배 무겁다.

해설

■ 액화천연가스(LNG) 특성
1) 주성분 : 메탄(메테인)
2) 도시가스로 사용
3) LNG는 공기보다 0.6배 가벼움
4) 공기보다 가벼워 높은 곳에 체류
5) 가스누출 탐지기는 천장에서 30 cm 이내에 설치
6) 폭발범위 : 5 ~ 15 %

| 정답 | 03 ① | 04 ② | 05 ② | 06 ④ |

07 가스화재의 주의사항으로 옳지 않은 것은?

① 가스가 새고 있는지 냄새 확인하고, 환기 시킬 것
② 붉은색불꽃 상태가 되도록 조절
③ 가스연소기 부근에는 가연성 물질 두지 않을 것
④ 가스연소기에 부착된 콕크는 물론 중간 밸브도 확실하게 잠글 것

해설

■ 가스화재의 주의사항
1) 가스가 새고 있는지 냄새를 확인하고, 환기시킬 것
2) 가스연소기 부근에는 가연성 물질 두지 않을 것
3) 콕크, 호스 등 연결부는 호스밴드로 확실하게 조이고, 호스가 낡거나 손상이 있을 때에는 즉시 교체
4) 연소기구는 자주 청소하여 불구멍 등이 막히지 않도록 주의
5) 콕크를 돌려 점화 시 불이 붙었는지 확인
6) 파란불꽃 상태가 되도록 조절(황색, 적색 불꽃은 불완전 연소로 일산화탄소 발생)
7) 장시간 자리를 비우지 말고 주의하여 지켜볼 것
8) 가스연소기에 부착된 콕크는 물론 중간밸브도 확실하게 잠글 것
9) 장기간 외출 시 중간밸브와 함께 용기밸브도 잠그고, 도시가스를 사용 시 메인밸브까지 잠글 것

정답 07 ②

PART 04

피난시설, 방화구획 및 방화시설의 유지·관리

CHAPTER 01 방화구획 등

방화구획 등

> 1. 화재발생방지 : 발화 및 연소 방지를 위해 건축물 "내부와 외벽의 마감 재료"를 규제
> 2. 화재 확대 방지 : 건축물 내 어느 부분에서 발생한 화재가 인접 공간으로 확대되는 것을 "방화구획"을 통해 제한
> 3. 화재 시 건축물의 붕괴 방지 : 화재열에 의한 건축 구조부재의 강도 저하 및 붕괴의 위험을 건축물 주요구조부를 "내화구조"로 하여 구조적 안전성을 확보
> 4. 화재 시 안전한 피난 : 화재 및 재난 시 안전한 피난을 위해 "피난경로 및 대피공간"의 구조적 기준을 정함
>   ※ 피난시설 : 피난과 관련된 것으로써 복도, 출입구(비상구), 계단(직통계단, 피난계단 등), 피난용승강기, 옥상광장, 피난안전구역 등
>   ※ 방화구획 : 방화구획과 관련된 것으로써 내화구조의 벽·바닥, 60분+ 또는 60분 방화문, 자동방화셔터 등
>   ※ 방화시설 : 방화와 관련된 것으로써 내화구조, 방화구조, 방화벽, 마감재료(불연재료, 준불연재료, 난연재료), 배연설비, 소방관 진입창 등

1. 방화구획

1) 방화구획은 화재 발생 시 일정 공간 내로 화재를 국한시켜, 화재확산을 방지하는 구조로서 인접구역 재실자의 거주가능시간을 연장하는 데 도움을 줄 수 있다.
2) 내화구조 바닥·벽·방화문 등으로 조합하여 화재에 일정시간 견디는 구조로 구성된다.
3) 고층 건축물, 규모가 큰 일반 건축물이나 공장 등에서의 화재 발생 시 연기 및 화염의 확산 방지를 위한 구획
4) 방화구획설치대상은 주요 구조부가 내화구조 또는 불연재료로 된 건축물로서 연면적이 1000 m²를 넘는 것(건축법 시행령 제46조). 단, 주요 구조부가 내화구조 또는 불연재료가 아닌 건축물 중 연면적 1000 m² 이상인 건축물은 방화벽으로 구획함

2. 방화구획의 기준

구획의 분류	구획단위
면적별	• 지상 10층 이하 : 바닥면적 1000 m² 이내마다 구획 • 지상 11층 이상 : 바닥면적 200 m² 이내마다 구획 • 지상 11층 이상 ⇨ 마감재가 불연재료 : 바닥면적 500 m² 이내마다 구획 • 자동식 소화설비구역은 상기바닥면적 × 3배 이내마다 구획
층별	• 매 층마다 구획할 것(단 지하 1층에서 지상으로 직접 연결하는 경사로 부위는 제외)
용도별	• 필로티나 그 밖에 이와 비슷한 구조(벽면적의 2분의 1 이상이 그 층의 바닥면에서 위층 바닥 아래면까지 공간으로 된 것만 해당한다)의 부분을 주차장으로 사용하는 경우 그 부분은 건축물의 다른 부분과 구획할 것 • 주요 구조부를 내화구조로 하여야 하는 대상 부분과 기타 부분 사이
수직관통부별	• 수직 관통 부분과 타 부분을 내화성능 벽이나 방화문으로 구획 • 계단실, 승강로, 린넨슈트, 에스컬레이터, 파이프 피트 등

3. 방화구획 방법

1) 방화구획으로 사용하는 60분+ 방화문 또는 60분 방화문은 언제나 닫힌 상태를 유지하거나 화재로 인한 연기 또는 불꽃을 감지하여 자동적으로 닫히는 구조로 할 것. 다만 연기 또는 불꽃을 감지하여 자동적으로 닫히는 구조로 할 수 없는 경우에는 온도를 감지하여 자동적으로 닫히는 구조로 할 수 있다.

2) 외벽과 바닥 사이에 틈이 생긴 때나 급수관·배전관 그 밖의 관이 방화구획으로 되어 있는 부분을 관통하는 경우 그로 인하여 방화구획에 틈이 생긴 때에는 그 틈을 다음 각 목의 어느 하나에 해당하는 것으로 메울 것
   ① 한국산업표준에서 내화충전성능을 인정한 구조로 된 것
   ② 국토교통부장관이 정하여 고시하는 기준에 따라 내화충전성능을 인정한 구조로 된 것

3) 환기·난방 또는 냉방시설의 풍도가 방화구획을 관통하는 경우에는 그 관통 부분 또는 이에 근접한 부분에 다음과 같이 적합한 댐퍼를 설치할 것
   ① 화재로 인한 연기 또는 불꽃을 감지하여 자동적으로 닫히는 구조로 할 것
   ② 비차열 성능 및 방연성능 등의 기준에 적합할 것

4. 방화구획 중점 확인사항

1) 방화구획을 관통하는 배관, 덕트, 케이블트레이 등 틈새상태 확인
   ※ 배관, 덕트, 케이블트레이 등이 방화구획된 벽 등을 관통하여 틈이 생긴 경우 내화충진재로 메워져 있는지 확인
2) 방화구획을 관통하는 덕트에 방화댐퍼 설치 여부 확인
   ※ 제연설비의 풍도 등이 내화구조의 벽, 계단, 부속실, 벽 등을 관통할 경우 방화댐퍼의 설치 여부 확인
3) 필로티 구조 1층 거실의 계단실 부분과 복도의 구획 여부 확인
   ※ 건축물 내부에서 피난계단의 계단실, 특별피난계단의 노대 및 부속실로 통하는 출입구에 방화문의 설치 여부 확인
4) 필로티 구조 1층 거실과 승강기의 승강로 부분의 구획 여부 확인
   ※ 승강로비부분을 포함한 승강기의 승강로 1층 부분이 건축물의 다른 부분과 방화구획으로 되어 있는지 여부 확인

5. 피난시설, 방화구획 및 방화시설의 관리

1) 피난·방화시설 등의 범위
   (1) 피난시설 : 계단(직통계단·피난계단 등), 복도, 출입구(비상구 포함), 그 밖의 피난시설(옥상광장, 피난안전구역, 피난용 승강기 및 승강장 등)
   (2) 피난계단의 종류 및 피난 시 이동경로

종류	피난 시 이동경로
옥내피난계단	옥내 → 계단실 → 피난층
옥외피난계단	옥내 → 옥외계단 → 지상층
특별피난계단	옥내 → 부속실 → 계단실 → 피난층

   (3) 방화시설 : 방화구획(방화문, 자동방화셔터, 내화구조의 바닥·벽), 방화벽 및 내화성능을 갖춘 내부마감재 등

2) 피난시설, 방화구획 및 방화시설 관련 금지 행위
   (1) 관리자 : 관계인
   (2) 다음 행위를 하여서는 안 된다.
      ① 피난시설, 방화구획 및 방화시설을 폐쇄하거나 훼손하는 등의 행위
      ② 피난시설, 방화구획 및 방화시설의 주위에 물건을 쌓아두거나 장애물을 설치하는 행위
      ③ 피난시설, 방화구획 및 방화시설의 용도에 장애를 주거나 「소방기본법」 제16조에 따른 소방활동에 지장을 주는 행위

④ 그 밖에 피난시설, 방화구획 및 방화시설을 변경하는 행위

> ※ 다음의 해당하는 소방시설을 고장 상태로 방치한 경우(과태료 200만 원)
> ① 소화펌프를 고장 상태로 방치한 경우
> ② 수신반 전원, 동력(감시)제어반 또는 소방시설용 비상전원을 차단하거나, 고장 난 상태로 방치하거나, 임의로 조작하여 자동으로 작동이 되지 않도록 한 경우
> ③ 소방시설이 작동하는 경우 소화배관을 통하여 소화수가 방수되지 않는 상태 또는 소화약제가 방출되지 않는 상태로 방치한 경우

(3) 피난시설, 방화구획 및 방화시설의 유지·관리에 대한 조치명령권자 : 소방본부장 또는 소방서장

3) 옥상광장 등의 설치

(1) 옥상광장 또는 2층 이상인 층에 노대(노대나 기타 이와 비슷한 것) 등의 주위에는 높이 1.2미터 이상의 난간을 설치하여야 한다.

(2) 옥상광장 설치 대상
    5층 이상인 층이 다음 각 호의 용도로 쓰이는 경우
    ① 제2종 근린생활시설중 공연장·종교집회장·인터넷컴퓨터게임시설제공업소(해당 용도로 쓰는 바닥면적의 합계가 각각 300제곱미터 이상인 경우만 해당한다)
    ② 문화 및 집회시설(전시장 및 동·식물원은 제외한다)
    ③ 종교시설, 판매시설, 위락시설 중 주점영업 또는 장례시설

(3) 옥상으로 통하는 출입문에 비상문자동개폐장치(화재 등 비상시에 소방시스템과 연동되어 잠김 상태가 자동으로 풀리는 장치를 말한다) 설치대상
    ① (2)에 따라 피난 용도로 쓸 수 있는 광장을 옥상에 설치해야 하는 건축물
    ② 피난 용도로 쓸 수 있는 광장을 옥상에 설치하는 다음 각 목의 건축물
        가. 다중이용 건축물
        나. 연면적 1천 제곱미터 이상인 공동주택

(4) 층수가 11층 이상인 건축물로서 11층 이상인 층의 바닥면적의 합계가 1만 제곱미터 이상인 건축물의 옥상에는 다음 각 호의 구분에 따른 공간을 확보하여야 한다.
    ① 건축물의 지붕을 평지붕으로 하는 경우 : 헬리포트를 설치하거나 헬리콥터를 통하여 인명 등을 구조할 수 있는 공간
    ② 건축물의 지붕을 경사지붕으로 하는 경우 : 경사지붕 아래에 설치하는 대피공간

(5) (4)에 따른 헬리포트를 설치하거나 헬리콥터를 통하여 인명 등을 구조할 수 있는 공간 및 경사지붕 아래에 설치하는 대피공간의 설치기준은 「건축물의 피난·방화구조 등의 기준에 관한 규칙」으로 정한다.

OX퀴즈

● "최다빈출 핵심지문 OX퀴즈"를 통해 학습개념을 쉽게 정리하고 기출에 대한 선행학습을 해보세요.

1 방화구획과 관련된 것으로 내화구조의 벽·바닥, 60분+ 또는 60분 방화문, 자동방화셔터 등을 피난시설이라 한다. ⓞⓧ

2 지상 10층 이하인 경우 바닥면적 1000 ㎡ 이내마다 방화구획한다. ⓞⓧ

3 지상 11층 이상인 경우 바닥면적 200 ㎡ 이내마다 방화구획한다. ⓞⓧ

4 자동식 소화설비를 설치했을 경우 방화구획은 기준 면적에 × 2배를 한다. ⓞⓧ

5 방화구획으로 사용하는 60분+ 방화문 또는 60분 방화문은 언제나 열린 상태를 유지한다. ⓞⓧ

6 특별피난계단의 피난 시 이동경로는 옥내 → 부속실 → 계단실 → 피난층이다. ⓞⓧ

7 옥상광장 또는 2층 이상인 층에 노대(노대나 기타 이와 비슷한 것) 등의 주위에는 높이 1.5미터 이상의 난간을 설치하여야 한다. ⓞⓧ

오답 지문 체크 01 (X) 02 (O) 03 (O) 04 (X) 05 (X) 06 (O) 07 (X)

01 방화구획과 관련된 것으로 내화구조의 벽·바닥, 60분+ 또는 60분 방화문, 자동방화셔터 등을 **방화구획**이라 한다.
04 자동식 소화설비를 설치했을 경우 방화구획은 기준 면적에 × 3배를 한다.
05 방화구획으로 사용하는 60분+ 방화문 또는 60분 방화문은 언제나 **닫힌** 상태를 유지한다.
07 옥상광장 또는 2층 이상인 층에 노대(노대나 기타 이와 비슷한 것) 등의 주위에는 높이 1.2미터 이상의 난간을 설치하여야 한다.

문제풀이(기출문제 + 예상문제)

01 건축물에 설치하는 방화구획의 기준에 관한 설명으로 옳지 않은 것은?

① 매 층마다 구획한다.
② 10층 이하의 층은 바닥면적 1000 m² 이내마다 구획한다.
③ 11층 이상의 층은 바닥면적 200 m² 이내마다 구획한다.
④ 벽 및 반자에 실내에 접하는 부분의 마감이 불연재료이고, 스프링클러소화설비가 설치된 11층 이상의 층은 600 m² 이내마다 구획한다.

해설

■ 방화구획
1) 화재 발생 시 인접구역의 화염 확산을 방지하기 위해 구획하는 것(면적별, 층별, 용도별 구획)
2) 방화구획의 기준

구획의 종류	구획의 단위	구획의 구조
면적별 구획	① 10층 이하의 층은 바닥면적 1000 m² 이내마다 구획 ② 11층 이상의 층은 바닥면적 200 m² 이내마다 구획(불연재료 : 500 m²) → 스프링클러 등 자동식 소화설비의 설치 부분은 위 면적의 3배 적용	① 내화구조 바닥, 벽 ② 60분+방화문 또는 60분 방화문 ③ 자동방화셔터
층별 구획	매 층마다 구획(지하 1층에서 지상으로 직접 연결하는 경사로 부위 제외)	
용도별 구획	주요구조부를 내화구조로 해야 하는 대상 부분과 기타 부분 사이의 구획	

02 피난계단의 종류 및 피난 이동경로로 옳은 것은?

① 옥외피난계단 : 옥내 → 계단실 → 피난층
② 옥내피난계단 : 옥내 → 옥내계단 → 지상층
③ 특별피난계단 : 옥내 → 계단실 → 피난층
④ 특별피난계단 : 옥내 → 부속실 → 계단실 → 피난층

해설

■ 피난계단의 종류 및 피난 시 이동경로

종류	피난 시 이동경로
옥내피난계단	옥내 → 계단실 → 피난층
옥외피난계단	옥내 → 옥외계단 → 지상층
특별피난계단	옥내 → 부속실 → 계단실 → 피난층

정답 01 ④ 02 ④

PART 05

소방시설의 종류 및 기준, 구조·점검

CHAPTER 01 소방시설의 종류 및 기준
CHAPTER 02 소화설비
CHAPTER 03 경보설비
CHAPTER 04 피난구조설비

CHAPTER 01 소방시설의 종류 및 기준

01 소방시설의 종류

구분	목적	종류
소화 설비	물, 그 밖의 소화약제를 사용하여 소화하는 기계·기구 또는 설비	1) 소화기구 　① 소화기　　　② 자동확산소화기 　③ 간이소화용구 2) 자동소화장치 　① 주거용 주방　② 상업용 주방 　③ 캐비닛형　　　④ 가스 　⑤ 분말　　　　　⑥ 고체에어로졸 3) 옥내소화전설비(호스릴옥내소화전설비 포함) 4) 옥외소화전설비 5) 스프링클러설비등 　① 스프링클러설비 　② 간이스프링클러설비(캐비닛형 포함) 　③ 화재조기진압용 스프링클러설비 6) 물분무등소화설비 　① 물분무소화설비　② 미분무소화설비 　③ 포소화설비　　　④ 이산화탄소소화설비 　⑤ 분말소화설비　　⑥ 할론소화설비 　⑦ 할로겐화합물 및 불활성기체소화설비소화설비 　⑧ 강화액소화설비　⑨ 고체에어로졸소화설비
경보 설비	화재발생 사실을 통보하는 기계·기구 또는 설비	1) 비상경보설비(비상벨설비 및 자동식사이렌설비) 2) 단독경보형감지기 3) 비상방송설비 4) 자동화재탐지설비 및 시각경보기 5) 누전경보기 6) 가스누설경보기 7) 자동화재 속보설비 8) 통합감시시설 9) 시각경보기 10) 화재알림설비

구분	목적	종류
피난 구조 설비	화재가 발생할 경우 피난하기 위하여 사용하는 기구 또는 설비	1) 피난기구 　① 피난사다리　　② 구조대 　③ 완강기　　　　④ 간이완강기 등 2) 인명구조기구 　① 방열복　　　　② 방화복 　③ 공기호흡기　　④ 인공소생기 3) 유도등 　① 피난구유도등　② 통로유도등 　③ 객석유도등　　④ 피난유도선 　⑤ 유도표지 4) 비상조명등 및 휴대용 비상조명등
소화용수 설비	화재를 진압하는 데 필요한 물을 공급하거나 저장하는 설비	1) 상수도소화용수설비 2) 소화수조·저수조 그 밖의 소화용수설비
소화활동 설비	화재를 진압하거나 인명구조활동을 위하여 사용하는 설비	1) 제연설비 2) 연결송수관설비 3) 연결살수설비 4) 비상콘센트설비 5) 무선통신보조설비 6) 연소방지설비

02 특정소방대상물에 설치해야 할 소방시설 적용기준

1. 소화기구

1) 연면적 33 m² 이상(노유자시설 : 투척용 소화용구 등을 산정된 소화기 수량의 1/2 이상 설치)
2) 가스시설, 발전시설 중 전기저장시설 및 문화유산
3) 터널, 지하구

2. 자동소화장치

1) 주거용 주방자동소화장치 설치 : 아파트등 및 오피스텔의 모든 층
2) 상업용 수방자동소화장치
　① 판매시설 중 대규모 점포에 입점해 있는 일반음식점
　② 집단 급식소
3) 캐비닛형·가스·분말·고체에어로졸 자동소화장치 설치대상 : 화재안전기준에서 정하는 장소

3. 옥내소화전설비

설치대상	기준
특정소방대상물(위험물 저장 및 처리시설 중 가스시설, 스프링클러설비 또는 물분무등소화설비 원격 조정 가능한 업무시설 중 무인변전소 제외)	• 연면적 3000 m² 이상(터널 제외) • 지하층·무창층(축사 제외)으로서 바닥면적 600 m² 이상인 층이 있는 것 • 4층 이상인 층 중에서 바닥면적 600 m² 이상인 층이 있는 것은 모든 층
• 근린생활시설, 판매시설, 운수시설, 의료시설, 노유자시설, 업무시설, 숙박시설, 위락시설, 공장, 창고시설, 항공기 및 자동차 관련 시설, 국방·군사시설, 방송통신시설, 발전시설, 장례시설 • 복합건축물	• 연면적 1500 m² 이상 • 지하층·무창층 또는 4층 이상인 층 중 모든 바닥면적 300 m² 이상인 층이 있는 모든 층
옥상 설치 차고·주차장	차고·주차 용도 사용 부분 면적 200 m² 이상 해당 부분
터널	• 길이 1000 m 이상 • 예상교통량, 경사도 등 터널의 특성을 고려하여 행정안전부령으로 정하는 터널
공장 또는 창고시설	750배 이상의 특수가연물 저장·취급

4. 스프링클러설비

설치대상	기준
• 문화 및 집회시설(동·식물원 제외) • 종교시설 • 운동시설(물놀이형 시설 및 바닥이 불연재료이고 관람석이 없는 운동시설은 제외)	• 수용인원 100명 이상 • 영화상영관 바닥면적 : 지하층·무창층 500 m²(그 외 1000 m²) 이상 • 무대부 : 지하층·무창층, 4층 이상 300 m²(그 외 500 m²) 이상
• 판매시설, 운수시설 • 창고시설(물류터미널)	• 수용인원 500명 이상 • 바닥면적 합계 5000 m² 이상
6층 이상인 특정소방대상물	전 층
• 의료시설(정신의료기관, 종합병원, 병원, 치과병원, 한방병원, 요양병원) • 노유자시설 • 숙박 가능한 수련시설 • 숙박시설 • 산후조리원, 조산원	바닥면적 합계 600 m² 이상인 것은 모든 층
지하상가	연면적 1000 m² 이상

설치대상	기준
기숙사(교육연구시설·수련시설 내에 있는 학생 수용을 위한 것), 복합건축물	연면적 5000 m² 이상인 모든 층
특수가연물 저장·취급 시설	지정수량 1000배 이상
랙식 창고의 높이가 10 m 초과	바닥면적 또는 랙이 설치된 부분의 합계가 1500 m² 이상인 경우 모든 층
전기저장시설, 교정 및 군사시설 중 보호감호소, 교도소, 구치소 및 그 지소, 보호관찰소, 갱생보호시설, 치료감호시설, 소년원 및 소년분류심사원의 수용거실, 보호시설(외국인보호소의 경우에는 보호대상자의 생활공간으로 한정), 유치장	-

※ 스프링클러설비 설치 제외
① 위험물 저장 및 처리시설 중 가스시설
② 지하구

5. 간이스프링클러설비

설치대상	기준
근린생활시설	• 바닥면적 합계 1000 m² 이상인 것은 모든 층 • 의원, 치과의원, 한의원으로서 입원실 또는 인공신장실이 있는 것 • 조산원 및 산후조리원 연면적 600 m² 미만 시설
교육시설 내 합숙소	연면적 100 m² 이상인 경우에는 모든 층
의료시설(종합병원, 병원, 치과병원, 요양병원)	바닥면적 합계 600 m² 미만
• 정신의료기관, 의료재활시설 • 노유자시설	• 바닥면적 합계 300 m² 이상 600 m² 미만 • 바닥면적 합계 300 m² 미만, 창살*⁾ 설치
복합건축물	연면적 1000 m² 이상 전 층
연립주택 및 다세대주택	-
숙박시설	바닥면적 합계 300 m² 이상 600 m² 미만

*⁾ 창살 : 철재·플라스틱·목재 등으로 사람의 탈출을 막기 위하여 설치하는 것을 말하며, 화재 시 자동으로 열리는 구조로 되어 있는 창살을 제외함

6. 물분무등소화설비

설치대상	기준
차고, 주차용 건축물, 철골 조립식 주차시설	연면적 800 m² 이상
전기실·발전실·변전실·축전지실·전산실·통신기기실	바닥면적 300 m² 이상
건물 내부에 설치된 차고·주차장	사용되는 면적의 합계가 200 m² 이상인 경우 해당 부분(50세대 미만 연립주택 및 다세대 주택은 제외)
기계식 주차장	20대 이상
항공기 격납고, 소화수 수집·처리 설비가 설치되어 있지 않은 중·저준위방사성폐기물저장시설, 국가유산 중 소방청장이 국가유산청장과 협의하여 정하는 것, 예상 교통량, 경사도 등 터널의 특성을 고려하여 행정안전부령으로 정하는 터널(이 경우 물분무소화설비 설치)	-

※ 물분무등소화설비 설치 제외

위험물 저장 및 처리 시설 중 가스시설, 발전시설의 전기저장시설 중 무정전전원공급장치(UPS)의 시설 및 지하구

7. 옥외소화전설비

(1) 지상 1층 및 2층의 바닥면적의 합계가 9000 m² 이상인 것
(2) 문화유산 중 보물 또는 국보로 지정된 목조건축물
(3) 공장 또는 창고시설로서 750배 이상의 특수가연물을 저장·취급하는 것

※ 옥외소화전설비 설치 제외
① 아파트등 ② 위험물 저장 및 처리시설 중 가스시설 ③ 지하구 및 터널

8. 비상경보설비

설치대상	기준
일반(지하구, 축사, 동·식물 관련 시설 제외)	연면적 400 m² 이상인 것은 모든 층
지하층·무창층	바닥면적 150 m²(공연장 100 m²) 이상인 것은 모든 층
터널	500 m 이상
50명 이상 근로자가 작업하는 옥내 작업장	-

※ 비상경보설비 설치 제외
① 모래, 석재 등 불연재료 공장 및 창고시설
② 위험물 저장 및 처리시설 중 가스시설
③ 사람이 거주하지 않거나 벽이 없는 축사 등 동물 및 식물 관련 시설 및 지하구

9. 비상방송설비

1) 연면적 3500 m² 이상인 것은 모든 층
2) 층수 11층 이상인 것은 모든 층
3) 지하층의 층수 3층 이상인 것은 모든 층

※ 비상방송설비 설치 제외
① 위험물 저장 및 처리시설 중 가스시설
② 사람이 거주하지 않거나 벽이 없는 축사 등 동물 및 식물 관련 시설
③ 터널
④ 지하구

10. 자동화재탐지설비

설치대상	기준
• 교육연구시설(교육시설 내에 있는 기숙사 및 합숙소를 포함한다), 수련시설(기숙사·합숙소 포함, 숙박시설 제외) • 동·식물 관련 시설 • 자원순환 관련 시설 • 교정 및 군사시설 • 묘지 관련 시설	연면적 2000 m² 이상인 경우에는 모든 층
목욕장, 문화 및 집회시설, 종교시설, 판매시설, 운수시설, 운동시설, 업무시설, 창고시설, 공장, 지하상가, 위험물 저장 및 처리시설, 항공기 및 자동차 관련 시설, 교정 및 군사시설 중 국방·군사시설, 방송통신시설, 발전시설, 관광 휴게시설	연면적 1000 m² 이상인 경우에는 모든 층
• 근린생활시설(목욕장 제외) • 의료시설(정신의료기관, 요양병원 제외) • 위락시설, 장례시설 및 복합건축물	연면적 600 m² 이상인 경우에는 모든 층
정신의료기관, 의료재활시설	• 바닥면적 합계 300 m² 이상 • 바닥면적 합계 300 m² 미만, 창살 설치
터널	길이 1000 m 이상
공장 및 창고시설	500배 이상 특수가연물
요양병원, 지하구, 전통시장, 조산원, 산후조리원	-
전기저장시설, 노유자생활시설	-
공동주택 중 아파트등·기숙사, 숙박시설, 6층 이상인 건축물	-
노유자시설	연면적 400 m² 이상인 경우에는 모든 층
숙박시설이 있는 수련시설	수용인원 100명 이상인 경우에는 모든 층

11. 자동화재속보설비

방재실 등 화재 수신기가 설치된 장소에 24시간 화재를 감시할 수 있는 사람이 근무하고 있는 경우 자동화재속보설비를 설치하지 않을 수 있다.

설치대상	기준
• 노유자시설 • 숙박 가능한 수련시설 • 의료재활시설, 정신병원	바닥면적 500 m² 이상
• 종합병원, 병원, 치과병원, 한방병원, 요양병원 • 근린생활시설 중 의원, 치과의원, 한의원으로서 입원실 및 인공신장실이 있는 것 • 전통시장 • 노유자생활시설 • 보물·국보 지정 목조건축물 • 조산원, 산후조리원	-

12. 단독경보형 감지기

설치대상	기준
교육연구시설 및 수련시설 내에 있는 합숙소·기숙사	연면적 2000 m² 미만
유치원	연면적 400 m² 미만
수련시설(숙박시설 있는 것)	수용인원 100명 미만
공동주택 중 연립주택 및 다세대주택	-

13. 화재알림설비

판매시설 중 전통시장

14. 휴대용 비상조명등

설치대상	기준
숙박시설, 다중이용업소	구획된 실마다 1개 이상 설치
수용인원 100명 이상의 영화상영관, 대규모점포	보행거리 50 m 이내마다 3개 이상 설치
지하상가, 지하역사	보행거리 25 m 이내마다 3개 이상 설치

15. 제연설비

설치대상	기준
문화 및 집회시설, 종교시설, 운동시설	• 무대부 바닥면적 200 m² 이상인 경우에는 해당 무대부 • 영화상영관 수용인원 100명 이상인 경우에는 해당 영화상영관
지하층·무창층에 설치된 근린생활시설, 판매시설, 숙박시설, 운수시설, 의료시설, 위락시설, 노유자시설, 창고시설(물류터미널로 한정)	바닥면적 합계 1000 m² 이상인 경우 해당 부분
지하상가	연면적 1000 m² 이상
공항시설 대기실, 항만시설 대기실, 휴게시설, 시외버스정류장, 철도 및 도시철도 시설	지하층·무창층 바닥면적 1000 m² 이상인 경우에는 모든 층
특정소방대상물(갓복도형 아파트등 제외)에 부설된 특별피난계단, 비상용 승강기의 승강장, 피난용 승강기의 승강장, 예상 교통량, 경사도 등 터널의 특성을 고려하여 행정안전부령으로 정하는 터널	

16. 연결살수설비

설치대상	기준
판매시설, 운수시설, 물류터미널	바닥면적 합계 1000 m² 이상인 경우에는 해당 시설
지하층	바닥면적 합계 150 m²인 경우에는 지하층의 모든 층 (아파트, 학교 700 m² 이상)
가스시설 중 지상에 노출된 탱크	30톤 이상

17. 비상콘센트설비

설치대상	기준
11층 이상 특정소방대상물	11층 이상의 층
지하층 층수가 3층 이상	바닥면적의 합계가 1000 m² 이상인 것은 지하층 전 층
터널	길이 500 m 이상

18. 무선통신보조설비

설치대상	기준
30층 이상 특정소방대상물	16층 이상 부분의 모든 층
• 지하층의 바닥면적 합계가 3000 m² 이상인 것 • 지하층 층수가 3층 이상이고 지하층의 바닥면적 합계가 1000 m² 이상인 것	지하층 전 층
터널	길이 500 m 이상
지하상가	연면적 1000 m² 이상
지하구 중 공동구	-

※ 무선통신보조설비 설치 제외 : 위험물 저장 및 처리시설 중 가스시설

19. 터널 길이에 따른 소방시설

1) 500 m 이상

    (1) 비상경보설비
    (2) 비상조명등설비
    (3) 비상콘센트설비
    (4) 무선통신보조설비

2) 1000 m 이상

    (1) 옥내소화전설비
    (2) 연결송수관설비
    (3) 자동화재탐지설비

CHAPTER 02 소화설비

01 소화기구

1. 소화기구의 종류 및 설치대상

1) 소화기구

   (1) 소화약제를 압력에 따라 방사하는 기구로서 사람이 수동으로 조작하여 소화

   (2) 설치대상

구분	소화기구
대상물	1) 연면적 33 m² 이상(노유자시설 : 투척용 소화용구 등을 산정된 소화기 수량의 1/2 이상 설치) 2) 가스시설, 발전시설 중 전기저장시설 및 문화유산 3) 터널, 지하구

2) 소화기

소하약제를 압력에 따라 방사하는 기구로서 사람이 수동으로 조작하여 작동

* "소화약제"란 소화기구 및 자동소화장치에 사용되는 소화성능이 있는 고체 · 액체 및 기체의 물질을 말한다.

(1) 소화약제에 의한 분류

약제종류	소화기
수계	물, 포, 강화액, 산·알칼리소화기
가스계	이산화탄소, 할론, 할로겐화합물 및 불활성 기체
분말 소화기	인산염류(ABC급), 중탄산염류(BC급) 소화기

(2) 소화기 능력단위에 의한 분류

구분	능력단위	보행거리
소형 소화기	• 1단위 이상	20 m 이내
대형 소화기 (운반대와 바퀴)	• A급 : 10단위 이상 • B급 : 20단위 이상	30 m 이내

(3) 분말소화기

① 소화약제 및 적응화재

적응화재	소화약제	소화효과
ABC급	제1인산암모늄($NH_4H_2PO_4$)	질식효과, 억제(부촉매) 효과
BC급	탄산수소나트륨(Na_2HCO_3)	
	탄산수소칼륨($KHCO_3$)	
	탄산수소칼륨+요소($KHCO_3 + (NH_2)_2CO$)	

② 가압방식에 의한 분류

구분	축압식 소화기	가압식 소화기
정의	용기 내 축압가스(질소)로 가압하여 소화약제 방출	별도의 가압용기의 압력에 의해 약제가 방출
압력계	설치(0.7 ~ 0.98 MPa 유지)	불필요

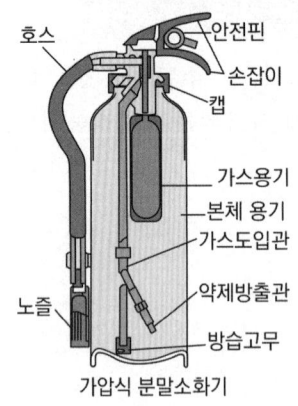

가압식 분말소화기

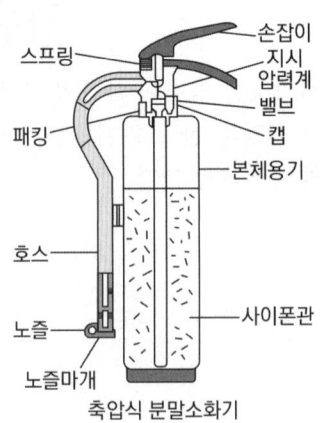

축압식 분말소화기

※ 출처 : 한국소방안전원

③ 분말소화기의 내용연수

소화기의 내용연수를 10년으로 하고 내용연수가 지난 제품은 교체 또는 성능검사에 합격한 소화기는 내용연수 등이 경과한 날의 다음 달부터 다음 기간 동안 사용
  ㉠ 내용연수 경과 후 10년 미만 : 3년
  ㉡ 내용연수 경과 후 10년 이상 : 1년

④ 분말소화기의 폐기방법

폐기물관리법에 따라 생활폐기물 신고필증을 구매·부착하여 지정된 장소에 배출(지방자치단체 조례에 따라 폐기방법이 다를 수 있음)

(4) 이산화탄소소화기

① 소화약제 및 적응화재

적응화재	소화약제	소화효과
BC급	이산화탄소(액화탄산가스)	질식효과, 냉각 효과

② 구조
  ㉠ 본체 용기에 충전된 이산화탄소가 레버식 밸브(대형소화기 : 핸들식)의 개폐에 의해 방사되므로 방사 중지 가능
  ㉡ 밸브 본체에는 일정한 압력에서 작동하는 안전밸브 설치

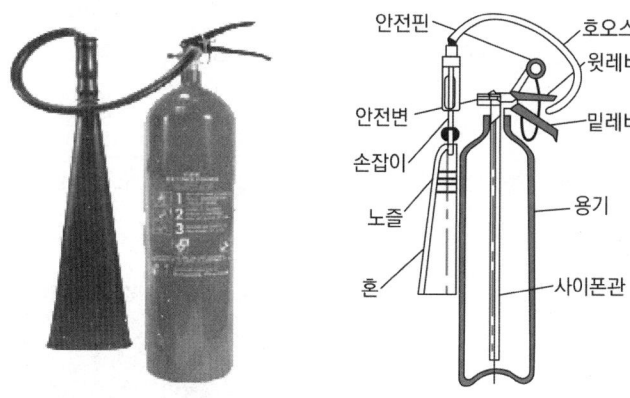

※ 출처 : 한국소방안전원

(5) 할론소화기

① 소화약제 및 적응화재

적응화재	소화약제	소화효과
ABC급	할론 1301(CF_3Br)	질식효과, 억제(부촉매) 효과
	할론 1211(CF_2ClBr)	
BC급	할론 2402(CF_4Br_2)	

② 구조
　㉠ 할론 1301 소화기 : 고압가스로서 가스 자체의 압력(증기압, 질소가스)으로 방사, 소화능력이 가장 좋고, 독성이 가장 적으며, 무취
　㉡ 할론 1211·할론 2402 소화기 : 용기 내 압력을 가리키는 지시압력계가 붙어 있어 사용 가능한 압력 범위가 녹색으로 되어 있음

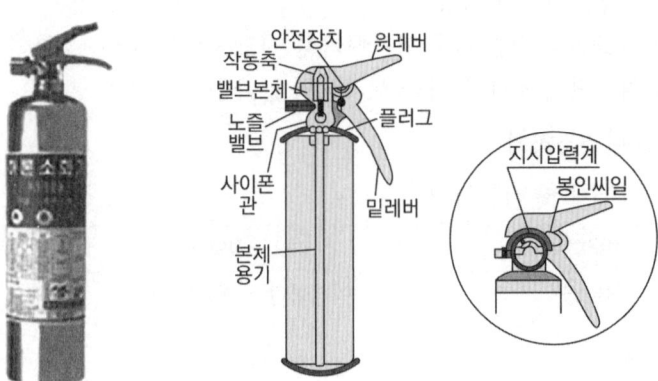

※ 출처 : 한국소방안전원

(6) 대형소화기의 소화약제량(소화기의 형식승인 및 제품검사 기술기준)

소화기 종류	물	강화액	포	CO_2	Halogen화합물	분말
약제량(이상)	80 L	60 L	20 L	50 kg	30 kg	20 kg

3) 자동확산소화기

화재를 감지하여 자동으로 소화약제를 방출, 확산시켜 국소적으로 소화하는 소화기

4) 간이소화용구

(1) 능력단위 1단위 미만의 소화용구 및 소화약제 외의 것을 이용한 소화용구
(2) 종류 : 에어로졸식소화용구, 투척용소화용구, 소공간용소화용구, 팽창질석, 팽창진주암, 마른모래 등

(3) 소화약제 외의 것을 이용한 간이소화용구의 능력단위

간이소화용구	용량	능력단위
마른 모래(삽을 상비)	50 L 이상의 것 1포	0.5단위
팽창질석 또는 팽창진주암(삽을 상비)	80 L 이상의 것 1포	0.5단위

(4) 소공간용 소화용구 : 분전반과 배전반 등 체적 $0.36\,m^3$ 미만인 소공간에 적용

2. 자동소화장치

1) 소화약제를 자동으로 방사하는 고정된 소화장치로, 법에 따른 형식승인을 받은 유효설치 범위 이내에 설치하여 소화하는 것
2) 종류
   주거용 주방, 상업용 주방, 캐비닛형, 가스, 분말, 고체에어로졸
3) 설치대상

구분	자동소화장치

대상물	1) 주거용 주방자동소화장치 설치 : 아파트등 및 오피스텔의 모든 층
	2) 상업용 수방자동소화장치
	  ① 판매시설 중 대규모 점포에 입점해 있는 일반음식점
	  ② 집단 급식소
	3) 캐비닛형·가스·분말·고체에어로졸 자동소화장치 설치대상 : 화재안전기준에서 정하는 장소

3. 소화기구 및 자동소화장치 설치기준

1) 소화기구의 설치기준(자동확산소화기 제외)

구분	설치기준
높이	바닥으로부터 1.5 m 이하
표지판	"소화기", "투척용소화용구", "소화용모래", "소화질석" 표지 부착

2) 소화기의 설치기준

구분	설치기준
층	각 층마다 설치
높이	바닥으로부터 1.5 m 이하
보행거리	소형소화기는 20 m 이내(대형 소화기는 30 m 이내)
바닥면적	바닥면적이 $33\,m^2$ 이상 구획된 각 거실(아파트 경우에는 각 세대)
능력단위가 2단위 이상 소화기 설치 특정소방대상물	간이소화용구의 능력단위가 전체능력단위의 1/2 이하일 것 (노유자시설은 1/2 초과 가능)

3) 자동확산소화기의 설치기준

   (1) 방호대상물에 소화약제가 유효하게 방사될 수 있도록 설치할 것
   (2) 작동에 지장이 없도록 견고하게 고정할 것

4) 주거용 주방 자동소화장치의 설치기준

구분		설치기준
방출구		환기구의 청소부분과 분리
		형식승인 받은 유효설치 높이 및 방호면적에 따라 설치
감지부		형식승인 받은 유효한 높이 및 위치에 설치
차단장치		상시 확인 및 점검이 가능한 곳
가스용	탐지부	수신부와 분리하여 설치
		공기보다 가벼운 가스 - 천장 면으로부터 30 cm 이하
		공기보다 무거운 가스 - 바닥 면으로부터 30 cm 이하
	수신부	주위의 열기류, 습기 등과 주위온도에 영향을 받지 않고, 사용자가 상시 볼 수 있는 장소

4. 소화기구 사용 및 점검방법

1) 분말소화기

구성	사용 및 점검방법
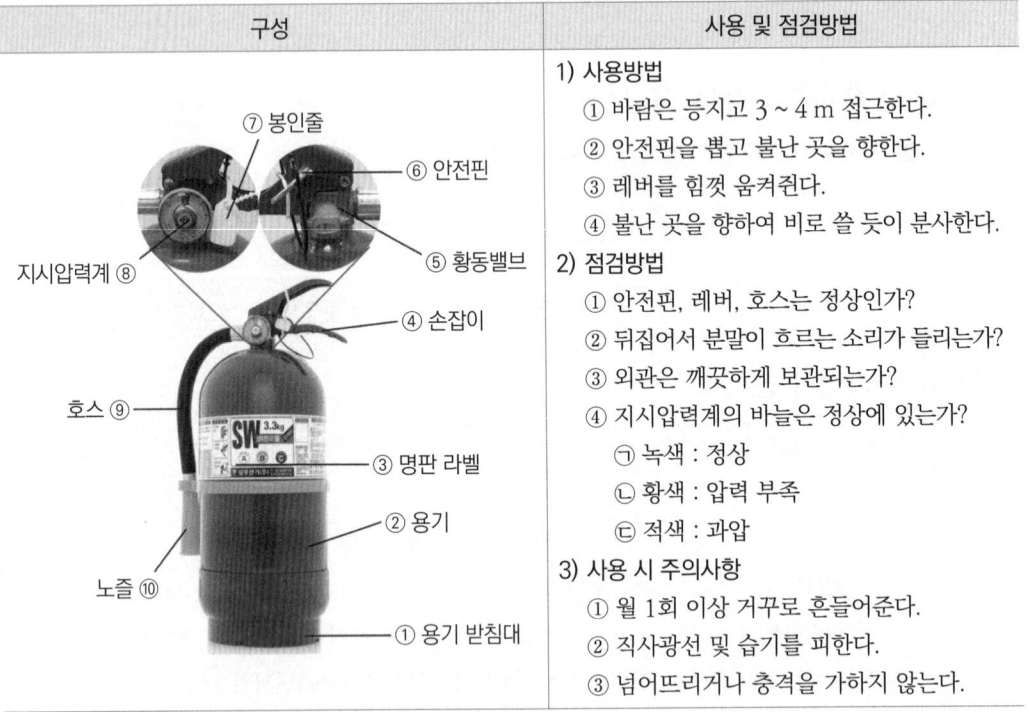⑦ 봉인줄 ⑥ 안전핀 ⑤ 황동밸브 ⑧ 지시압력계 ④ 손잡이 ⑨ 호스 ③ 명판 라벨 ② 용기 ⑩ 노즐 ① 용기 받침대	1) 사용방법 ① 바람은 등지고 3 ~ 4 m 접근한다. ② 안전핀을 뽑고 불난 곳을 향한다. ③ 레버를 힘껏 움켜쥔다. ④ 불난 곳을 향하여 비로 쓸 듯이 분사한다. 2) 점검방법 ① 안전핀, 레버, 호스는 정상인가? ② 뒤집어서 분말이 흐르는 소리가 들리는가? ③ 외관은 깨끗하게 보관되는가? ④ 지시압력계의 바늘은 정상에 있는가? 　㉠ 녹색 : 정상 　㉡ 황색 : 압력 부족 　㉢ 적색 : 과압 3) 사용 시 주의사항 ① 월 1회 이상 거꾸로 흔들어준다. ② 직사광선 및 습기를 피한다. ③ 넘어뜨리거나 충격을 가하지 않는다.

2) 자동확산소화기

자동확산소화기	점검방법
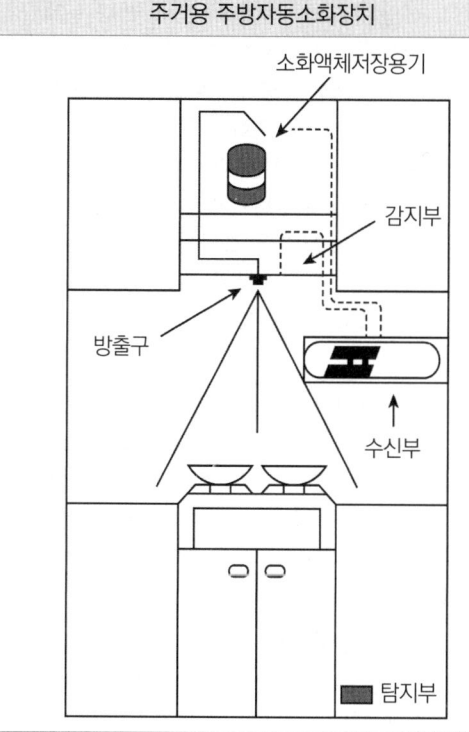	① 설치장소는 적합한가? ② 고정상태는 견고한가? ③ 외관은 깨끗하게 보관되는가? ④ 지시압력계의 바늘은 정상에 있는가? 　㉠ 녹색 : 정상 　㉡ 황색 : 압력 부족 　㉢ 적색 : 과압

3) 주거용 주방자동소화장치

주거용 주방자동소화장치	점검방법
(그림)	① 가스누설탐지부 점검 ② 가스누설차단밸브 시험 ③ 예비전원시험 : 전원 플러그를 뽑은 상태에서 수신부의 예비전원 램프가 점등되면 정상 ④ 감지부시험 ⑤ 제어반(수신부) 점검 ⑥ 약제 저장용기 점검 : 지시압력계 점검 　(녹색 : 정상)

5. 특정소방대상물별 소화기구 능력단위기준

특정소방대상물	소화기구의 능력단위(이상)
위락시설	바닥면적 30 m^2마다 1단위
공연장, 집회장, 관람장, 문화재, 장례식장 및 의료시설	바닥면적 50 m^2마다 1단위
근린생활시설, 판매시설, 운수시설, 숙박시설, 노유자시설, 전시장, 공동주택, 업무시설, 방송통신시설, 공장, 창고시설, 항공기 및 자동차 관련 시설 및 관광휴게시설	바닥면적 100 m^2마다 1단위
그 밖의 것	바닥면적 200 m^2마다 1단위

소화기구의 능력단위를 산출함에 있어서 건축물의 주요구조부가 내화구조이고, 벽 및 반자의 실내에 면하는 부분이 불연재료·준불연재료 또는 난연재료로 된 특정소방대상물에 있어서는 위 표의 기준면적의 2배를 해당 특정소방대상물의 기준면적으로 한다.

6. 부속용도별 추가 소화기구 및 자동소화장치

용도별	소화기구의 능력단위
1. 다음 각 목의 시설. 다만, 스프링클러설비, 간이스프링클러설비, 물분무등소화설비 또는 상업용 주방자동소화장치가 설치된 경우에는 자동확산소화기를 설치하지 않을 수 있다. 가. 보일러실·건조실·세탁소, 대량화기취급소 나. 음식점·다중이용업소·호텔·기숙사·노유자시설·의료시설·업무시설·공장·장례식장·공장·교육연구시설·교정 및 군사시설의 주방 다. 관리자의 출입이 곤란한 변전실·송전실·변압기실 및 배전반실	1. 해당 용도의 바닥면적 25 m^2마다 능력단위 1단위 이상의 소화기로 할 것. 이 경우 나목의 주방에 설치하는 소화기 중 1개 이상은 주방화재용 소화기(K급)로 설치해야 한다. 2. 자동확산소화기는 해당 용도의 바닥면적을 기준으로 10 m^2 이하는 1개, 10 m^2 초과는 2개 이상을 설치하되, 보일러, 조리기구, 변전설비 등 방호대상에 유효하게 분사할 수 있는 위치에 배치될 수 있는 수량으로 설치할 것)
발전실·변전실·송전실·변압기실·배전반실·통신기기실·전산기기실 기타 이와 유사한 시설이 있는 장소. 다만, 제1호 다목의 장소를 제외한다.	해당 용도의 바닥면적 50 m^2마다 적응성이 있는 소화기 1개 이상 또는 유효설치방호체적 이내의 가스·분말·고체에어로졸 자동소화장치, 캐비닛형 자동소화장치(다만 통신기기실·전자기기실을 제외한 장소에 있어서는 교류 600 V 또는 직류 750 V 이상의 것에 한한다)
지정수량의 1/5 이상 지정수량 미만의 위험물을 저장, 취급하는 장소	능력단위 2단위 이상 또는 유효설치방호체적 이내의 가스·분말·고체에어로졸 자동소화장치, 캐비닛형 자동소화장치
특수가연물을 저장 또는 취급하는 장소	지정수량 이상	지정수량의 50배 이상마다 능력단위 1단위 이상
	지정수량의 500배 이상	대형 소화기 1개 이상

* 마그네슘 합금 칩을 저장 또는 취급하는 장소 : 금속화재용 소화기(D급) 1개 이상을 금속재료로부터 보행거리 20 m 이내로 설치할 것

02 옥내소화전설비

1. 개요

1) 화재 발생 시 관계인 및 자체소방대원이 화재 발생 초기에 사용하는 소화설비
2) 구성 : 수원, 가압송수장치, 배관, 방수구, 호스, 노즐 등

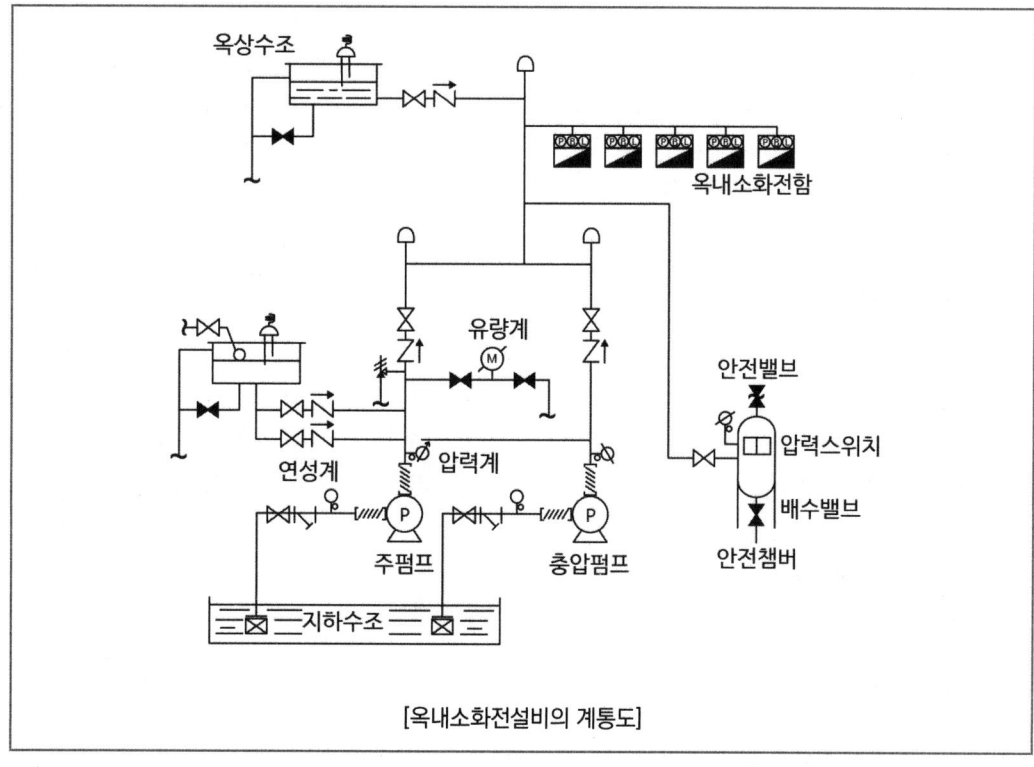

[옥내소화전설비의 계통도]

2. 설치대상

설치대상	기준
특정소방대상물(위험물 저장 및 처리시설 중 가스시설, 스프링클러설비 또는 물분무등소화설비 원격 조정 가능한 업무시설 중 무인변전소 제외)	• 연면적 3000 m² 이상(터널 제외) • 지하층·무창층(축사 제외)으로서 바닥면적 600 m² 이상인 층이 있는 것 • 4층 이상인 층 중에서 바닥면적 600 m² 이상인 층이 있는 것은 모든 층
• 근린생활시설, 판매시설, 운수시설, 의료시설, 노유자시설, 업무시설, 숙박시설, 위락시설, 공장, 창고시설, 항공기 및 자동차 관련 시설, 국방·군사시설, 방송통신시설, 발전시설, 장례시설 • 복합건축물	• 연면적 1500 m² 이상 • 지하층·무창층 또는 4층 이상인 층 중 모든 바닥면적 300 m² 이상인 층이 있는 모든 층
옥상 설치 차고·주차장	차고·주차 용도 사용 부분 면적 200 m² 이상 해당 부분
터널	• 길이 1000 m 이상 • 예상교통량, 경사도 등 터널의 특성을 고려하여 행정안전부령으로 정하는 터널
공장 또는 창고시설	750배 이상의 특수가연물 저장·취급

3. 옥내소화전설비 수원

1) 수원의 양

(1) 소화수조

> 소화수조 수원의 양 = 옥내소화전 설치 개수(최대 2개) × 2.6 m³ 이상
> • 30 ~ 49층 : 설치 개수(최대 5개) × 5.2 m³ 이상
> • 50층 이상 : 설치 개수(최대 5개) × 7.8 m³ 이상

① 방수량 : 130 L/min 이상
② 방수압력 : 0.17 MPa 이상 0.7 MPa 이하
③ 펌프 토출량 : 130 L/min × 설치개수
④ 수원의 양 : 130 L/min × 설치개수 × 20분(40분, 60분)

(2) 옥상수조

$$\text{옥상수조 수원의 양} = \text{수원의 양}[m^3] \times \frac{1}{3}$$

※ 유효수량 외 별도의 유효수량 1/3 이상을 옥상에 저장하여야 한다.

[옥상수조의 설치 제외]
1) 지하층만 있는 건축물
2) 고가수조를 가압송수장치로 설치한 옥내소화전 설비
3) 수원이 건축물의 최상층에 설치된 방수구보다 높은 위치에 설치된 경우
4) 건축물의 높이가 지표면으로부터 10 m 이하인 경우
5) 주펌프와 동등 이상의 성능이 있는 별도의 펌프로서, 내연기관의 기동과 연동하여 작동되거나 비상전원을 연결하여 설치한 경우
6) 가압수조를 가압송수장치로 설치한 옥내소화전설비

4. 가압송수장치의 종류

1) 펌프에 의한 가압송수장치

$$H = h_1 + h_2 + h_3 + 17$$

H : 전 양정[m]
h_1 : 배관, 부속품 마찰손실수두[m]
h_2 : 호스 마찰손실수두[m]
h_3 : 낙차[m]

⑴ 펌프에 의해 가압되는 방식으로서 일반적으로 가장 많이 사용하는 방식
⑵ 별도의 전원공급원이 필요한 방식

※ 출처 : 한국소방안전원

2) 고가수조의 자연낙차에 의한 가압송수장치

$$H = h_1 + h_2 + 17$$

H : 필요한 낙차[m]
h_1 : 소방용 호스 마찰 수두[m]
h_2 : 배관의 마찰 수두[m]

(1) 낙차를 이용하여 규정된 방사조건으로 물을 공급하는 방식
(2) 전원이 불필요한 신뢰도가 가장 높은 방식
(3) 최고층의 소화전에 규정 방수압을 얻을 수 있는 높이에 수조를 설치하여야 하므로 일반 건물에 거의 사용되지 못함

※ 출처 : 한국소방안전원

3) 가압수조에 의한 가압송수장치
   (1) 가압원인 압축공기 또는 불연성 고압기체에 따라 소방용수를 가압시키는 수조를 사용
   (2) 전원이 필요 없는 방식으로, 신뢰도가 우수한 방식
   (3) 가압수조 및 가압원은 별도의 방화구획된 장소에 설치

※ 출처 : 한국소방안전원

4) 압력수조에 의한 가압송수장치

$$P = P_1 + P_2 + P_3 + 0.17$$

P : 필요 압력[Mpa]
P_1 : 소방용 호스 마찰손실 수두압[MPa]
P_2 : 배관 마찰 손실 수두압[MPa]
P_3 : 낙차 환산 수두압[MPa]

(1) 압력탱크 내에 물을 압입하고, 압력탱크 내의 압축된 공기압력에 의하여 송수하는 방식

(2) 전원이 필요 없는 방식으로 신뢰도가 우수

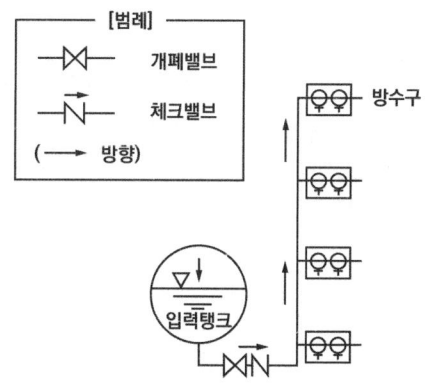

5) 가압송수장치의 비교

구분	펌프방식	고가수조방식	압력수조방식	가압수조방식
비상전원	필요	불필요	불필요	불필요
신뢰성	소	대	중	중
부대시설	많다	적다	많다	적다
적용제한	없다	있다	없다	없다

5. 소방펌프의 종류

구분	주펌프	충압펌프(보조펌프)
설치목적	화재 시 규정 방수압과 유량의 소화수 공급	배관 및 부속품의 연결부의 등에서 정상적인 누수가 발생했을 때 기동하여 배관 내 압력을 채움
성능시험배관	필요	불필요

※ 예비펌프 : 주펌프의 고장, 수리 등에 대비하여 주펌프와 동등 이상의 성능을 가진 펌프로 추가 설치

6. 소방설비 배관 및 밸브

1) 옥내소화전과 옥외소화전의 비교

구분	옥내소화전	옥외소화전
호스구경	40 mm	65 mm
노즐	13 mm	19 mm
수평거리	25 m 이하	40 m 이하

2) 성능시험배관

구분	설치기준
설치위치	펌프의 토출 측 개폐밸브 이전에서 분기
밸브위치	유량계를 기준으로 전단 - 개폐밸브, 후단 - 유량조절밸브
유량계	펌프의 정격토출량의 175 % 이상 측정할 수 있는 성능

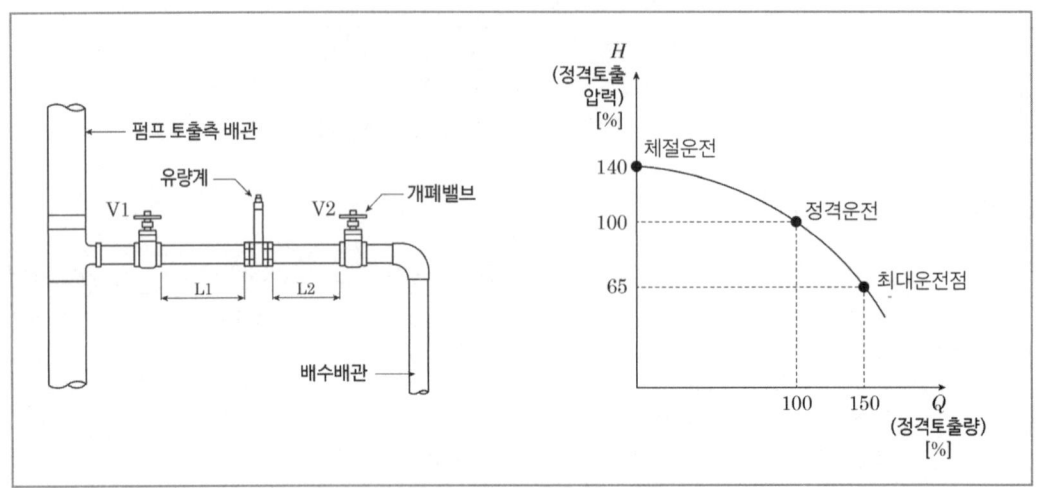

3) 순환배관

 (1) 설치목적 : 체절운전 시 수온이 상승하여 펌프에 무리가 발생하므로 순환배관상의 릴리프밸브를 통해 과압을 방출하여 수온 상승과 그로 인한 캐비테이션(공동현상)을 방지하기 위해
 (2) 분기위치 : 펌프토출 측 체크밸브 이전
 (3) 구경 : 20 mm 이상
 (4) 릴리프밸브의 작동압력 : 체절압력 미만에서 개방

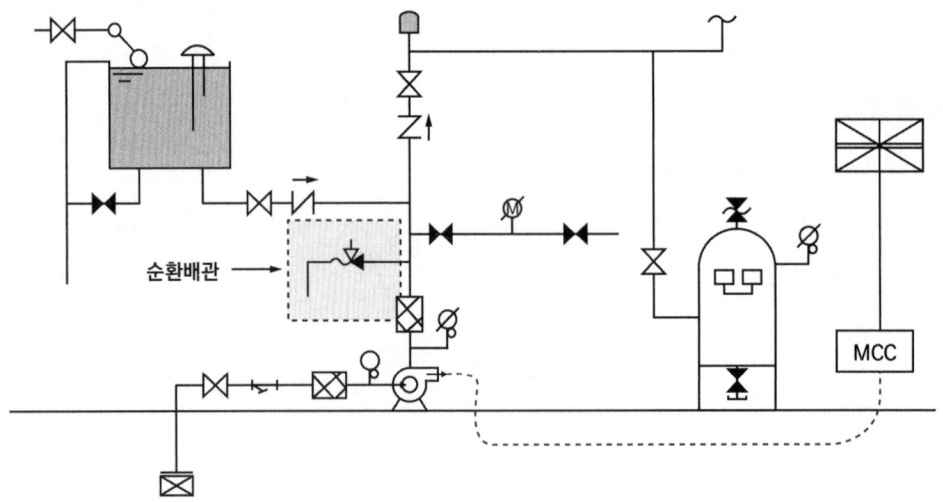

※ 출처 : 한국소방안전원

7. 옥내소화전설비 수조의 설치기준

1) 점검에 편리한 곳에 설치할 것
2) 동결방지조치를 하거나 동결의 우려가 없는 장소에 설치할 것
3) 수조의 외측에 수위계를 설치할 것. 다만 구조상 불가피한 경우에는 수조의 맨홀 등을 통하여 수조 안의 물의 양을 쉽게 확인할 수 있도록 하여야 할 것
4) 수조의 상단이 바닥보다 높은 때에는 수조의 외측에 고정식사다리를 설치할 것
5) 수조가 실내에 설치된 때에는 그 실내에 조명설비를 설치할 것
6) 수조의 밑 부분에는 청소용 배수밸브 또는 배수관을 설치할 것
7) 수조의 외측의 보기 쉬운 곳에 "옥내소화전설비용 수조"라는 표시를 설치할 것

8. 옥내소화전함등의 설치기준

1) 소화전함

   (1) 옥내소화전설비의 함에는 그 표면에 "소화전" 표시
   (2) 보기 쉬운 곳에 사용요령(외국어와 시각적인 그림 포함)을 기재한 표지판 부착
   (3) 표지판을 함의 문에 붙이는 경우에는 문의 내부 및 외부에 모두 부착

2) 방수구

구분	설치기준
위치	층마다 설치
수평거리	25 m 이하(호스릴함)
높이	0.8 m 이상 1.5 m 이하
호스구경	40 mm(호스릴 : 25 mm) 이상

3) 표시등

구분	설치기준
소화전 위치표시등	함의 상부에 설치
펌프 기동표시등	위치표시등 바로 밑쪽에 작은 적색등

9. 기동용 수압개폐장치(압력챔버)

1) 설치목적

   (1) 배관 내 압력 변동을 검지하여 자동적으로 펌프를 기동 및 정지
   (2) 압력챔버 상부의 공기가 완충작용을 하여 급격한 압력변화를 방지
      → 배관 내 수격 방지 및 설비 보호

2) 구성

   (1) 기동용수압개폐장치(압력챔버) : 용적 100 L 이상
   (2) 안전밸브 : 과압방출
   (3) 압력스위치 : 압력의 증감을 전기적 신호로 변환
   (4) 배수밸브 : 압력챔버의 물 배수
   (5) 개폐밸브 : 점검 및 보수 시 급수 차단
   (6) 압력계 : 압력챔버 내 압력 표시

※ 출처 : 한국소방안전원

3) 작동순서

소화전 방수구 개방 ⇨ 배관 내 수압 저하 ⇨ 압력챔버 압력 저하 ⇨ 압력스위치 작동 ⇨ 펌프 기동

10. 물올림장치

1) 기능

수원의 위치가 펌프보다 낮은 경우에만 설치하며, 펌프 흡입 측 배관 및 펌프에 물이 없을 경우 펌프의 공회전을 방지하기 위해 보충수를 공급

2) 설치기준

(1) 물올림장치에는 전용의 탱크를 설치할 것
(2) 탱크의 유효수량은 100 L 이상으로 하되, 구경 15 mm 이상의 급수배관에 따라 해당 탱크에 물이 계속 보급되도록 할 것

11. 제어반의 종류 및 기능

종류	설치기준	그림설명
감시 제어반	1) 목적 소화설비용 수신반으로 감시 및 제어기능 2) 감시제어반의 기능 　(1) 각 펌프의 작동 여부를 확인할 수 있는 표시등 및 음향경보기능이 있어야 할 것 　(2) 각 펌프를 자동 및 수동 작동시키거나 중단시킬 수 있어야 할 것 　(3) 비상전원을 설치한 경우 상용전원 및 비상전원의 공급 여부를 확인할 수 있어야 할 것 　(4) 수조 또는 물올림탱크가 저수위로 될 때 표시등 및 음향으로 경보할 것 　(5) 예비전원이 확보 및 시험장치	
동력 제어반 (MCC : Motor Control Center)	1) 목적 각종 동력(전원)장치의 감시 및 제어기능이 있는 것을 말하며 일반적으로 소화펌프의 직근에 설치 2) 동력제어반의 주요 기능 　(1) 각 펌프의 동력 공급 또는 정지(ON/OFF) 　(2) 각 펌프의 자동 또는 수동기동 3) 동력제어반의 설치기준 　(1) 앞면은 적색 　(2) "옥내소화전설비용 동력제어반" 표시 설치 　(3) 외함은 두께 1.5 mm 이상 강판 또는 이와 동등 이상의 강도·내열성능이 있는 것으로 할 것	

12. 옥내소화전설비 점검

1) 수원의 점검

　(1) 수조의 수위계등을 이용한 수원의 양 적정 여부

　(2) 유효수량 : 타 소화설비와 수원이 겸용인 경우 각각의 소화설비 유효수량을 가산한 양 이상으로 함

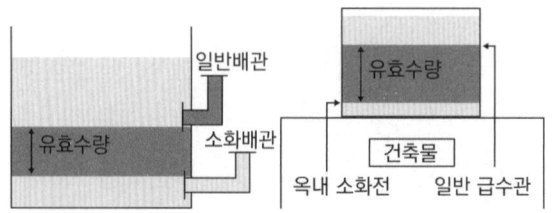

※ 출처 : 한국소방안전원

2) 방수압력 및 방수량 측정

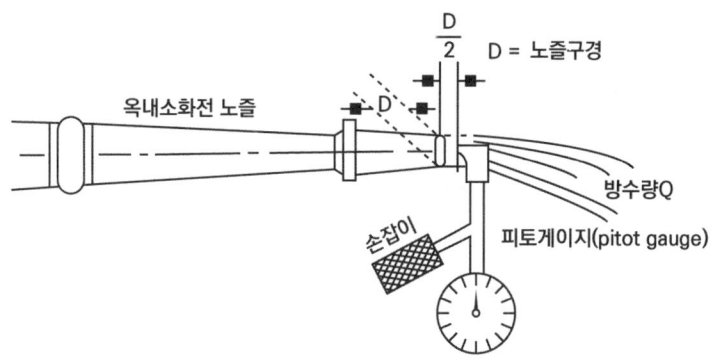

방수압력과 방수량의 측정은 어느 층에 있어서도 2개 이상 설치된 경우에는 2개(설치개수가 1개인 경우에는 1개)를 개방시켜 놓고 측정

구분	측정
방수압력	방수구에 호스를 결속한 상태로 노즐의 선단에 방수압력측정계(피토게이지)를 근접 (D/2)시켜서 측정하여 방수압력측정계(피토게이지)의 압력계상의 눈금 확인
방수량	$Q = 2.065 \times D^2 \times \sqrt{p}$ Q : 분당방수량[L/min] D : 관경 또는 노즐의 구경[mm](옥내소화전 : 13 mm, 옥외소화전 : 19 mm) p : 방수입력[MPa]
주의사항	1) 반드시 직사형 관창을 이용하여 측정 2) 초기 방수 시 물속에 존재하는 이물질이나 공기 등이 완전히 배출된 후에 측정하여야 방수압력측정계(피토게이지)의 입구 구경이 작기 때문에 발생하는 막힘이나 고장 방지 가능 3) 방수입력측정계(피토게이지)는 봉상주수 상태에서 직각으로 측정

3) 펌프성능시험

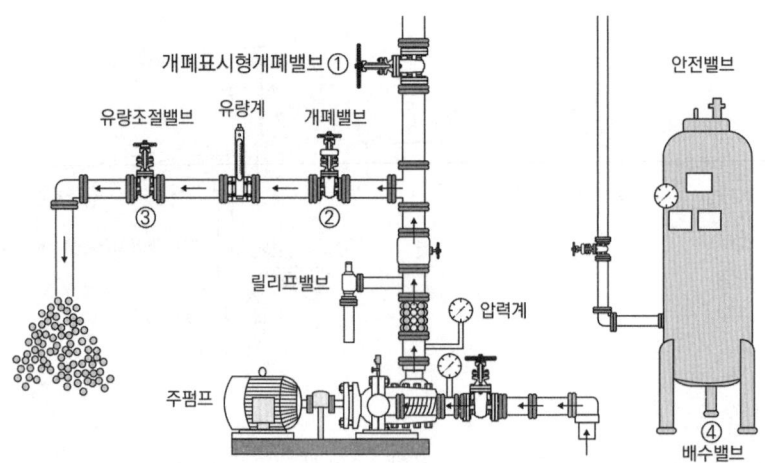

※ 출처 : 한국소방안전원

(1) 체절운전

① 펌프토출 측 밸브[①]와 성능시험배관상의 유량조절밸브[③] 폐쇄 상태, 즉 토출량이 "0"인 상태에서 펌프 기동
② 이때의 압력(체절압력)을 확인하여 정격토출압력의 140 % 이하인지 확인
③ 정격토출압력이 140 %를 초과하는 경우 순환배관상의 릴리프밸브를 개방(조절볼트 반시계방향으로 돌림)하여 정격토출압력의 140 % 이하로 조절

(2) 정격부하운전

① 펌프토출 측 밸브[①] 폐쇄 상태, 성능시험배관상의 개폐밸브[②] 완전 개방, 유량조절밸브[③] 서서히 개방하여 유량계의 지침이 정격토출량의 100 %를 가리킬 때까지 개방
② 압력계상의 압력을 확인하여 정격토출압력의 100 % 이상인지 확인

(3) 최대운전

① 펌프토출 측 밸브[①] 폐쇄 상태, 성능시험배관상의 개폐밸브[②] 완전 개방, 유량조절밸브[③] 더욱 개방하여 유량계의 지침이 정격토출량의 150 %를 가리킬 때까지 개방
② 압력계상의 압력을 확인하여 정격토출압력의 65 % 이상인지 확인

성능시험	유량	압력
체절운전	0	140 % 이하
정격운전	100 %	100 % 이상
최대운전	150 %	65 % 이상

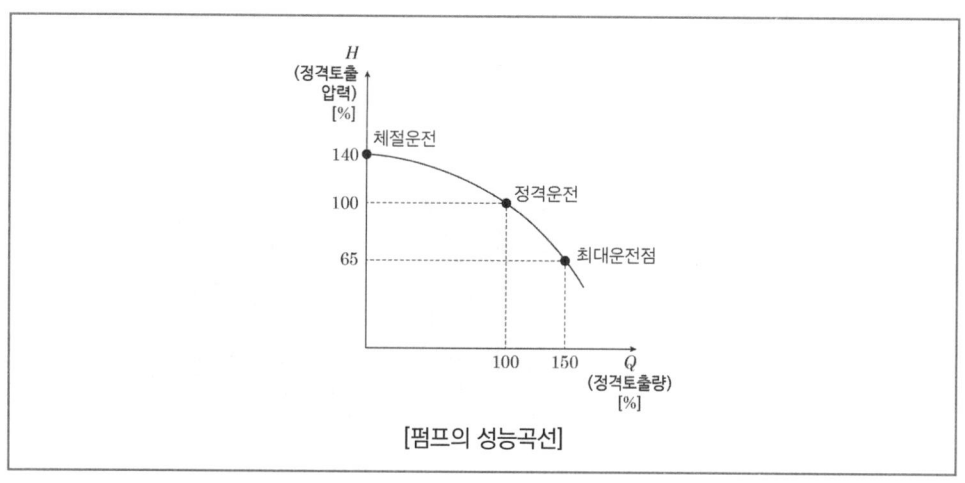

[펌프의 성능곡선]

(4) 펌프성능 판단

펌프성능시험 결과표						
구분		체절운전	정격운전 (100%)	정격유량의 150%운전	적정 여부	설정압력 :
토출량 [L/min]	이론치	0	①	②	1. 체절운전 시 토출압은 정격토출압의 140 % 이하 일 것 ( )	주펌프 기동 :　　MPa 정지 :　　MPa
	실측치	0	측정 후 작성	측정 후 작성	2. 정격운전 시 토출량과 토출압이 규정치 이상일 것 ( ) (펌프 명판 및 설계치 참조)	
토출압 [MPa]	이론치	③	④	⑤		충압펌프 기동 :　　MPa 정지 :　　MPa
	실측치	측정 후 작성	측정 후 작성	측정 후 작성	3. 정격토출량 150 %에서 토출압이 정격토출압의 65 % 이상일 것 ( )	

※ 릴리프밸브 작동 압력 : ⑥ MPa

4) 제어반 점검

자동기동방식의 옥내소화전 설비의 동력제어반(MCC)과 감시제어반(수신기)에는 펌프의 "자동", "정지", "수동"을 선택할 수 있는 스위치가 설치되어 있으며, 펌프의 선택스위치는 동력제어반 및 감시제어반 모두 "자동(연동)"의 위치에 높여 있어야 소화전 사용 시 자동으로 펌프가 기동하여 소화수 공급할 수 있음

(1) 동력제어반의 스위치와 표시등 : 펌프운전선택스위치가 "자동"에 있는 지 확인

(2) 감시제어반의 스위치와 표시등
① 소화전 주펌프와 충압펌프의 운전선택스위치가 "자동"에 있는지 확인한다. 만약 정지 위치에 있다면 화재 시 소화전 밸브를 개방하여도 소화펌프는 작동하지 않으므로 정상위치에 있는지 반드시 확인

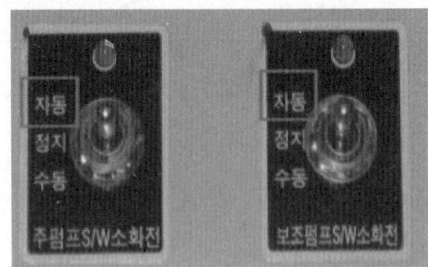

※ 출처 : 한국소방안전원

② 펌프압력스위치 표시등과 저수위감시스위치 표시등이 소등상태인지 확인한다. 만약 소화펌프가 작동되고 있지 않은 상태에서 펌프압력스위치 표시등이 점등되어 있다면 화재가 발생하여도 소화펌프는 작동하지 않으며, 평상시 소화수가 없음을 알려주는 저수위감시표시등이 점등되어 있다면 소화수가 없으므로 소화펌프가 작동된다 하여도 소화수가 나오지 않게 되므로 제어반의 표시등 점등 여부를 주의 깊게 확인한다.

5) 옥내소화전함 점검
(1) 소화전함 주변 장애물 등 사용에 지장을 초래하는 물건적재 여부 확인
(2) 소화전함 상부 기동 표시등 및 사용설명서, 사용요령 표지(외국어 병기) 등 관리상태 여부 확인
(3) 밸브와 호스 연결 및 정리상태 여부 확인

6) 옥내소화전 실습
발신기 누름 ⇨ 함 개방 ⇨ 화점으로 이동 ⇨ 밸브 개방 ⇨ 방수 ⇨ 밸브 폐쇄 ⇨ 동력제어반에서 펌프정지 ⇨ 음지에서 호스 건조 ⇨ 호스 정리

03 옥외소화전설비

1. 개념 및 설치대상, 수원과 배관

1) 개념

건축물의 외부에 설치하여 화재 시 외부에서 인접건축물에 대한 연소 확대 방지를 위해 화재 초기에 소화활동을 할 수 있도록 설치한 소화설비이다.

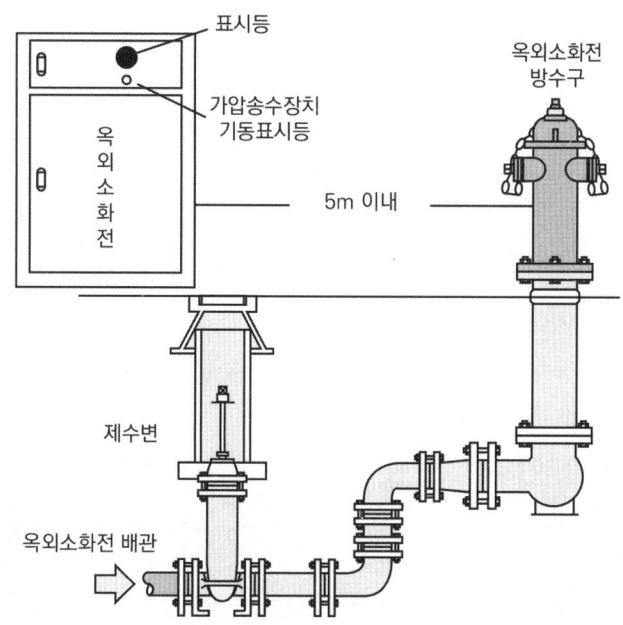

2) 설치대상

(1) 지상 1층 및 2층의 바닥면적의 합계가 9000 m² 이상인 것
(2) 문화유산 중 보물 또는 국보로 지정된 목조건축물
(3) 공장 또는 창고시설로서 750배 이상의 특수가연물을 저장·취급하는 것

※ 옥외소화전설비 설치 제외
① 아파트등
② 위험물 저장 및 처리시설 중 가스시설
③ 지하구 및 터널

3) 수원의 양

> 수원의 양 = 옥외소화전 설치개수(최대 2개) × 7 m³

(1) 방수압력 : 2개의 소화전(설치개수가 1개인 경우에는 1개)을 동시 사용할 경우 각 노즐선단 방수압력 0.25 MPa 이상 0.7 MPa 이하(0.7 MPa 초과 시 감압)
(2) 방수량 : 350 L/min 이상

(3) 펌프 토출량 : 350 L/min × 옥외소화전 설치개수(최대 2개)
(4) 수원의 양 : 350 L/min × 옥외소화전 설치개수(최대 2개) × 20분

4) 옥외소화전
   (1) 호스접결구 : 지면으로부터 높이가 0.5 m 이상, 1 m 이하의 위치
   (2) 수평거리 : 대상물의 각 부분으로부터 하나의 호스접결구까지 40 m 이하
   (3) 옥외소화전함의 호스와 노즐

호스의 구경	65 mm
노즐의 구경	19 mm

2. 옥외소화전함

1) 설치기준
   (1) 소화전함 표면에는 "옥외소화전"이라고 표시한 표지 부착
   (2) 표시등 설치
      ① 위치표시하는 표시등을 함 상부에 설치
      ② 가압송수장치 조작부 또는 그 부근에 기동을 명시하는 적색등 설치
   (3) 소화전함은 소화전으로부터 5 m 이내 설치

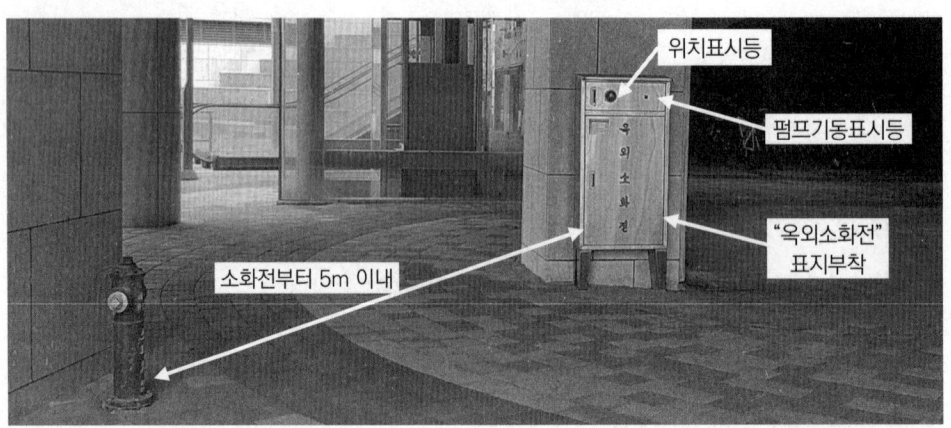

2) 옥외소화전함의 설치개수

옥외소화전	옥외소화전함의 개수
10개 이하	옥외소화전마다 5 m 이내에 1개 이상 설치
11개 이상 30개 이하	11개 이상의 소화전함을 각각 분산하여 설치
31개 이상	옥외소화전 3개마다 1개 이상 설치

04 스프링클러설비

1. 개념 및 설치대상

1) 개념

화재 시 자동감지하여 물의 냉각 및 질식효과를 통해 자동소화하는 소화설비로서 초기소화에 절대적인 소화효과를 가지고 있으며, 조작이 비교적 간단하고 안전하다.

2) 설치대상

설치대상	기준
• 문화 및 집회시설(동·식물원 제외) • 종교시설 • 운동시설(물놀이형 시설 및 바닥이 불연재료이고 관람석이 없는 운동시설은 제외)	• 수용인원 100명 이상 • 영화상영관 바닥면적 : 지하층·무창층 500 m² (그 외 1000 m²) 이상 • 무대부 : 지하층·무창층, 4층 이상 300 m²(그 외 500 m²) 이상
• 판매시설, 운수시설 • 창고시설(물류터미널)	• 수용인원 500명 이상 • 바닥면적 합계 5000 m² 이상
6층 이상인 특정소방대상물	전 층
• 의료시설(정신의료기관, 종합병원, 병원, 치과병원, 한방병원, 요양병원) • 노유자시설 • 숙박 가능한 수련시설 • 숙박시설 • 산후조리원, 조산원	바닥면적 합계 600 m² 이상인 것은 모든 층
지하상가	연면적 1000 m² 이상
기숙사(교육연구시설·수련시설 내에 있는 학생 수용을 위한 것), 복합건축물	연면적 5000 m² 이상인 모든 층
특수가연물 저장·취급 시설	지정수량 1000배 이상
랙식 창고의 높이가 10 m 초과	바닥면적 또는 랙이 설치된 부분의 합계가 1500 m² 이상인 경우 모든 층
전기저장시설, 교정 및 군사시설 중 보호감호소, 교도소, 구치소 및 그 지소, 보호관찰소, 갱생보호시설, 치료감호시설, 소년원 및 소년분류심사원의 수용거실, 보호시설(외국인보호소의 경우에는 보호대상자의 생활공간으로 한정), 유치장	-

2. 수원

1) 헤드의 기준개수

설치장소			기준개수
지하층을 제외한 층수가 10층 이하인 소방대상물			
용도	공장	특수가연물 저장·취급하는 것	30개
		그 밖의 것	20개
	근린생활시설, 판매시설·운수시설 또는 복합건축물	판매시설 또는 복합건축물 (판매시설 설치되는 복합건축물)	30개
		그 밖의 것	20개
	그 밖의 것	헤드의 부착높이 8 m 이상의 것	20개
		헤드의 부착높이 8 m 미만의 것	10개
지하층을 제외한 층수가 11층 이상인 소방대상물(아파트 제외)·지하가 또는 지하역사			30개

※ 아파트 : 기준개수 10개(단, 아파트등의 각 동이 주차장으로 서로 연결된 구조인 경우 해당 주차장 부분의 기준개수는 30개이다)

2) 수원의 양(폐쇄형 헤드)

$$수원량[m^3] = 헤드\ 기준\ 개수 \times 1.6\ m^3$$
- 30 ~ 49층 : $3.2\ m^3$
- 50층 이상 : $4.8\ m^3$

(1) 방수압력 : 0.1 MPa 이상, 1.2 MPa 이하
(2) 방수량 : 80 L/min 이상
(3) 수원의 양 : 80 L/min × 헤드의 기준개수 × 20분(40분, 60분)

3) 수원의 양(개방형 헤드)

(1) 최대 방수구역에 설치된 헤드의 개수 30개 이하 : 헤드 기준 개수 × $1.6\ m^3$
(2) 30개 초과 : 수리계산에 따를 것

3. 스프링클러설비의 헤드

1) 헤드의 구조

(1) 감열체 : 정상상태에서는 방수구를 막고 있으나 열에 의해서 일정온도 도달 시 파괴 또는 용융되어 방수구가 열려 스프링클러헤드가 작동(퓨즈블링크형, 유리벌브형)
(2) 프레임(Frame) : 헤드 나사부분과 디플렉터의 연결이음쇠
(3) 디플렉터(Deflector) : 헤드의 방수구에서 유출되는 물을 세분화시키는 작용

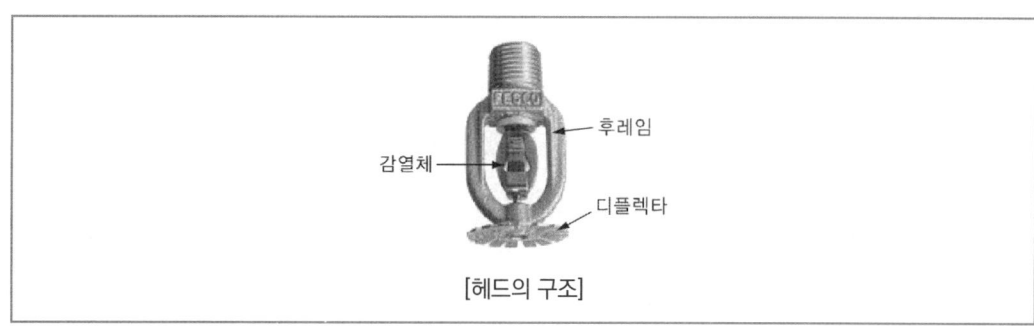

[헤드의 구조]

2) 헤드의 종류

   (1) 감열체 유무에 따른 분류

구분	특징	헤드
폐쇄형 스프링클러헤드	감열체가 일정온도에서 자동으로 파괴, 융해되어 방수구가 개방	
개방형 스프링클러헤드	감열체가 없이 방수구가 항시 개방	

   (2) 부착방식에 따른 분류

구분	특징	종류
상향형	• 반자가 없는 곳에 설치 • 분사패턴이 가장 우수 • 준비작동식, 건식에 적용	
하향형	• 반자가 있는 곳에 설치 • 습식에 적용 • 가지관 상부에서 분기하여 회향식으로 설치	
측벽형	• 실내의 벽 상부에 설치(벽의 폭이 9 m 이하인 경우) • 분사패턴은 축을 중심으로 반원상 균일 방사	

4. 배관 및 유수검지장치

1) 배관

   (1) **가지배관** : 스프링클러설비가 설치되어 있는 배관

   ① 토너먼트방식이 아닐 것
   ② 교차배관에서 분기되는 지점을 기준으로 한쪽 가지배관에 설치되는 헤드의 개수 : 8개 이하

   (2) **교차배관** : 직접 또는 수직배관을 통하여 가지배관에 급수하는 배관

   ① 위치 : 가지배관과 수평 또는 밑에 설치
   ② 교차배관 끝에 청소구를 설치하고 나사보호용의 캡으로 마감

   (3) 배관부속품, 물올림장치, 순환배관, 펌프성능시험배관은 옥내소화전설비 준용

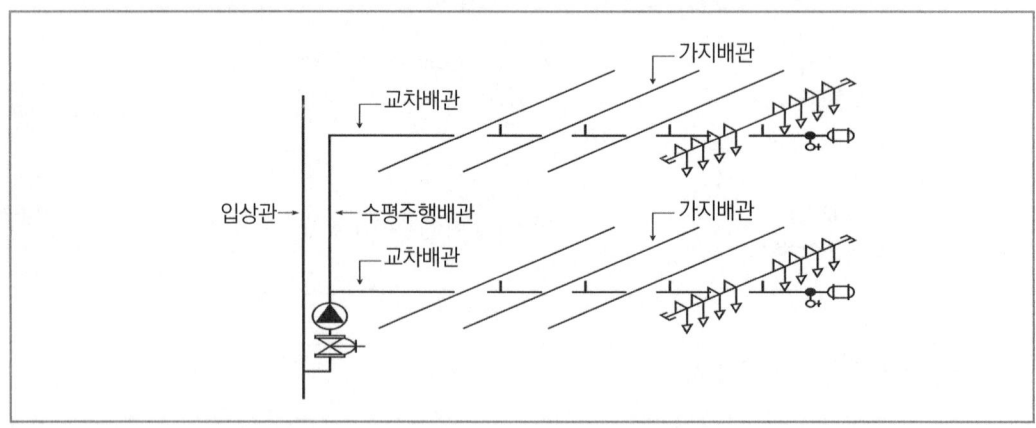

2) 유수검지장치

배관 내의 유수현상을 자동검지하여 신호 또는 경보를 발하는 장치로 습식, 건식, 준비작동식으로 구분된다.

5. 스프링클러설비의 종류

구분	1차 측 (밸브 기준)	2차 측 (밸브 기준)	헤드 종류	밸브의 종류(명칭)	감지기 설치
습식	가압수	가압수	폐쇄형	습식 유수검지장치	×
건식	가압수	압축공기 또는 질소	폐쇄형	건식 유수검지장치	×
준비작동식	가압수	대기압	폐쇄형	준비작동식 유수검지장치	○
일제살수식	가압수	대기압	개방형	일제개방밸브 (델류지밸브)	○
부압식	가압수 (정압)	소화수 (부압)	폐쇄형	준비작동식 유수검지장치	○

1) 습식 스프링클러설비

(1) 습식밸브(알람밸브) 기준으로 1차 측과 2차 측 배관이 가압수로 유지

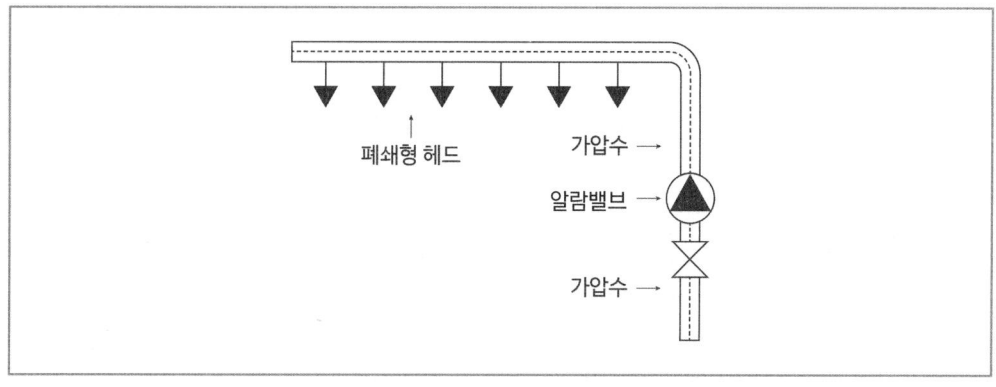

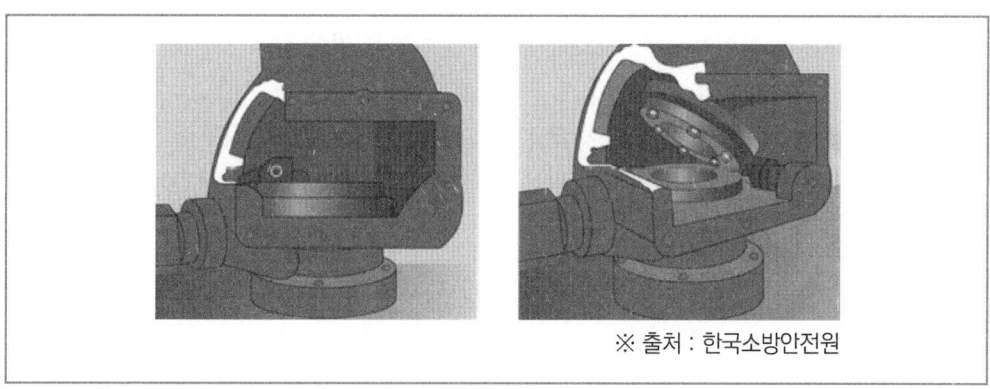

※ 출처 : 한국소방안전원

(2) 작동순서

화재 발생
⇩
열에 의해 폐쇄형 헤드 개방 및 방수
⇩
2차 측 배관 압력 저하
⇩
1차 측 압력에 의해 습식 유수검지장치(습식밸브)의 클래퍼 개방
⇩
습식밸브의 압력스위치 작동
⇩
사이렌 경보, 감시제어반의 화재표시등 및 밸브개방표시등 점등
⇩
배관 내 압력저하로 기동용 수압개폐장치(압력챔버)의 압력스위치 작동
⇩
펌프기동

(3) 특징
 ① 감지기가 없는 설비로서 구조가 간단하고, 공사비 저렴하여 가장 많이 사용
 ② 소화가 빠르고 유지관리 용이
 ③ 동결 우려 장소 사용 제한
 ④ 헤드 오동작 시 수손피해 및 배관 부식 우려

(4) 비화재 시 알람밸브의 경보로 인한 혼선 방지를 위한 장치
 ① 구형 : 리타딩챔버 설치
 ② 신형 : 최근 생산되는 알람밸브는 대부분 압력스위치 내부에 지연회로가 설치(약 4 ~ 7초 정도 지연)되어 출고되고 있으며, 일부 제품의 경우 지연시간 조절 가능

2) 건식 스프링클러설비
 (1) 건식밸브 기준으로 1차 측 배관은 가압수, 2차 측 배관은 압축공기 또는 축압된 질소 등의 기체상태로 유지

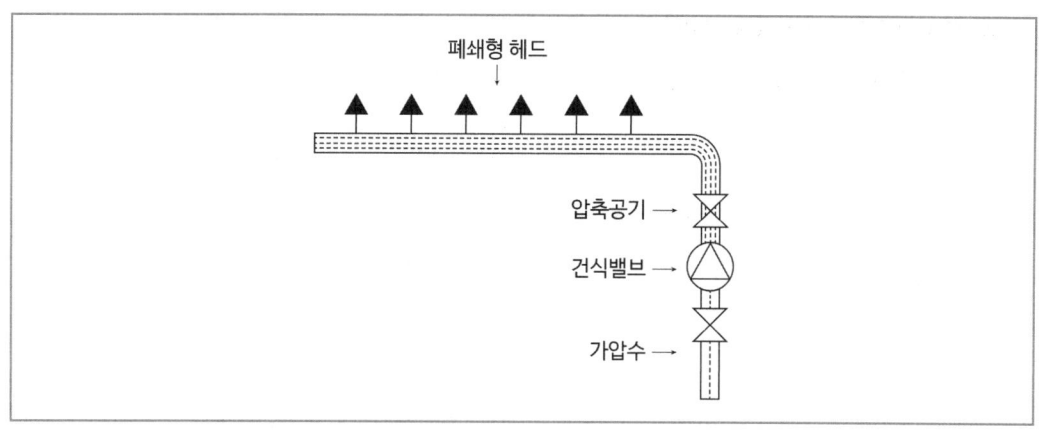

(2) 작동순서

> 화재 발생
> ⇩
> 열에 의해 폐쇄형 헤드 개방 및 압축공기 방출
> ⇩
> 2차 측 배관 압력 저하
> ⇩
> 1차 측 압력에 의해 건식 유수검지장치(건식밸브)의 클래퍼 개방
> ⇩
> 1차 측 가압수의 2차 측으로의 유수를 통해
> 헤드로 방출 및 건식밸브의 압력스위치 작동
> ⇩
> 사이렌 경보, 감시제어반의 화재표시등 및 밸브개방표시등 점등
> ⇩
> 배관 내 압력저하로 기동용 수압개폐장치(압력챔버)의 압력스위치 작동
> ⇩
> 펌프기동

(3) 특징

① 동결 우려 장소 및 옥외 사용 가능
② 살수개시 시간 지연 및 복잡한 구조
③ 화재초기 압축공기에 의한 화재 확대 우려
④ 일반헤드인 경우 상향형으로 시공

3) 준비작동식 스프링클러설비

(1) 준비작동식밸브(프리액션밸브) 기준으로 1차 측은 가압수, 2차 측은 대기압 상태로 유지

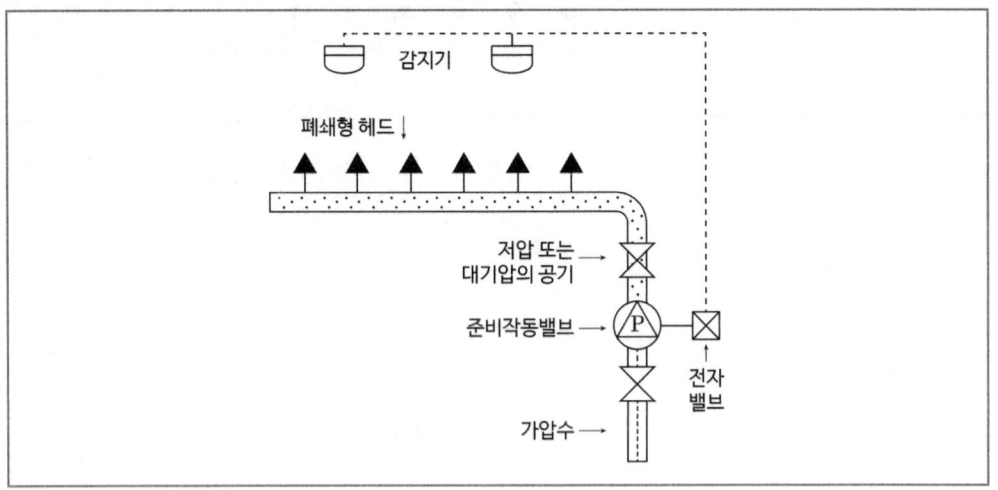

(2) 작동순서

화재 발생
⇩
교차회로 방식의 A or B 감지기 작동 (경종 또는 사이렌 경보, 감시제어반의 화재표시등 점등)
⇩
A and B 감지기 모두 작동
⇩
준비작동식 유수검지장치(준비작동식 밸브)의 전자밸브(솔레노이드밸브) 작동
⇩
중간챔버에 채워져 있던 물이 배수되며(감압) 준비작동식 밸브 개방
⇩
1차 측 가압수의 2차 측으로의 유수를 통해 준비작동식 밸브의 압력스위치 작동
⇩
감시제어반의 밸브개방표시등 점등
⇩
감열에 의한 폐쇄형 헤드 개방
⇩
배관 내 압력저하로 기동용수압개폐장치(압력챔버)의 압력스위치 작동
⇩
펌프기동

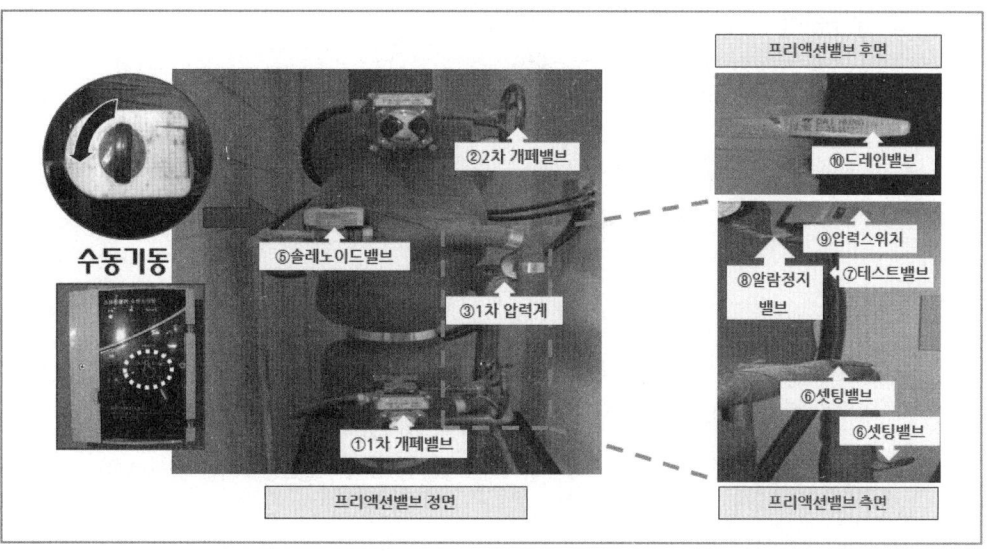

(3) 특징

① 동결 우려 장소 사용 가능
② 헤드 오동작(개방) 시 수손피해 우려 없음
③ 헤드개방 전 경보로 조기 대처 용이
④ 감지장치로 교차회로 감지기 별도 시공 필요
⑤ 구조 복잡, 시공비 고가
⑥ 2차 측 배관 부실시공 우려

4) 일제살수식 스프링클러설비

(1) 일제살수식밸브(델류지밸브) 기준으로 1차 측은 가압수, 2차 측은 대기압 상태로 유지

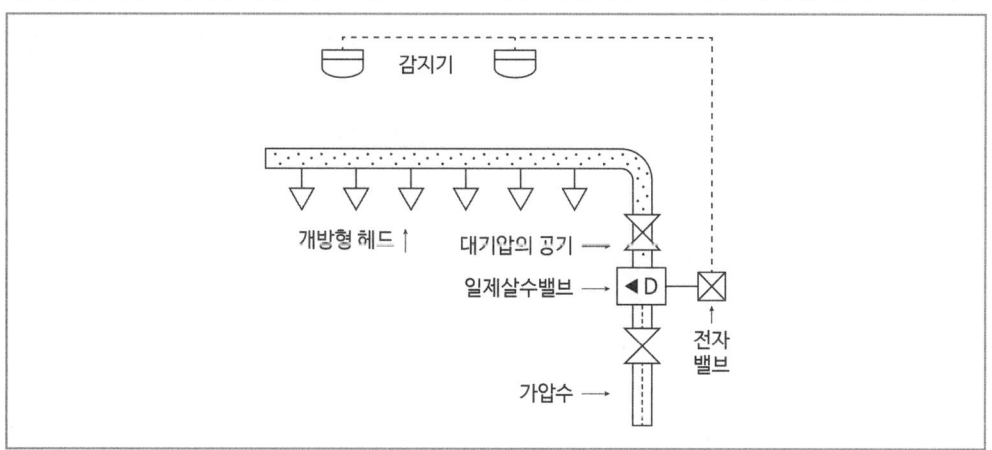

(2) 작동순서

화재 발생
⇩
교차회로 방식의 A or B 감지기 작동
(경종 또는 사이렌 경보, 감시제어반의 화재표시등 점등)
⇩
A and B 감지기 모두 작동
⇩
일제살수식 유수검지장치(일제개방밸브)의
전자밸브(솔레노이드밸브) 작동
⇩
중간챔버에 채워져 있던 물이 배수되며(감압) 일제개방밸브 개방
⇩
1차 측 가압수의 2차 측으로의 유수를 통해
일제개방밸브의 압력스위치 작동
⇩
감시제어반의 밸브개방표시등 점등
⇩
모든 개방형 헤드에서 소화수 방출
⇩
배관 내 압력저하로 기동용 수압개폐장치(압력챔버)의 압력스위치 작동
⇩
펌프기동

(3) **특징**
① 초기화재에 신속 대처 용이
② 층고가 높은 장소에서도 소화 가능
③ 대량 살수로 수손 피해 우려
④ 감지장치로 교차회로 감지기 별도 시공 필요

6. 스프링클러설비의 점검

1) 습식 스프링클러설비 점검

　(1) 준비

　　① 알람밸브 작동 시 경보로 인한 혼란 방지를 위해 사전 통보 후 점검 실시
　　② 수신반에서 경보스위치를 정지시킨 후 시험 실시

　(2) 작동

　　① 시험밸브 개방하여 가압수 배출

※ 출처 : 한국소방안전원

　　② 알람밸브 2차 측 압력이 저하되어 클래퍼 개방(작동)

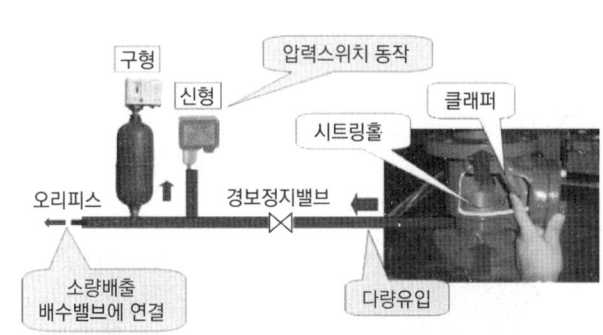 

※ 출처 : 한국소방안전원

　　③ 시트링홀에 가압수가 유입되어 지연장치에 의해 설정시간 지연 후 압력스위치 작동

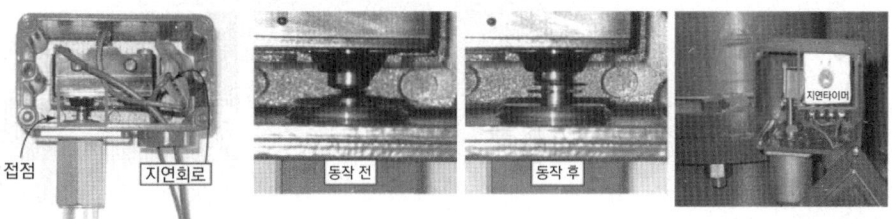

※ 출처 : 한국소방안전원

(3) 확인사항
　① 감시제어반(수신반) 화재표시등 및 해당구역 밸브개방표시등 점등 확인
　② 해당 방호구역의 경보(사이렌) 상태 확인
　③ 소화펌프 자동기동 여부 확인

(4) 복구
　① 펌프 자동정지 시(2006년 12월 30일 이전)
　　㉠ 시험밸브 폐쇄하면 자동으로 주펌프 정지
　　㉡ 가압수에 의해 2차 측 배관이 가압되면 클래퍼가 자동으로 복구되며 배관 내 압력을 채운 뒤 펌프 자동 정지
　② 펌프 수동정지 시(2006년 12월 30일 이후)
　　㉠ 시험밸브 폐쇄 후 충압펌프는 자동상태로 두고, 주펌프만 수동 정지
　　㉡ 가압수에 의해 2차 측 배관이 가압되면 클래퍼가 자동으로 복구되며 배관 내 압력을 채운 뒤 충압펌프는 자동 정지

2) 준비작동식 스프링클러설비 점검
　(1) 준비
　　① 알람밸브 작동 시 경보로 인한 혼란 방지를 위해 사전 통보 후 점검 실시
　　② 수신반에서 경보스위치를 정지시킨 후 시험 실시
　　③ 2차 측 개폐밸브를 잠그고 배수밸브 개방상태로 점검

　(2) 준비작동식밸브 작동
　　① 해당 방호구역의 교차회로 감지기 2개 회로 작동
　　② 수동조작함(SVP : 슈퍼비조리판넬)의 수동조작스위치 작동
　　③ 밸브 자체에 부착된 수동기동밸브 개방

※ 출처 : 한국소방안전원

④ 감시제어반(수신반)측의 준비작동식 유수검지장치 수동기동스위치 작동

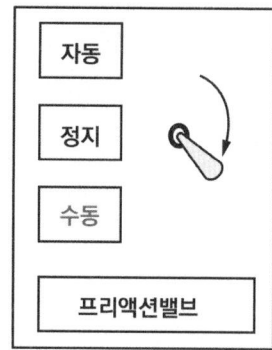 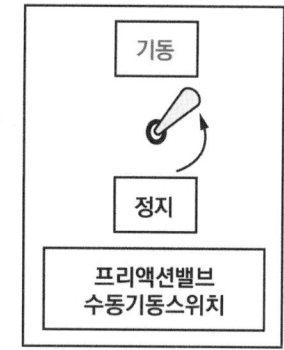

⑤ 감시제어반(수신반)에서 동작시험스위치 및 회로선택스위치로 해당 방호구역의 교차회로 감지기 2개 회로 작동

(3) 확인사항

① 감지기 1개 회로 작동 시
　㉠ 감시제어반(수신반) 화재표시등, 해당 감지기 지구표시등 점등
　㉡ 경종 또는 사이렌 경보
② 감지기 2개 회로 작동 시
　㉠ 전자밸브(솔레노이드밸브) 작동
　㉡ 준비작동식밸브 개방으로 배수밸브로 배수
　㉢ 감시제어반(수신반) 밸브개방표시등 점등
　㉣ 사이렌 경보
　㉤ 펌프 자동기동

3) 성능시험배관

구분	설치기준
설치위치	펌프의 토출 측 개폐밸브 이전에서 분기
밸브위치	유량계를 기준으로 전단 - 개폐밸브, 후단 - 유량조절밸브
유량계	펌프의 정격토출량의 175 % 이상 측정할 수 있는 성능

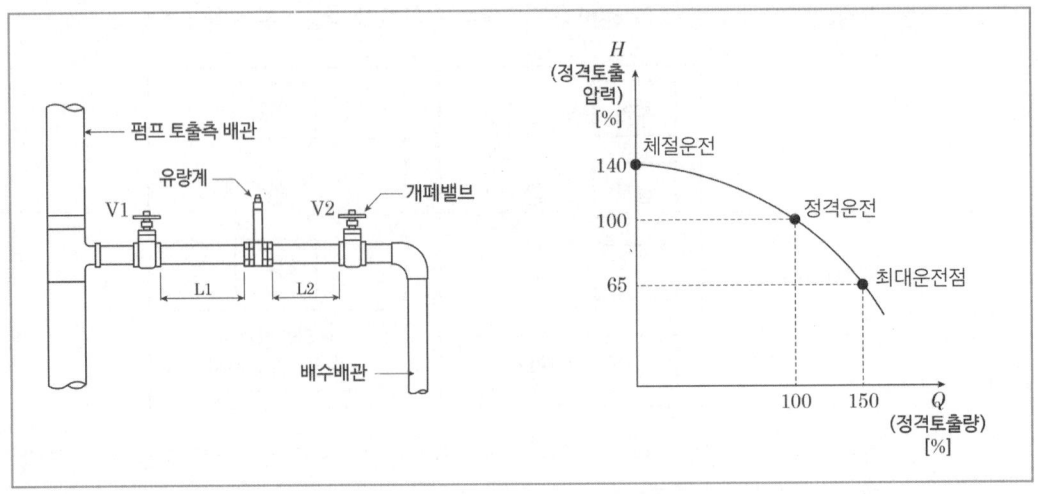

4) 펌프성능시험

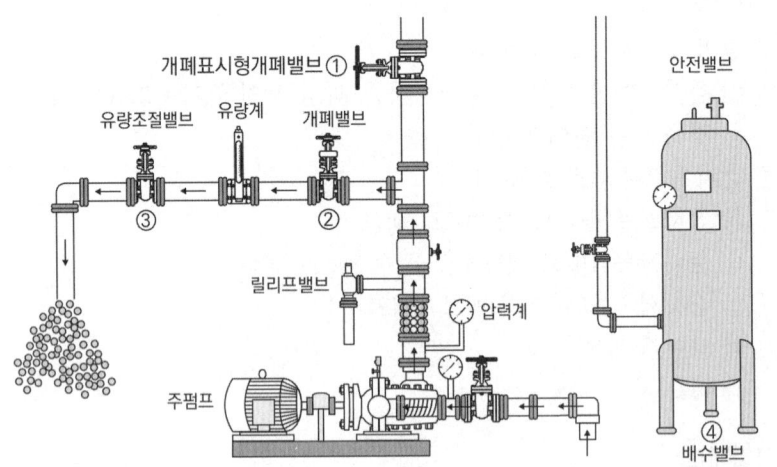

※ 출처 : 한국소방안전원

(1) 체절운전

① 펌프토출 측 밸브[①]와 성능시험배관상의 유량조절밸브[③] 폐쇄 상태, 즉 토출량이 "0"인 상태에서 펌프 기동

② 이때의 압력(체절압력)을 확인하여 정격토출압력의 140 % 이하인지 확인

③ 정격토출압력이 140 %를 초과하는 경우 순환배관상의 릴리프밸브를 개방(조절볼트 반시계방향으로 돌림)하여 정격토출압력의 140 % 이하로 조절

(2) 정격부하운전

① 펌프토출 측 밸브[①] 폐쇄 상태, 성능시험배관상의 개폐밸브[②] 완전 개방, 유량조절밸브[③] 서서히 개방하여 유량계의 지침이 정격토출량의 100 %를 가리킬 때까지 개방

② 압력계상의 압력을 확인하여 정격토출압력의 100 % 이상인지 확인

(3) 최대운전

① 펌프토출 측 밸브[①] 폐쇄 상태, 성능시험배관상의 개폐밸브[②] 완전 개방, 유량조절 밸브[③] 더욱 개방하여 유량계의 지침이 정격토출량의 150 %를 가리킬 때까지 개방
② 압력계상의 압력을 확인하여 정격토출압력의 65 % 이상인지 확인

성능시험	유량	압력
체절운전	0	140 % 이하
정격운전	100 %	100 % 이상
최대운전	150 %	65 % 이상

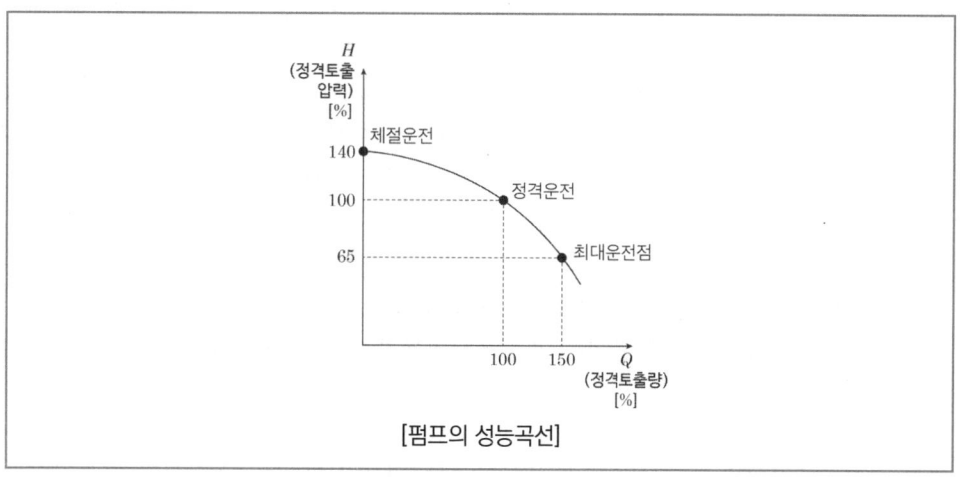

[펌프의 성능곡선]

(4) 펌프성능 판단

펌프성능시험 결과표					
구분		체절운전	정격운전 (100%)	정격유량의 150%운전	적정 여부
토출량 [L/min]	이론치	0	①	②	1. 체절운전 시 토출압은 정격토출압의 140 % 이하일 것 (　) 2. 정격운전 시 토출량과 토출압이 규정치 이상일 것 (　) (펌프 명판 및 설계치 참조) 3. 정격토출량 150 %에서 토출압이 정격토출압의 65 % 이상일 것 (　)
	실측치	0	측정 후 작성	측정 후 작성	
토출압 [MPa]	이론치	③	④	⑤	
	실측치	측정 후 작성	측정 후 작성	측정 후 작성	

설정압력 :

주펌프
기동 :　　MPa
정지 :　　MPa

충압펌프
기동 :　　MPa
정지 :　　MPa

※ 릴리프밸브 작동 압력 : ⑥ MPa

5) 수원 및 가압송수장치의 펌프 등의 겸용

(1) 스프링클러설비의 수원을 옥내소화전설비·간이스프링클러설비·화재조기진압용 스프링클러설비·물분무소화설비·포소화설비 및 옥외소화전설비의 수원을 겸용하여 설치하는 경우의 저수량은 각 소화설비에 필요한 저수량을 합한 양 이상이 되도록 해야 한다. 다만 이들 소화설비 중 고정식 소화설비(펌프·배관과 소화수 또는 소화약제를 최종 방출하는 방출구가 고정된 설비를 말한다. 이하 같다)가 2 이상 설치되어 있고, 그 소화설비가 설치된 부분이 방화벽과 방화문으로 구획되어 있는 경우에는 각 고정식 소화설비에 필요한 저수량 중 최대의 것 이상으로 할 수 있다.

(2) 스프링클러설비의 가압송수장치로 사용하는 펌프를 옥내소화전설비·간이스프링클러설비·화재조기진압용 스프링클러설비·물분무소화설비·포소화설비 및 옥외소화전설비의 가압송수장치와 겸용하여 설치하는 경우의 펌프의 토출량은 각 소화설비에 해당하는 토출량을 합한 양 이상이 되도록 해야 한다. 다만 이들 소화설비 중 고정식 소화설비가 2 이상 설치되어 있고, 그 소화설비가 설치된 부분이 방화벽과 방화문으로 구획되어 있으며 각 소화설비에 지장이 없는 경우에는 펌프의 토출량 중 최대의 것 이상으로 할 수 있다.

(3) 옥내소화전설비·스프링클러설비·간이스프링클러설비·화재조기진압용 스프링클러설비·물분무소화설비·포소화설비 및 옥외소화전설비의 가압송수장치에 있어서 각 토출 측 배관과 일반급수용의 가압송수장치의 토출측 배관을 상호 연결하여 화재 시 사용할 수 있다. 이 경우 연결배관에는 개폐표시형밸브를 설치해야 하며, 각 소화설비의 성능에 지장이 없도록 해야 한다.

(4) 스프링클러설비의 송수구를 옥내소화전설비·간이스프링클러설비·화재조기진압용 스프링클러설비·물분무소화설비·포소화설비 또는 연결살수설비의 송수구와 겸용으로 설치하는 경우에는 스프링클러설비의 송수구의 설치기준에 따르되 각각의 소화설비의 기능에 지장이 없도록 해야 한다.

05 이산화탄소소화설비

1. 약제종류에 의한 분류

1) 이산화탄소 소화설비

   (1) 이산화탄소를 일정한 고압용기에 저장해두었다가 화재 시 수동 또는 자동으로 분사하여 질식 및 냉각효과에 의한 소화를 목적으로 하는 설비

   (2) 고압식과 저압식으로 구분되며, 일반 건물에는 고압식을 주로 사용

저압식	고압식
자동냉동장치를 설치하여 −18 ℃ 이하에서 2.1 MPa 압력 유지	저장용기에 액상으로 저장하고 2.1 MPa 이상의 압력으로 방사

   (3) 이산화탄소 소화설비의 장·단점

장점	단점
① 가연물 내부에서 연소하는 심부화재에 적합 ② 화재진화 후 깨끗함 ③ 피연소물에 피해가 적음 ④ 비전도성이므로 전기화재에 적합	① 질식의 우려 ② 방사 시 동상의 우려와 큰 소음 ③ 설비가 고압으로 특별한 주의와 관리가 필요

2) 할론소화설비

   (1) 불연성 가스인 할론 소화약제를 사용하여 화재 발생 시 할로겐 원자의 억제작용에 의하여 질식·냉각작용 및 연쇄반응을 억제하는 소화설비

   (2) 축압식과 가압식으로 구분

3) 할로겐화합물 및 불활성 기체 소화설비

   (1) 불연성 가스인 할론 소화약제를 사용하여 화재 발생 시 할로겐 원자의 억제작용에 의하여 질식·냉각작용 및 연쇄반응을 억제하는 소화설비

   (2) 할로겐화합물(할론 1301, 할론 2402, 할론 1211 제외) 및 불활성기체 계열의 소화약제를 이용하여 소화하는 설비

2. 약제방출방식에 의한 분류

전역방출방식	국소방출방식	호스릴방식
고정식 이산화탄소 공급장치에 배관 및 분사헤드를 고정 설치하여, 밀폐 방호구역 내에 이산화탄소를 방출하는 설비	고정식 이산화탄소 공급장치에 배관 및 분사헤드를 설치하여, 직접 화점에 이산화탄소를 방출하는 설비로 화재 발생 부분에만 집중적으로 소화약제를 방출하도록 설치하는 방식	분사헤드가 배관에 고정되어 있지 않고 소화약제 저장용기에 호스를 연결하여, 사람이 직접 화점에 소화약제를 방출하는 이동식 소화설비
※ 출처 : 한국소방안전원	※ 출처 : 한국소방안전원	※ 출처 : 한국소방안전원

3. 가스계소화설비의 주요 구성요소 및 작동순서

1) 주요 구성요소

구성요소	설명
저장용기	약제를 저장하는 용기, 기밀시험과 내압시험에 합격한 제품 사용
기동용 가스용기 (기동용기)	가장 일반적으로 사용되는 기동방식으로 감지기 동작신호에 따라 솔레노이드밸브의 파괴침이 작동하면 기동용기의 기동용 가스가 동관을 통하여 방출되어 저장용기의 봉판을 파괴하여 소화약제 방출 ※ 출처 : 한국소방안전원

구성요소	설명
솔레노이드밸브 (전자밸브)	① 전기적인 신호에 의하여 자동으로 격발되는 자동방식과 수동으로 안전핀을 뽑고 솔레노이드밸브의 수동조작버튼을 눌러서 격발하는 수동방식으로 구분 ② 솔레노이드밸브가 작동하면 파괴침이 기동용기밸브의 봉판을 파괴하고 기동용 가스가 방출 ※ 출처 : 한국소방안전원
압력스위치	가스관 선택밸브 2차 측에 설치하여, 소화약제 방출 시의 압력을 이용하여 접점신호를 형성하여 감시제어반에 입력시켜 방출표시등 점등 ※ 출처 : 한국소방안전원
선택밸브	2개소 이상의 방호구역 또는 방호대상물에 대해 소화약제 저장용기를 공용으로 사용하는 경우에 사용하는 밸브로서 자동 또는 수동개방장치에 의해 개방 ※ 출처 : 한국소방안전원

구성요소	설명
수동조작함 (수동식 기동장치)	화재 시 수동조작에 의해 소화약제를 방출하는 기능의 기동스위치와 오동작 시 방출을 지연시킬 수 있는 방출지연스위치, 보호장치, 전원표시등이 함께 내장된 조작함 ※ 출처 : 한국소방안전원
방출표시등	소화약제 방출압에 의한 압력스위치 작동에 의해 점등되어 방호구역 안으로 거주자의 진입을 방지할 목적으로 설치
방출헤드	전역방출방식인 경우 넓은 지역에 균일하게 방사하는 천장형과 국소지점만 방사하는 나팔형, 측벽형 등이 있음

2) 작동순서

 (1) 화재발생
 (2) 감시제어반(수신반)에서 화재표시등 점등, 해당 방호구역 사이렌 경보, 환기팬 정지
   ① 자동 : 방호구역의 교차회로 A and B 감지기 모두 작동
   ② 수동 : 방호구역의 출입구 인근 수동조작함의 수동조작버튼 누름
 (3) 지연장치 동작(30초) : 방호구역 내 인명의 피난시간 부여
 (4) 기동용기함 내의 솔레노이드밸브(전자밸브) 작동(격발)
 (5) 기동용 가스용기 개방
 (6) 선택밸브 개방 및 약제 저장용기 개방
 (7) 소화약제 방출
   ① 소화약제 흐름 : 집합관 → 선택밸브 개방 → 배관 → 분사헤드
   ② 방출되는 약제 일부는 압력스위치를 동작시켜 방출표시등 점등 및 자동폐쇄장치(피스톤릴리저댐퍼) 동작으로 방호구역 완전 폐쇄

4. 가스계소화설비의 점검

 1) 점검 전 안전조치

   (1) 기동용기에서 선택밸브에 연결된 조작동관 분리
   (2) 기동용기에서 저장용기에 연결된 개방용 동관 분리
   (3) 제어반의 솔레노이드밸브 연동정지
   (4) 솔레노이드밸브 안전핀 체결 후 분리, 안전핀 제거 후 격발 준비

2) 점검 및 확인
  (1) 솔레노이드밸브 격발 시험방법
      ① 수동조작버튼 작동 : 솔레노이드밸브에 부착된 안전핀 제거 후 버튼 누르면 즉시 격발
      ② 수동조작함 작동 : 방호구역 출입문 인근에 있는 수동조작함의 기동스위치를 누르면 30초 지연시간 이후 격발
      ③ 교차회로 감지기 동작 : 30초 지연시간 이후 격발
      ④ 감시제어반(수신반)에서 수동조작스위치 동작 : 솔레노이드밸브 선택스위치를 수동위치로 전환 후 정지에서 기동위치로 전환하여 동작시키면 30초 지연시간 이후 격발
  (2) 동작사항 확인
      ① 감시제어반(수신반)에서 화재표시 확인
      ② 경보(사이렌)발령 여부 확인
      ③ 지연장치의 지연시간(30초) 체크 확인
      ④ 솔레노이드밸브 작동 여부 확인
      ⑤ 자동폐쇄장치 작동 및 환기장치 정지 여부 확인
  (3) 방출표시등 작동시험방법
      ① 압력스위치 테스트 버튼을 당김
      ② 방출표시등 작동 확인
          ㉠ 방호구역 출입문 상단 방출표시등 점등 확인
          ㉡ 수동조작함 방출등(적색) 점등 확인
          ㉢ 감시제어반(수신반) 방출표시등 점등 확인
      ③ 테스트 버튼 다시 눌러 복구

5. 부취제

방호구역 내에 이산화탄소 소화약제가 방출되는 경우 후각을 통해 이를 인지할 수 있도록 부취발생기를 다음의 어느 하나에 해당하는 방식으로 설치해야 한다.
1) 부취발생기를 소화약제 저장용기실 내의 소화배관에 설치하여 소화약제의 방출에 따라 부취제가 혼합되도록 하는 방식
  (1) 소화약제 저장용기실 내의 소화배관에 설치할 것
  (2) 점검 및 관리가 쉬운 위치에 설치할 것
  (3) 방호구역별로 선택밸브 직후 2차 측 배관에 설치할 것. 다만 선택밸브가 없는 경우에는 집합배관에 설치할 수 있다.
2) 방호구역 내에 부취발생기를 설치하여 이산화탄소소화설비의 기동에 따라 소화약제 방출 전에 부취제가 방출되도록 하는 방식

6. 과압배출구

이산화탄소소화설비의 방호구역에는 소화약제 방출 시 발생하는 과(부)압으로 인한 구조물 등의 손상을 방지하기 위해 2.14.1.1부터 2.14.1.4까지의 내용을 검토하여 과압배출구를 설치해야 한다. 다만 과(부)압이 발생해도 구조물 등에 손상이 생길 우려가 없음을 시험 또는 공학적인 자료로 입증하는 경우 설치하지 않을 수 있다.
1) 방호구역 누설면적
2) 방호구역의 최대허용압력
3) 소화약제 방출시의 최고압력
4) 소화농도 유지시간

OX퀴즈

● "최다빈출 핵심지문 OX퀴즈"를 통해 학습개념을 쉽게 정리하고 기출에 대한 선행학습을 해보세요.

1 연면적 33 m² 이상인 특정소방대상물에는 소화기구를 설치한다. ⭕❌

2 분말소화기의 내용연수는 5년이다. ⭕❌

3 위락시설은 바닥면적 20 m²마다 소화기구 능력단위가 1단위 이상이어야 한다. ⭕❌

4 옥내소화전설비의 방수량은 130 L/min 이상이다. ⭕❌

5 옥내소화전설비의 방수압력은 방수구에 호스를 결속한 상태로 노즐의 선단에 방수압력측정계(피토게이지)를 근접(D/2)시켜서 측정한다. ⭕❌

6 펌프성능시험 중 체절운전은 토출량이 100 %인 상태에서 측정한다. ⭕❌

7 특수가연물을 저장하는 공장의 경우 헤드의 기준개수는 30개이다. ⭕❌

8 건식밸브 기준 1차 측 배관과 2차 측 배관은 가압수로 유지되어 있다. ⭕❌

9 방출표시등은 소화약제 방출압에 의한 압력스위치 작동에 의해 점등되어 방호구역 안으로 거주자의 진입을 방지할 목적으로 설치한다. ⭕❌

10 이산화탄소소화설비는 감지기를 송배선방식으로 1회로만 설치한다. ⭕❌

오답 지문 체크 01 (O) 02 (X) 03 (X) 04 (O) 05 (O) 06 (X) 07 (O) 08 (X) 09 (O) 10 (X)

02 분말소화기의 내용연수는 10년이다.
03 위락시설은 바닥면적 30 m²마다 소화기구 능력단위가 1단위 이상이어야 한다.
06 펌프성능시험 중 체절운전은 토출량이 "0"인 상태에서 측정한다.
08 건식밸브 기준으로 1차 측 배관은 가압수, 2차 측 배관은 압축공기 또는 축압된 질소 등의 기체상태로 유지되어 있다.
10 이산화탄소소화설비는 감지기를 교차회로방식으로 2회로 설치한다.

문제풀이(기출문제 + 예상문제)

01 대형 소화기의 능력단위기준 및 보행거리배치기준이 적절하게 표시된 항목은?

① A급 화재 : 10단위 이상
　B급 화재 : 20단위 이상
　보행거리 : 30m 이내
② A급 화재 : 20단위 이상
　B급 화재 : 20단위 이상
　보행거리 : 30m 이내
③ A급 화재 : 10단위 이상
　B급 화재 : 20단위 이상
　보행거리 : 40m 이내
④ A급 화재 : 20단위 이상
　B급 화재 : 20단위 이상
　보행거리 : 40m 이내

해설

■ 소화기 능력단위 및 보행거리

구분	소형 소화기	대형 소화기
정의	• 능력단위가 1단위 이상 • 대형 소화기의 능력단위 미만인 것	• 화재 시 사람이 운반할 수 있도록 운반대와 바퀴가 설치 • <u>A급 화재 : 10단위 이상</u> • <u>B급 화재 : 20단위 이상</u>
보행거리	20 m 이내	30 m 이내

02 특정소방대상물의 설치장소에 마른모래 50짜리 5포와 삽을 상비한 상태일 때 간이소화용구의 능력 단위는 얼마인가?

① 1.5단위　② 2단위
③ 2.5단위　④ 4단위

해설

■ 간이소화용구의 능력단위

간이소화용구		능력단위
마른모래	삽을 상비한 50 L 이상의 것 1포	0.5 단위
팽창질석 또는 팽창진주암	삽을 상비한 80 L 이상의 것 1포	

능력단위 계산 : 0.5단위 × 5포 = 2.5단위

03 특정소방대상물별 소화기구의 능력단위의 기준 중 다음 (　) 안에 알맞은 것은?

특정소방 대상물	소화기구의 능력단위
장례식장 및 의료시설	해당 용도의 바닥면적 (㉠) m²마다 능력단위 1단위 이상
노유자 시설	해당 용도의 바닥면적 (㉡) m²마다 능력단위 1단위 이상
위락시설	해당 용도의 바닥면적 (㉢) m²마다 능력단위 1단위 이상

① ㉠ 30,　㉡ 50,　㉢ 100
② ㉠ 30,　㉡ 100,　㉢ 50
③ ㉠ 50,　㉡ 100,　㉢ 30
④ ㉠ 50,　㉡ 30,　㉢ 100

정답　01 ①　02 ③　03 ③

해설

■ 특정소방대상물별 소화기구 능력단위

특정소방대상물	소화기구 능력단위
위락시설	바닥면적 30 m²마다 능력단위 1단위
공연장, 집회장, 관람장, 문화재, 장례식장 및 의료시설	바닥면적 50 m²마다 능력단위 1단위
근린생활시설, 판매시설, 운수시설, 숙박시설, 노유자시설, 전시장, 공동주택, 업무시설, 방송통신시설, 공장, 창고시설, 항공기 및 자동차 관련 시설 및 관광휴게시설	바닥면적 100 m²마다 능력단위 1단위
그 밖의 것	바닥면적 200 m²마다 능력단위 1단위

주요구조부가 내화구조이며, 벽 및 반자의 실내와 면하는 부분이 불연재료, 준불연재료, 난연재료인 경우 기준면적의 2배 적용하여 산출

---

04 분말소화기에 표시된 A, B, C 중 A, B의 의미는 무엇인가?

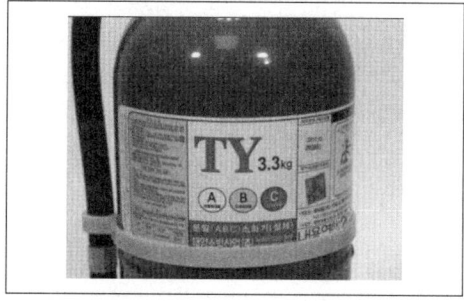

① A급 - 일반화재, B급 - 유류화재
② A급 - 전기화재, B급 - 유류화재
③ A급 - 금속화재, B급 - 유류화재
④ A급 - 주방화재, B급 - 유류화재

해설

■ 분말소화기의 화재 적응성 표현
1) A급 – 일반화재   2) B급 – 유류화재
3) C급 – 전기화재   4) K급 – 주방화재

---

05 바닥면적이 900 m²인 근린생활시설에 3단위 소화기의 최소 설치 개수로 옳은 것은? (단, 주요구조부는 내화구조이고, 벽 및 반자의 실내와 면하는 부분이 불연재료이다)

① 1개   ② 2개
③ 3개   ④ 4개

해설

■ 특정소방대상물별 소화기구 능력단위

특정소방대상물	소화기구 능력단위
위락시설	바닥면적 30 m²마다 능력단위 1단위
공연장, 집회장, 관람장, 문화재, 장례식장 및 의료시설	바닥면적 50 m²마다 능력단위 1단위
근린생활시설, 판매시설, 운수시설, 숙박시설, 노유자시설, 전시장, 공동주택, 업무시설, 방송통신시설, 공장, 창고시설, 항공기 및 자동차 관련 시설 및 관광휴게시설	바닥면적 100 m²마다 능력단위 1단위
그 밖의 것	바닥면적 200 m²마다 능력단위 1단위

주요구조부가 내화구조이며, 벽 및 반자의 실내와 면하는 부분이 불연재료, 준불연재료, 난연재료인 경우 기준면적의 2배 적용하여 산출

1) 주요구조부가 내화구조이고, 벽 및 반자의 실내와 면하는 부분이 불연재료로 된 근린생활시설 바닥면적 기준 : 100 m² × 2배 = 200 m²
2) 900 m² ÷ 200 m² = 4.4 → 5단위(절상)
3) 5단위 ÷ 3단위 = 1.66 → 2개(절상)

정답   04 ①   05 ②

06 건축물의 주요구조부가 내화구조이고, 벽 및 반자의 실내에 면하는 부분이 불연재료로 된 바닥면적 500 m²인 의료시설에 필요한 소화기구의 능력단위(이상)로 옳은 것은?

① 5단위　② 6단위
③ 7단위　④ 8단위

해설

■ 문제 05번 해설 참조
1) 주요구조부가 내화구조이고, 벽 및 반자의 실내와 면하는 부분이 불연재료로 된 의료시설 바닥면적 기준 :
   50 m² × 2배 = 100 m²
2) 500 m² ÷ 100 m² = 5단위

07 옥내소화전이 1층에 4개, 2층에 4개, 3층에 2개가 설치된 소방대상물이 있다. 옥내소화전설비를 위해 필요한 최소 수원의 양은?

① 2.6 m³　② 5.2 m³
③ 13 m³　④ 26 m³

해설

■ 옥내소화전의 수원
수원량(m³) = N × 2.6 m³
　　　　　 = 2 × 2.6 m³ = 5.2 m³
　N : 한 개 층 설치개수
　　(최대개수 층 선정/최대 2개)

08 국내 규정상 단위 옥내소화전설비 가압송수장치의 최소 시설기준으로 다음과 같은 항목을 맞게 열거한 것은? [단, 순서는 법정 최소 방사량(L/min) - 법정 최소 방출압력(MPa) - 법정 최소 방출시간(분)이다]

① 130 L/min - 1.0 MPa - 30분
② 350 L/min - 2.5 MPa - 30분
③ 130 L/min - 0.17 MPa - 20분
④ 350 L/min - 3.5 MPa - 20분

해설

■ 옥내소화전의 방수압력
옥내소화전(최대 2개)을 동시에 사용할 경우
1) 방수압력 : 0.17 MPa 이상 0.7 MPa 이하
2) 방수량 : 130 L/min 이상

09 5층 건물로서 옥내소화전이 1층에 6개, 2층에 3개, 3층에 4개, 4층에 5개, 5층에 2개 설치되어 있다. 옥내소화전 설치개수에 따른 최소 저수량으로 옳은 것은?

① 4.8 m³
② 5.2 m³
③ 6.2 m³
④ 7.8 m³

해설

■ 옥내소화전의 수원의 저수량
수원량(m³) = N × 2.6 m³
　　　　　 = 2 × 2.6 m³ = 5.2 m³
　N : 한 개 층 설치개수
　　(최대개수 층 선정/최대 2개)

정답　06 ①　07 ②　08 ③　09 ②

10 옥내소화전설비에서 옥내소화전 2개 설치 시 최소유량은 260 L/min이다. 펌프성능시험에서 다음 (　)에 들어갈 것으로 옳은 것은?

구분	체절 운전 시	정격 토출량 100 % 운전 시	정격 토출량 150 % 운전 시
펌프 토출량	(ㄱ) L/min	260 L/min	390 L/min
펌프 토출압	1.4 MPa	1 MPa	(ㄴ) MPa 이상

① ㄱ : 0　　　ㄴ : 0.65
② ㄱ : 0　　　ㄴ : 1.5
③ ㄱ : 130　　ㄴ : 0.65
④ ㄱ : 130　　ㄴ : 1.5

해설

■ 소화펌프 성능시험

성능시험	유량	압력
체절운전	0	140 % 초과 금지
정격운전	100 %	100 % 이상
최대운전	150 %	65 % 이상

11 옥내소화전 감시제어반의 펌프 선택스위치는 수동, 주펌프는 기동, 충압펌프는 정지 위치에 있고, 동력제어반의 주펌프 및 충압펌프는 자동 위치에 있을 때 동력제어반에서 점등되는 표시등으로 옳은 것은?

① 주펌프기동등, 주펌프기동확인등
② 전원등, 주펌프기동등, 주펌프기동확인등, 충압펌프정지등
③ 전원등, 주펌프정지등, 충압펌프기동등, 충압펌프기동확인등
④ 주펌프기동등, 충압펌프기동등

해설

■ 제어반 점검
1) 감시제어반의 선택스위치는 수동, 주펌프는 기동, 충압펌프는 정지 위치 → 주펌프에만 수동기동 신호를 보냄
2) 동력제어반의 주펌프 및 충압펌프는 자동 위치 → 주펌프 수동기동
3) 동력제어반 전원등(상시점등), 주펌프 기동등, 주펌프기동확인등

12 옥외소화전설비의 설명 중 틀린 것은?

① 옥외소화전설비의 수원은 옥외소화전의 설치개수(최대 2개)에 3.5 m³를 곱한 양 이상이 되도록 한다.
② 노즐선단의 방수압은 0.25 MPa 이상 0.7 MPa 이하가 되도록 한다.
③ 호스접결구는 각 특정소방대상물로부터 하나의 호스접결구까지 수평거리가 40 m 이하이어야 한다.
④ 호스는 구경 65 mm의 것으로 한다.

해설

■ 옥외소화전 기준
1) 수원량(m³) = N × 7 m³(N : 기준개수, 최대 2개)
2) 방수압력 : 0.25 MPa 이상 0.7 MPa 이하
3) 방수량 : 350 L/min 이상
4) 호스 구경 : 65 mm
5) 호스접결구까지 수평거리 : 40 m 이하

정답　10 ①　11 ②　12 ①

13 옥외소화전이 50개 설치된 때 설치해야 하는 소화전함의 개수로 옳은 것은?

① 15개
② 16개
③ 17개
④ 18개

해설

■ 옥외소화전함의 설치개수

옥외소화전	옥외소화전함
10개 이하	옥외소화전마다 5 m 이내에 1개 이상 설치
11개 이상 30개 이하	11개 이상의 소화전함을 각각 분산 설치
31개 이상	옥외소화전 3개마다 1개 이상 설치

50 ÷ 3 = 16.67 ≒ 17개

14 스프링클러설비의 가압송수장치의 헤드 선단에서 정격토출압은?

① 0.17 MPa 이상
② 0.15 MPa 이상
③ 0.1 MPa 이상, 1.2 MPa 이하
④ 0.1 MPa 이상, 1.0 MPa 이하

해설

■ 스프링클러헤드의 방수압력 및 방수량
1) 방수압력 : 0.1 MPa 이상 1.2 MPa 이하
2) 방수량 : 80 L/min 이상

15 지하층을 제외한 층수가 10층인 병원건물에 습식 스프링클러설비가 설치되어 있다면 스프링클러설비에 필요한 수원의 양은 얼마 이상이어야 하는가? (단, 헤드의 부착높이는 8m 미만이다)

① 16 m³   ② 24 m³
③ 32 m³   ④ 48 m³

해설

■ 설치장소에 따른 헤드의 기준개수
• 수원량(Q) = N × 1.6 m³ = 10개 × 1.6 m³ = 16 m³

스프링클러설비 설치장소			기준개수
10층 이하 (지하층 제외)	공장	특수가연물 저장·취급	30
		그 밖의 것	20
	근린생활시설 판매시설 운수시설 복합건축물	판매시설 또는 복합건축물 (판매시설이 설치되는 복합건축물)	30
		그 밖의 것	20
	그 밖의 것	헤드부착높이가 8 m 이상	20
		헤드부착높이가 8 m 미만	10
지하층을 제외한 층수가 11층 이상(아파트 제외), 지하가 또는 지하역사			30

※ 아파트 : 기준개수 10개(단, 아파트등의 각 동이 주차장으로 서로 연결된 구조인 경우 해당 주차장 부분의 기준개수는 30개이다)

정답 13 ③ 14 ③ 15 ①

16 습식 스프링클러설비 점검을 위하여 시험밸브함을 열었을 때, 유지관리 상태(평상시) 모습으로 옳은 것은?

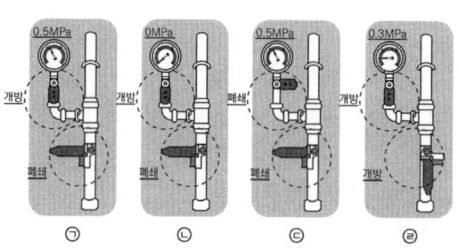

① ㉠
② ㉡
③ ㉢
④ ㉣

해설

■ 습식 스프링클러설비의 유지관리

압력계 밑에 부착된 개폐밸브는 평상시에 개방하여 시험밸브 배관 내의 압력이 정상압력(0.1 MPa 이상 1.2 MPa 이하)인지 여부를 확인해주어야 하며 가압수 배출을 위한 시험밸브는 평상시에 폐쇄 상태로 유지 관리되어야 한다.

17 준비작동식 스프링클러설비의 특징으로 옳은 것은?

① 기동용 감지기가 동작하면 헤드가 개방되어 살수된다.
② 동결의 우려가 있는 장소에 설치하기 곤란하다.
③ 수동기동스위치를 누르면 사이렌이 경보한다.
④ 개방형 헤드를 사용한다.

해설

■ 준비작동식 스프링클러설비 특징

1) 열에 의해 폐쇄형 헤드 개방
2) 감지기 또는 수동기동스위치를 통해 사이렌 경보, 감시제어반의 화재표시등 점등
3) 1차 측 : 가압수, 2차 측 : 대기압(동결 우려 장소 사용)

18 지하역사에 습식의 폐쇄형 스프링클러헤드가 설치되어 있다면 이 설비에 필요한 수원의 양은 얼마 이상이어야 하는가?

① $16 \, m^3$
② $24 \, m^3$
③ $32 \, m^3$
④ $48 \, m^3$

해설

■ 설치장소에 따른 헤드의 기준개수

• 수원량(Q) = N × $1.6 \, m^3$ = 30개 × $1.6 \, m^3$ = $48 \, m^3$

스프링클러설비 설치장소		기준개수
10층 이하 (지하층 제외)	공장	특수가연물 저장·취급	30
		그 밖의 것	20
	근린생활시설 판매시설 운수시설 복합건축물	판매시설 또는 복합건축물 (판매시설이 설치되는 복합건축물)	30
		그 밖의 것	20
	그 밖의 것	헤드부착높이가 8 m 이상	20
		헤드부착높이가 8 m 미만	10
지하층을 제외한 층수가 11층 이상(아파트 제외), 지하가 또는 지하역사		30

※ 아파트 : 기준개수 10개(단, 아파트등의 각 동이 주차장으로 서로 연결된 구조인 경우 해당 주차장 부분의 기준개수는 30개이다)

정답 16 ① 17 ③ 18 ④

19 다음은 펌프성능시험 중 정격부하운전 시험 방법이다. 빈칸 ㉠에 들어갈 용어와 유량조절밸브 ㉡에 들어갈 내용으로 옳은 것은?

[정격부하운전]
펌프를 기동한 상태에서 유량조절밸브를 개방하여 유량계의 유량이 정격유량상태일 때, (㉠) 이상이 되는 지를 확인하는 시험이다.

[시험방법]
1) 성능시험배관상의 개폐밸브 완전개방, (㉡) 약간만 개방
2) 주펌프 수동기동
3) (㉡)를 서서히 개방하여 정격토출량일 때의 압력
4) 주펌프 정지

① ㉠ : 정격압력의 65 %, ㉡ : 유량조절밸브
② ㉠ : 정격압력의 100 %, ㉡ : 게이트밸브
③ ㉠ : 정격압력의 100 %, ㉡ : 유량조절밸브
④ ㉠ : 정격압력의 65 %, ㉡ : 게이트밸브

해설
■ 정격부하운전
1) 펌프토출 측 밸브 폐쇄 상태, 성능시험배관상의 개폐밸브 완전 개방, 유량조절밸브 서서히 개방하여 유량계의 지침이 정격토출량의 100 %를 가리킬 때까지 개방
2) 압력계상의 압력을 확인하여 정격토출압력의 100 % 이상인지 확인

20 가스계소화설비의 약제방출방식이 아닌 것은?
① 가압식
② 전역방출방식
③ 호스릴방식
④ 국소방출방식

해설
■ 약제방출방식에 의한 분류
1) 전역방출방식
  고정식 이산화탄소 공급장치에 배관 및 분사헤드를 고정 설치하여, 밀폐 방호구역 내에 이산화탄소를 방출하는 설비
2) 국소방출방식
  고정식 이산화탄소 공급장치에 배관 및 분사헤드를 설치하여, 직접 화점에 이산화탄소를 방출하는 설비로 화재 발생 부분에만 집중적으로 소화약제를 방출하도록 설치하는 방식
3) 호스릴방식
  분사헤드가 배관에 고정되어 있지 않고 소화약제 저장용기에 호스를 연결하여, 사람이 직접 화점에 소화약제를 방출하는 이동식 소화설비

21 가스계소화설비에서 2개소 이상의 방호구역에 대해 소화약제 저장용기를 공용으로 사용하는 경우에 사용하는 밸브로 옳은 것은?
① 솔레노이드밸브
② 개폐밸브
③ 유량조절밸브
④ 선택밸브

해설
■ 선택밸브
2개소 이상의 방호구역 또는 방호대상물에 대해 약제 저장용기를 공용으로 사용하는 경우에 설치하는 밸브

정답 19 ③ 20 ① 21 ④

22 준비작동식 스프링클러설비의 감시제어반이 다음과 같은 상황일 때로 옳은 것은?

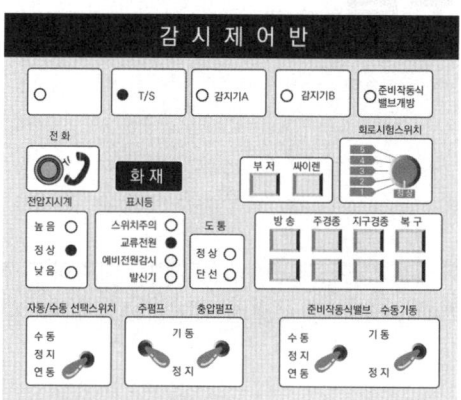

① 펌프가 작동하였다.
② 밸브가 폐쇄되었다.
③ 준비작동식 밸브가 작동하였다.
④ 감지기가 작동하였다.

해설

■ 탬퍼스위치

평상시 개방상태를 유지하여야 하는 밸브에 탬퍼스위치를 설치하여 밸브가 폐쇄되는 경우 수신반(감시제어반)에서 T/S등 점등 및 부저가 울림으로 폐쇄상태를 알려주는 역할을 하는 장치

정답 22 ②

CHAPTER 03 경보설비

01 자동화재탐지설비

1. 자동화재탐지설비

1) 정의

   화재 발생 초기 단계에서 발생하는 열, 연기, 불꽃 등을 감지기에 의해 감지하여 자동적으로 경보를 발함으로써 화재를 조기에 발견하여, 조기통보, 초기소화, 조기피난을 가능하게 하기 위한 설비

2) 설치대상

설치대상	기준
• 교육연구시설(교육시설 내에 있는 기숙사 및 합숙소를 포함한다), 수련시설(기숙사·합숙소 포함, 숙박시설 제외) • 동·식물 관련 시설 • 자원순환 관련 시설 • 교정 및 군사시설 • 묘지 관련 시설	연면적 2000 m² 이상인 경우에는 모든 층
목욕장, 문화 및 집회시설, 종교시설, 판매시설, 운수시설, 운동시설, 업무시설, 창고시설, 공장, 지하상가, 위험물 저장 및 처리시설, 항공기 및 자동차 관련 시설, 교정 및 군사시설 중 국방·군사시설, 방송통신시설, 발전시설, 관광 휴게시설	연면적 1000 m² 이상인 경우에는 모든 층
• 근린생활시설(목욕장 제외) • 의료시설(정신의료기관, 요양병원 제외) • 위락시설, 장례시설 및 복합건축물	연면적 600 m² 이상인 경우에는 모든 층
정신의료기관, 의료재활시설	• 바닥면적 합계 300 m² 이상 • 바닥면적 합계 300 m² 미만, 창살 설치
터널	길이 1000 m 이상
공장 및 창고시설	500배 이상 특수가연물
요양병원, 지하구, 전통시장, 조산원, 산후조리원	-
전기저장시설, 노유자생활시설	-

설치대상	기준
공동주택 중 아파트등·기숙사, 숙박시설, 6층 이상인 건축물	-
노유자시설	연면적 400 m² 이상인 경우에는 모든 층
숙박시설이 있는 수련시설	수용인원 100명 이상인 경우에는 모든 층

3) 경계구역

특정소방대상물 중 화재신호를 발신하고 그 신호를 수신 및 유효하게 제어할 수 있는 구역
(1) 하나의 경계구역이 2개 이상의 건축물 및 2개 이상의 층에 미치지 아니하도록 할 것
 (단, 500 m² 이하 범위 안에서는 2개 층을 하나의 경계구역으로 산정)
(2) 하나의 경계구역의 면적은 600 m² 이하, 한 변의 길이는 50 m 이하로 할 것
 (단, 주된 출입구에서 그 내부 전체가 보이는 것에 있어서는 한 변의 길이가 50 m의 범위 내에서 1000 m² 이하)

4) 구성

감지기, 수신기, 발신기, 음향장치, 표시등, 전원, 배선, 시각경보기, 중계기 등

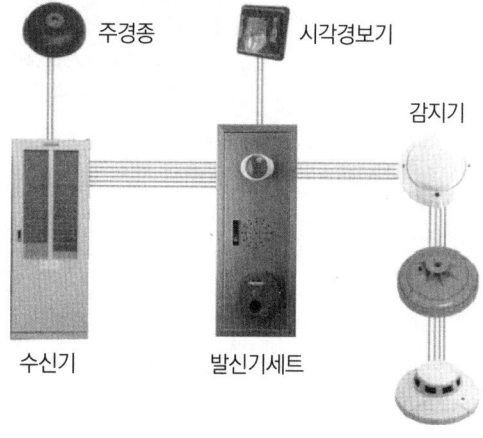

2. 수신기

감지기나 발신기에서 발하는 화재신호를 직접 수신하거나 중계기를 통하여 수신하여 화재의 발생을 해당 건물 관계인에게 표시 및 경보하여 주는 장치

1) 종류

구분	설명
P형 수신기	일반적으로 소규모 대상물에 사용되며 각 회로별 경계구역을 표시하는 지구표시등 설치 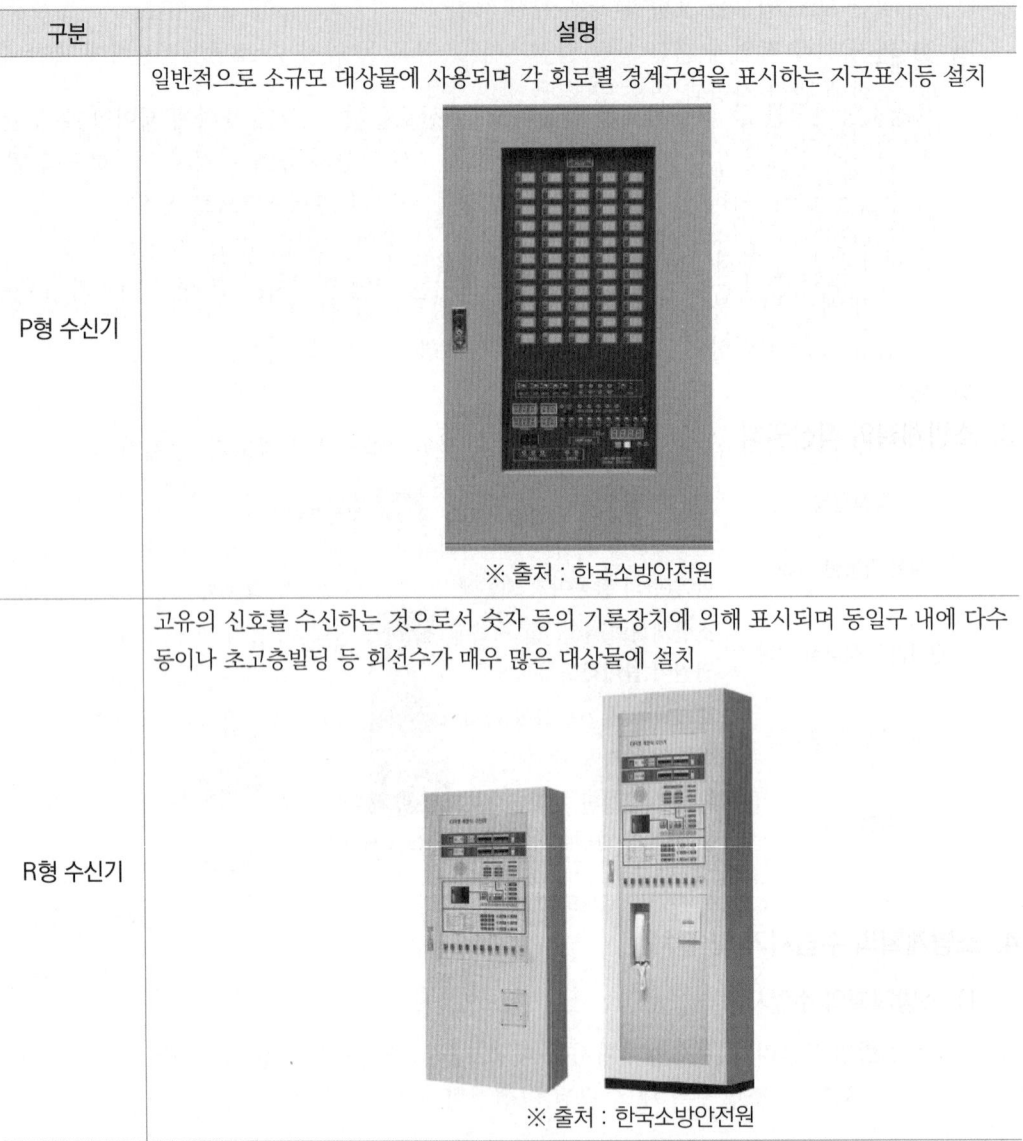 ※ 출처 : 한국소방안전원
R형 수신기	고유의 신호를 수신하는 것으로서 숫자 등의 기록장치에 의해 표시되며 동일구 내에 다수 동이나 초고층빌딩 등 회선수가 매우 많은 대상물에 설치 ※ 출처 : 한국소방안전원

2) 설치기준

⑴ 수위실 등 상시 사람이 근무하는 장소에 설치할 것
⑵ 수신기가 설치된 장소에는 경계구역 일람도를 비치할 것
⑶ 수신기의 음향기구는 그 음량 및 음색이 다른 기기의 소음 등과 명확히 구별될 수 있는 것으로 할 것
⑷ 수신기는 감지기·중계기·발신기가 작동하는 경계구역을 표시할 수 있는 것으로 할 것
⑸ 화재·가스, 전기 등에 대한 종합방재반 설치 시 해당 조작반에 수신기의 작동과 연동하여 감지기·중계기·발신기가 작동하는 경계구역을 표시할 수 있는 것으로 할 것
⑹ 하나의 경계구역은 하나의 표시등 또는 하나의 문자로 표시할 것
⑺ 수신기의 조작 스위치는 바닥으로부터의 높이가 0.8 m 이상 1.5 m 이하인 장소에 설치할 것
⑻ 하나의 특정소방대상물에 2 이상의 수신기를 설치하는 경우에는 수신기를 상호 간 연동하여 화재 발생 상황을 각 수신기마다 확인할 수 있도록 할 것
⑼ 화재로 인하여 하나의 층의 지구음향장치 배선이 단락되어도 다른 층의 화재통보에 지장이 없도록 각 층 배선 상에 유효한 조치를 할 것

3) 수신기의 스위치별 기능(P형)

구분	기능설명
화재표시등	화재신호가 발생된 경우 적색으로 표시
지구표시등 (경계구역표시등)	화재신호가 발생된 각 경계구역을 나타내는 표시등
전압표시등(전압계)	수신기의 공급전압을 표시
예비전원감시표시등 (축전지이상등)	예비전원의 이상 유무를 확인하여 주는 표시등
발신기응답표시등 (작동등)	수신기에 수신된 신호가 발신기의 조작에 의한 신호인지의 여부를 식별해주는 표시장치
스위치주의표시등	각 조작스위치가 정상위치에 있지 않을 경우 점멸·점등을 반복
도통시험표시등	도통시험에서 해당 회로의 불량(적색)과 정상(녹색) 여부를 쉽게 판별할 수 있는 표시등
예비전원시험스위치	예비전원의 배터리 충전상태 점검 시 사용
주경종정지스위치	수신기 옆 또는 내부에 있는 주경종을 정지할 때 사용
지구경종정지스위치	지구경종의 명동을 정지할 때 사용하는 스위치
동작시험스위치	수신기에 화재신호를 수동으로 입력하여 수신기가 정상적으로 동작 되는지를 점검하는 시험 스위치
도통시험스위치	도통시험스위치를 누르고 회로선택스위치를 회전시켜, 선택된 회로의 결선상태를 확인할 때 사용

구분	기능설명
회로선택스위치	스위치 주위에 회로번호가 표시되어 있으며, 동작시험이나 회로도통시험을 실시할 때 필요한 회로를 선택하기 위하여 사용하는 스위치
자동복구스위치	스위치가 시험위치에 놓여 있을 때에는 감지기의 복구에 따라 수신기의 동작상태가 자동복구
화재복구스위치	수신기의 동작상태를 정상으로 복구할 때 사용
비상방송정지스위치	비상방송 연동을 정지
축적스위치	① 일시적으로 발생한 열·연기 또는 먼지 등으로 인하여 감지기가 화재신호를 발신할 우려가 있는 경우에 대비하기 위하여 사용되는 스위치 ② 수신기가 축적상태인 경우 수신기의 지구표시등과 주음향장치를 명동시킬 수 있음

3. 감지기

화재 시 발생하는 열, 연기, 불꽃 또는 연소생성물을 자동적으로 감지하여 수신기에 발신하는 장치

1) 열 감지기

(1) **차동식 감지기** : 주위 온도가 일정상승률 이상이 되는 경우 작동

① 스포트형 : 일국소 감지(거실, 사무실 등)
  ㉠ 구조 : 감열실, 다이아프램, 리크구멍, 접점 등으로 구분
  ㉡ 동작원리 : 화재 시 온도상승 → 감열실 내의 공기가 팽창 → 다이아프램을 압박 → 접점이 붙어 화재신호를 수신기에 보냄

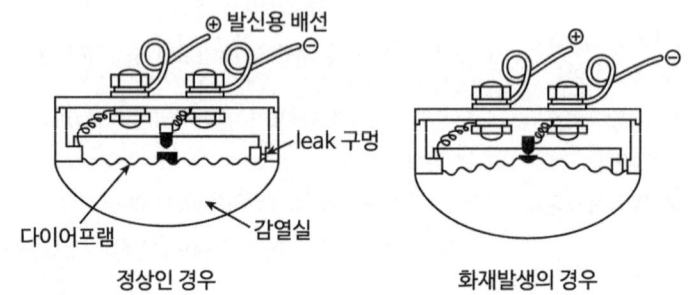

② 분포형 : 넓은 지역 감지

(2) **정온식 감지기** : 주위 온도가 일정온도 이상이 되는 경우 작동

① 스포트형 : 일국소 감지 + 외관 전선 모양 × (보일러실, 주방 등)
  ㉠ 구조 : 바이메탈, 감열판 및 접점 등으로 구분
  ㉡ 동작원리 : 화재 시 감열판에 열전달 → 바이메탈이 휘어져 기동접점으로 이동 → 접점이 붙어 화재신호를 수신기에 보냄

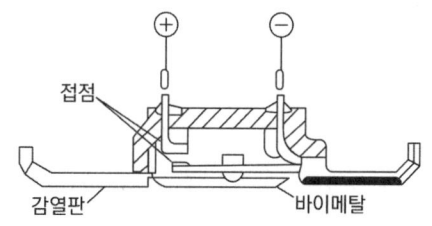 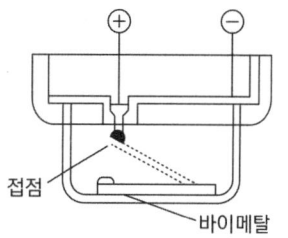

※ 출처 : 한국소방안전원

② 감지선형 : 일국소 감지 + 외관 전선 모양 ○

(3) **보상식 스포트형 감지기** : 차동식 + 정온식

(4) **열감지기 설치유효면적**

부착높이 및 특정소방대상물의 구분		감지기의 종류(단위 m²)						
		차동식 스포트형		보상식 스포트형		정온식 스포트형		
		1종	2종	1종	2종	특종	1종	2종
4m 미만	내화구조	90	70	90	70	70	60	20
	기타 구조	50	40	50	40	40	30	15
4m 이상 8m 미만	내화구조	45	35	45	35	35	30	
	기타 구조	30	25	30	25	25	15	

2) **연기 감지기**

(1) **이온화식 스포트형 감지기**

주위 공기가 일정농도 이상의 연기를 포함하게 될 경우 이온전류의 감소에 의하여 작동

(2) **광전식 감지기**

연기에 포함된 미립자가 광원에서 방사되는 광속에 의해 산란반사를 일으키는 것을 이용

① 스포트형 : 광량의 증가

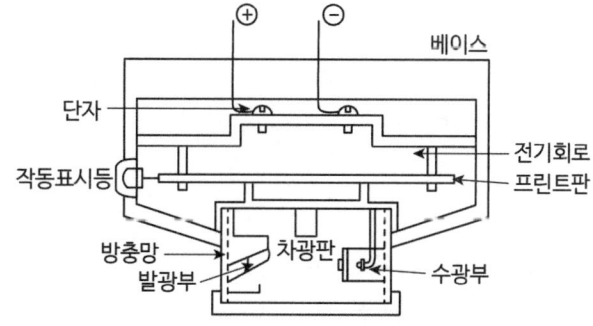

② 분리형 : 광량의 감소
③ 공기흡입형

(3) 이온화식과 광전식 비교

구분	이온화식	광전식
동작원리	이온전류의 감소	광량의 감소 또는 증가
연기입자	작은 연기입자(0.01 ~ 0.3 μm)에 유리	큰 연기입자(0.2 ~ 1 μm)에 유리
연기의 색상	이온에 연기입자가 흡착되는 것과 관계되므로 색상 무관	연기 색상에 따라 빛이 흡수 또는 반사되는 정도가 다르므로 검은색보다는 엷은 회색 연기가 감도에 유리
적응성	B급 화재 등 불꽃화재	A급 화재 등 훈소화재

4. 발신기

화재 발생 신호를 수신기에 수동으로 발신하는 장치

1) 구성

명판, 누름버튼, 보호판, 응답표시등

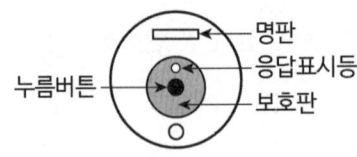

2) 설치기준

(1) 조작이 쉬운 장소에 설치하고, 스위치는 바닥으로부터 0.8 m 이상 1.5 m 이하의 높이에 설치

(2) 특정소방대상물의 층마다 설치하되,
① 수평거리 : 25 m 이하 설치(각 부분부터 하나의 발신기까지의 거리)
② 보행거리 : 40 m 이상 경우 추가 설치(복도·별도구획된 실)

3) 동작원리

(1) 동작
① 발신기 누름버튼 누름
② 수신기 동작(화재표시등, 지구표시등, 발신기등, 경보장치 동작)
③ 응답표시등 점등

(2) 복구
① 발신기 누름버튼 원 위치로 복구
② 수신기 복구스위치를 누름
③ 응답표시등 소등, 수신기의 동작표시등 소등

5. 음향장치

1) 종류
⑴ 주음향장치 : 수신기 내부 또는 직근에 설치
⑵ 지구음향장치 : 각 경계구역에 설치

2) 지구음향장치 설치기준
⑴ 층마다 설치하되, 수평거리 25 m 이하가 되도록 설치
⑵ 음량 크기는 1 m 떨어진 곳에서 90 dB 이상

3) 경보방식
⑴ **일제경보방식** : 화재 시 전 층에 경보하는 방식(소규모)
⑵ **우선경보방식** : 층수가 11층(공동주택 16층) 이상의 특정소방대상물
  ① 2층 이상의 층에서 발화 시 : 발화층 및 그 직상 4개 층에 경보할 것
  ② 1층에서 발화 시 : 발화층·그 직상 4개 층 및 지하층에 경보할 것
  ③ 지하층에서 발화 시 : 발화층·그 직상층 및 그 밖의 지하층에 경보할 것

6. 시각경보장치

화재 시 광원에 의해 점멸 형태로 경보를 발하여 특정소방대상물 관계인 등 청각장애인에게 화재 발생을 통보하는 경보설비

구분	내용
설치장소	복도·통로·청각장애인용 객실 및 공용으로 사용하는 거실에 설치하며, 각 부분으로부터 유효하게 경보를 발할 수 있는 위치 (거실 : 로비, 회의실, 강의실, 식당, 휴게실, 오락실, 대기실, 체력단련실, 접객실, 안내실, 전시실, 기타 유사한 장소) 공연장·집회장·관람장 또는 이와 유사한 장소에 시선이 집중되는 무대부
설치높이	바닥으로부터 2 m 이상 2.5 m 이하 (단, 천장의 높이가 2 m 이하인 경우에는 천장으로부터 0.15 m 이내)
광원	전용의 축전지설비 또는 전기저장장치에 의하여 점등

7. 배선

감지기 사이의 회로 배선으로 도통시험(선로 간의 연결 정상 여부 확인)을 원활하게 하기 위하여 송배선식을 사용

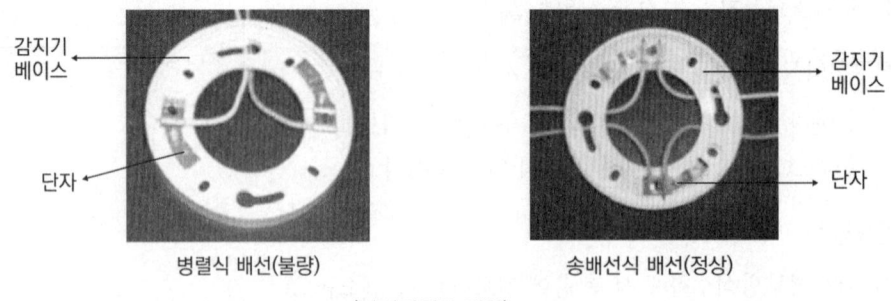

〈감지기회로 배선〉

※ 출처 : 한국소방안전원

02 자동화재탐지설비의 점검 · 실습 및 비화재보

1. 자동화재탐지설비의 점검

1) 오동작 방지기

   일시적으로 발생한 열·연기 또는 먼지 등 때문에 감지기가 화재신호를 발신할 우려가 있다면 축적 기능의 수신기를 설치하여 비화재보를 방지하여야 한다.

   (1) 점검 시

   오동작방지기를 "비축적" 위치로 전환
   (신속한 동작확인을 위하여)

   (2) 평상시

   오동작방지기를 "축적" 위치로 전환
   (비화재보 우려 방지)

   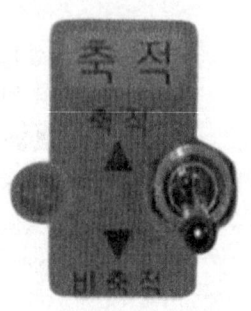

2) 퓨즈(Fuse)

   퓨즈는 경종, 표시등, 배터리, 전원부 등에 사용하기 때문에, 퓨즈가 단선되면 수신기 기능 상실
   (1) 단선 시 : 퓨즈 인근에 있는 적색의 LED 점등
   (2) 복구방법 : LOCAL 기기의 고장개소를 수리하고 퓨즈를 교체해야 LED 소등

3) 기록장치

수신기의 화재신호, 고장신호 및 수신기에 접속된 타 기구에 대한 외부배선으로의 신호 등을 저장

(1) 수신기의 형식승인 및 제품검사의 기술기준

① 기록장치는 999개 이상의 데이터를 저장할 수 있어야 하며, 용량이 넘을 경우 가장 오래된 데이터부터 자동 삭제
② 수신기는 임의로 데이터의 수정이나 삭제를 방지할 수 있는 기능 존재
③ 저장된 데이터는 수신기에서 확인할 수 있어야 하며, 복사 및 출력 가능
④ 기록장치에 저장하여야 하는 데이터(데이터의 발생시각 표시)
　㉠ 주전원과 예비전원의 On/Off 상태
　㉡ 경계구역의 감지기, 중계기 및 발신기 등의 화재신호와 소화설비, 소화활동설비, 소화용수설비의 작동신호
　㉢ 수신기와 외부배선(지구음향장치용의 배선, 확인장치용의 배선 및 전화장치용의 배선을 제외한다)과의 단선 상태
　㉣ 수신기에서 제어하는 설비로의 출력신호와 수신기에 설비의 작동 확인표시가 있는 경우 확인신호
　㉤ 수신기의 주경종스위치, 지구경종스위치, 복구스위치 등 수신기의 제어기능을 조작하기 위한 스위치의 정지 상태
　㉥ 가스누설신호

4) 스포트형 감지기 점검

(1) 감지기 동작확인

① 발광다이오드(LED)를 사용하여 감지기가 작동하면 점등
② 수신기에서 화재복구스위치를 누르면 소등

(2) 감지기 작동점검

① 감지기 시험기, 연기스프레이 등을 이용하여 감지기 동작시험 실시
② LED 미점등 시 감지기 회로 전압 확인
　㉠ 정격전압의 80 % 이상이면, 감지기가 불량이므로 감지기 교체
　㉡ 감지기 회로 전압이 0 V이면, 회로가 단선이므로 회로 보수
③ 감지기 동작시험 재실시

5) P형 발신기 점검

　(1) 발신기 작동순서

　　① 발신기의 누름버튼을 누르면 두 접점이 붙게 되어 수신기의 화재릴레이를 구동시켜 화재경보
　　② 수신기의 발신기등과 발신기의 응답등 점등

　(2) 발신기 작동점검

　　① 발신기 누름버튼 누름(발신기 커버 분리)
　　② 수신기에서 발신기등 및 발신기 응답등 점등 확인
　　③ 주경종, 지구경종, 비상방송 등 연동설비 확인
　　④ 발신기의 누름버튼 복구(발신기 커버 결합)
　　⑤ 수신기에서 화재신호 복구

2. 자동화재탐지설비의 실습

1) P형 수신기 기능시험

　(1) 동작시험

　　수신기에 화재신호를 수동으로 입력하여 수신기가 정상적으로 동작되는지를 확인하기 위한 시험

　　① 시험기준
　　　㉠ 1회선마다 복구하면서 모든 회선을 시험
　　　㉡ 비화재보 방지 또는 오동작 방지기능이 내장된 축적형 수신기의 경우 : 축적·비축적 선택 스위치를 "비축적" 위치로 놓고 시험

　　② 시험순서
　　　㉠ 동작시험 및 자동복구 스위치를 누름
　　　㉡ 로터리 방식 : 회로선택스위치를 차례로 회전시켜 시험
　　　　버튼 방식 : 각 경계구역별 동작버튼을 누른 후 시험

　　③ 적부 판정방법
　　　㉠ 화재표시등, 지구(경계구역)표시등, 기타 표시장치의 점등, 음향장치의 작동확인, 감지기회로 또는 부속기기 회로와의 연결접속 정상 여부 확인
　　　㉡ 동작시험 결과 위와 같은 기능이 작동하지 못하는 회로는 즉시 수리

　　④ 복구방법
　　　㉠ 회로선택스위치를 초기(정상) 위치로 복구(로터리 방식만 해당)
　　　㉡ 동작시험 및 자동복구 스위치 복구
　　　㉢ 화재표시등, 지구(경계구역)표시등 소등 확인

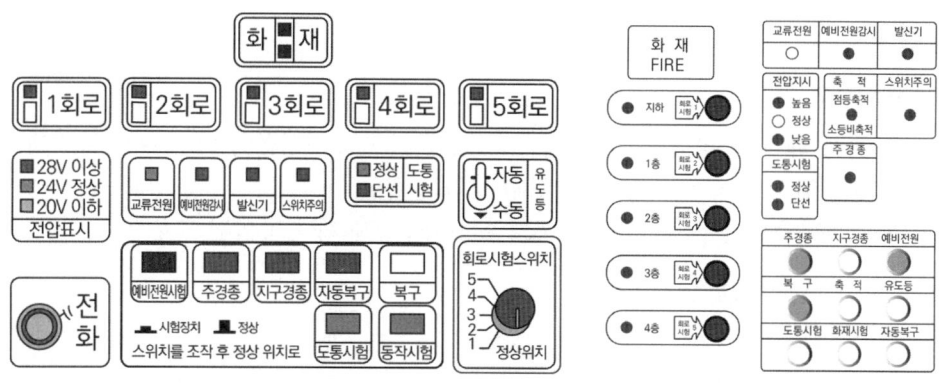

〈로터리 방식〉　　　　　　　　　〈버튼 방식〉

※ 출처 : 한국소방안전원

(2) **회로도통시험**

수신기에서 감지기 사이 회로의 단선 유무와 기기 등의 접속 상황을 확인하기 위한 시험

① 시험순서
  ㉠ 도통시험 스위치를 누름
  ㉡ 로터리 방식 : 회로선택스위치를 차례로 회전시켜 시험
     버튼 방식 : 각 경계구역별 동작버튼을 누른 후 시험

② 적부 판정방법
  ㉠ 전압계 방식 : 정상(4 ~ 8 V), 단선(0 V)
  ㉡ 도통시험 확인등 : 정상 확인등 점등(녹색), 단선 확인등 점등(적색)

③ 복구방법
  ㉠ 회로선택스위치를 초기(정상) 위치로 복구(로터리 방식만 해당)
  ㉡ 도통시험스위치 복구

(3) **예비전원시험**

상용전원(AC 220 V)이 사고 등으로 정전된 경우 자동적으로 예비전원(DC 24 V)으로 절환이 되며, 복구 시 자동적으로 상용전원으로 절환되는지의 여부와 상용전원이 정전되었을 때 수신기가 정상적으로 동작할 수 있는 전압을 가지고 있는지를 확인하는 시험

① 시험방법
  예비전원시험 스위치 누름(자동 복귀형 스위치로, 누르고 있을 경우에만 작동하고 손을 떼면 작동하지 않음)

② 적부 판정방법
  ㉠ 전압계 방식 : 정상(19 ~ 29 V)
  ㉡ 램프 방식 : 정상(녹색 24 V)
  ㉢ 예비전원의 전압 및 상호 자동절환이 정상인지 확인

③ 예비전원감시등 점등
  예비전원 연결소켓이 분리되었거나 예비전원 불량인 경우

3. 비화재보

1) 비화재보
    (1) 실제 화재 시 발생되는 열, 연기, 불꽃 등의 연소생성물이 아닌 다른 요인에 의해서 자동화재탐지설비가 작동되어 경보를 발하는 현상
    (2) 자동화재탐지설비가 정상 작동되었더라도 실제 화재가 아닌 경우

2) 비화재보의 원인과 대책

원인	대책
습도 증가에 의한 감지기 오동작	복구스위치 누름 or 동작된 감지기 복구
주방에 비적응성(차동식) 감지기 설치	적응성(정온식) 감지기로 교체
감지기를 천장형 온풍기에 밀접하게 설치	기류흐름 방향으로부터 이격시켜 설치
먼지·분진에 의한 감지기 오동작	내부 먼지 청소 후 복구스위치 누름 or 감지기 교체
담배연기로 인한 연기감지기 오동작	흡연구역에 환풍기 설치
건축물 누수로 인한 감지기 오동작	누수부분 방수처리 및 감지기 교체
장난으로 발신기 누름버튼 동작	입주자 소방안전교육

3) 비화재보 시 대처방법
    (1) 수신기 화재표시등, 지구표시등 확인

    (2) 해당구역 실제 화재 여부 확인
    (3) 음향장치(주경종, 지구경종, 비상방송, 사이렌) 정지
    (4) 비화재보 원인 제거
        ① 감지기 동작표시등 확인 : 감지기 교체 등
        ② 발신기표시등 점등 확인 : 발신기 누름스위치 복구
    (5) 복구스위치를 눌러 수신기를 정상으로 복구

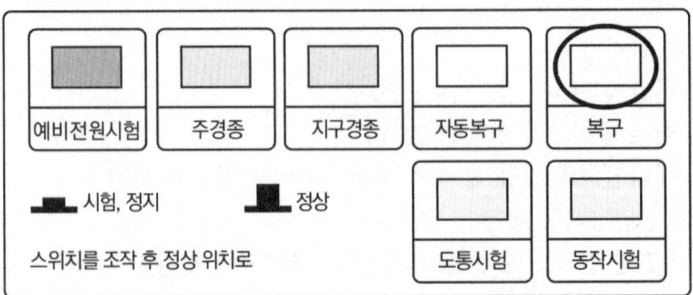

(6) 음향장치를 정상 또는 연동으로 전환시켜 복구
(7) 스위치주의등 소등 확인

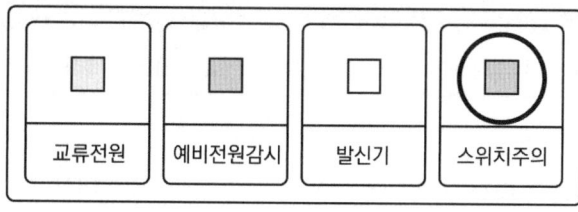

OX퀴즈

● "최다빈출 핵심지문 OX퀴즈"를 통해 학습개념을 쉽게 정리하고 기출에 대한 선행학습을 해보세요.

1 자동화재탐지설비의 수평적 경계구역 면적은 600 m² 이하이어야 한다. ⓞⓧ

2 수신기의 조작 스위치는 바닥으로부터의 높이가 0.8 m 이상 1.0 m 이하인 장소에 설치한다. ⓞⓧ

3 정온식 감지기는 주위 온도가 일정온도 이상이 되는 경우에 작동한다. ⓞⓧ

4 감지기 부착높이가 3.5 m이며 내화구조인 특정소방대상물에 차동식 스포트형 감지기 2종을 설치할 경우 바닥면적 90 m²마다 설치한다. ⓞⓧ

5 발신기는 보행거리 40 m 이상인 경우 추가 설치한다. ⓞⓧ

6 수신기에서 회로도통시험 시 단선인 경우 전압계는 0 V를 가리킨다. ⓞⓧ

7 먼지에 의한 감지기 오동작 발생 시 동작된 감지기를 복구하기만 하면 된다. ⓞⓧ

오답 지문 체크 01 (O) 02 (X) 03 (O) 04 (X) 05 (O) 06 (O) 07 (X)

02 수신기의 조작 스위치는 바닥으로부터의 높이가 0.8 m 이상 1.5 m 이하인 장소에 설치한다.
04 감지기 부착높이가 3.5 m이며 내화구조인 특정소방대상물에 차동식 스포트형 감지기 2종을 설치할 경우 바닥면적 70 m²마다 설치한다.
07 먼지에 의한 감지기 오동작 발생 시 내부 먼지 청소 후 복구스위치 누르거나 감지기를 교체한다.

문제풀이(기출문제 + 예상문제)

01 어떤 건축물의 바닥면적이 각각 1층 800 m², 2층 700 m², 3층 300 m², 4층 200 m²이다. 경계구역의 수를 구하시오.

① 3 ② 5
③ 7 ④ 10

해설

■ 경계구역 산정
1) 1층 : 800 ÷ 600 = 1.333 ≒ 2개(절상)
2) 1층 : 700 ÷ 600 = 1.166 ≒ 2개(절상)
3) 3층 + 4층 : 1개(2개 층의 바닥면적 합계가 500 m² 이하인 경우에는 하나의 경계구역으로 설정 가능)
4) 2 + 2 + 1 = 5

02 감지기의 설치기준 중 틀린 것은?

① 감지기는 천장 또는 반자의 옥내에 면하는 부분에 설치할 것
② 차동식 분포형의 것을 제외하고 감지기는 실내로의 공기유입구로부터 1.5 m 이상 떨어진 위치에 설치할 것
③ 정온식 감지기는 주방·보일러실 등으로서 다량의 화기를 취급하는 장소에 설치하되, 공칭작동온도가 주위온도보다 10 ℃ 이상 높은 것으로 설치할 것
④ 스포트형 감지기는 45° 이상 경사되지 아니하도록 부착할 것

해설

■ 정온식 감지기의 설치기준
정온식 감지기는 주방·보일러실 등으로서 다량의 화기를 취급하는 장소에 설치하되, 공칭작동온도가 최고주위온도보다 20 ℃ 이상 높은 것으로 설치할 것

03 차동식 스포트형 감지기에 대한 설명이다. ( ) 안에 들어가는 것으로 옳은 것은?

> 동작원리 : 화재 시 온도상승 → 감열실 내의 공기가 팽창 → ( )을 압박 → 접점이 붙어 화재신호를 수신기에 보냄

① 리크구멍
② 다이아프램
③ 바이메탈
④ 기동접점

해설

■ 차동식 스포트형 감지기 동작원리
1) 구조 : 감열실, 다이아프램, 리크구멍, 접점 등으로 구분
2) 동작원리 : 화재 시 온도상승 → 감열실 내의 공기가 팽창 → 다이아프램을 압박 → 접점이 붙어 화재신호를 수신기에 보냄

| 정답 | 01 ② 02 ③ 03 ② |

04 천장의 높이가 2 m 이하인 경우에 청각장애인용 시각경보장치는 다음 중 어떤 위치에 설치해야 하는가?

① 천장으로부터 0.15 m 이내
② 천장으로부터 0.2 m 이내
③ 천장으로부터 0.25 m 이내
④ 천장으로부터 0.3 m 이내

해설
■ 청각장애인용 시각 경보장치 설치기준
1) 복도·통로·청각장애인용 객실 및 공용으로 사용하는 거실에 설치하며, 각 부분으로부터 유효하게 경보를 발할 수 있는 위치에 설치
2) 공연장·집회장·관람장 또는 이와 유사한 장소에 시선이 집중되는 무대부 부분에 설치
3) 설치높이 : 바닥으로부터 2 m 이상 2.5 m 이하 (단, 천장의 높이가 2 m 이하인 경우에는 천장으로부터 0.15 m 이내)

05 전압계가 있는 P형 수신기의 희로 도통시험 중 전압계의 정상 지시치는?

① 0 ~ 3 V
② 4 ~ 8 V
③ 12 ~ 19 V
④ 20 ~ 24 V

해설
■ 회로도통시험 직부 판정
1) 전압계 방식 : 정상(4 ~ 8 V), 단선(0 V)
2) 도통시험 확인등 : 정상 확인등 점등(녹색), 단선 확인등 점등(적색)

06 아래의 P형 수신기 상태로 옳지 않은 것은?

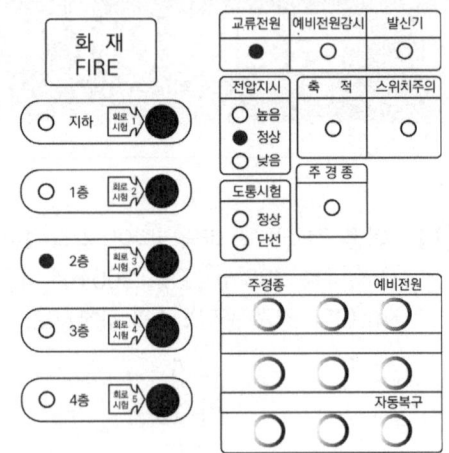

① 경종이 울리고 있다.
② 화재 신호기기는 발신기이다.
③ 2층에서 화재가 발생하였다.
④ 화재 신호기기는 감지기이다.

해설
■ 수신기 점검
1) 화재등 및 2층 지구표시등 점등, 발신기등은 점등되지 않은 상태이므로 2층에서 동작된 화재 신호기기는 발신기가 아닌 감지기라는 것을 알 수 있다.
2) 화재 신호기기가 동작되는 경우 경종이 울리게 된다.

07 소방대상물 각 부분에서 하나의 발신기까지의 수평거리는 몇 m이며, 복도 또는 별도로 구획된 실에 발신기를 설치하는 경우에는 보행거리를 몇 m로 해야 하는가?

① 수평거리 15 m 이하, 보행거리 30 m 이상
② 수평거리 25 m 이하, 보행거리 30 m 이상
③ 수평거리 15 m 이하, 보행거리 40 m 이상
④ 수평거리 25 m 이하, 보행거리 40 m 이상

정답 04 ① 05 ② 06 ② 07 ④

해설

■ 발신기의 설치기준
1) 조작이 쉬운 장소에 설치하고, 스위치는 바닥으로부터 0.8 m 이상 1.5 m 이하의 높이에 설치할 것
2) 특정소방대상물의 층마다 설치하되, 해당 특정소방대상물의 각 부분으로부터 하나의 발신기까지의 수평거리가 25 m 이하가 되도록 할 것. 다만 복도 또는 별도로 구획된 실로서 보행거리가 40 m 이상일 경우에는 추가로 설치하여야 한다.
3) 2) 기준을 초과하는 경우로서 기둥 또는 벽이 설치되지 아니한 대형공간의 경우 발신기는 설치 대상 장소의 가장 가까운 장소의 벽 또는 기둥 등에 설치할 것
4) 발신기의 위치를 표시하는 표시등은 함의 상부에 설치하되, 그 불빛은 부착면으로부터 15° 이상의 범위 안에서 부착지점으로부터 10 m 이내의 어느 곳에서도 쉽게 식별할 수 있는 적색등으로 하여야 한다.

4) 비화재보 원인 제거
　① 감지기 동작표시등 확인 : 감지기 교체 등
　② 발신기표시등 점등 확인 : 발신기 누름스위치 복구
5) 복구스위치를 눌러 수신기를 정상으로 복구
6) 음향장치를 정상 또는 연동으로 전환시켜 복구
7) 스위치주의등 소등 확인

08 비화재보의 경우 수신기 복구방법으로 옳은 것은?

① 실제 화재 여부 확인 → 수신기 확인 → 음향장치 정지 → 발신기 복구 → 수신기 복구 → 음향장치 복구
② 수신기 확인 → 실제 화재 여부 확인 → 음향장치 정지 → 발신기 복구 → 수신기 복구 → 음향장치 복구
③ 실제 화재 여부 확인 → 수신기 확인 → 음향장치 정지 → 발신기 복구 → 음향장치 복구 → 수신기 복구
④ 수신기 확인 → 실제 화재 여부 확인 → 음향장치 정지 → 수신기 복구 → 음향장치 복구 → 발신기 복구

해설

■ 비화재보 시 대처방법
1) 수신기 화재표시등, 지구표시등 확인
2) 해당구역 실제 화재 여부 확인
3) 음향장치(주경종, 지구경종, 비상방송, 사이렌) 정지

정답　08　②

CHAPTER 04 피난구조설비

01 피난구조설비

1. 피난기구
건축물의 화재 발생을 예상하여 대피가 용이하도록 건축물에 설치하는 것

1) 피난기구의 종류

구분	정의
구조대	건축물의 창과 같이 개방할 수 있는 부분에서 지상까지 통상의 포대를 설치하여 그 포대의 내부를 활강하는 피난기구
완강기	지지대에 걸어서 사용자의 몸무게에 의하여 자동적으로 내려올 수 있는 기구 중 사용자가 교대하여 연속적으로 사용할 수 있는 것으로서 속도조절기, 속도조절기의 연결부, 로프, 연결금속구, 벨트로 구성
간이완강기	지지대에 걸어서 사용자의 몸무게에 의하여 자동적으로 내려올 수 있는 기구 중 사용자가 교대하여 연속적으로 사용할 수 없는 일회용의 것
피난사다리	안전한 장소로 피난하기 위해서 건축물의 개구부에 설치하는 기구로서 고정식사다리, 올림식사다리, 내림식사다리로 분류
미끄럼대	2층 또는 3층에 설치하여 화재 시 신속하게 지상으로 피난
다수인피난장비	2인 이상의 피난자가 동시에 지상 또는 피난층으로 하강하는 피난기구
피난교	건축물의 옥상층 또는 그 이하의 층에서 화재 발생 시 옆 건축물로 피난하기 위해 다리모양으로 설치하는 피난기구
피난용 트랩	건축물의 개구부에 설치하며 도난을 방지하기 위해서 옥외에 설치하는 경우에는 피난용 트랩을 위로 접어 올려두는 피난기구
공기안전매트	고층건축물 화재 발생 시 또는 유사한 위험한 상황에서 사람이 건축물에서 외부로 긴급히 뛰어내릴 때 충격을 흡수하여 안전하게 지상에 도달할 수 있도록 포지에 공기를 주입하는 피난기구
승강식피난기	사용자의 몸무게에 의하여 자동으로 하강하고 내려서면 자동으로 상승하여 연속사용이 가능한 무동력 피난기구

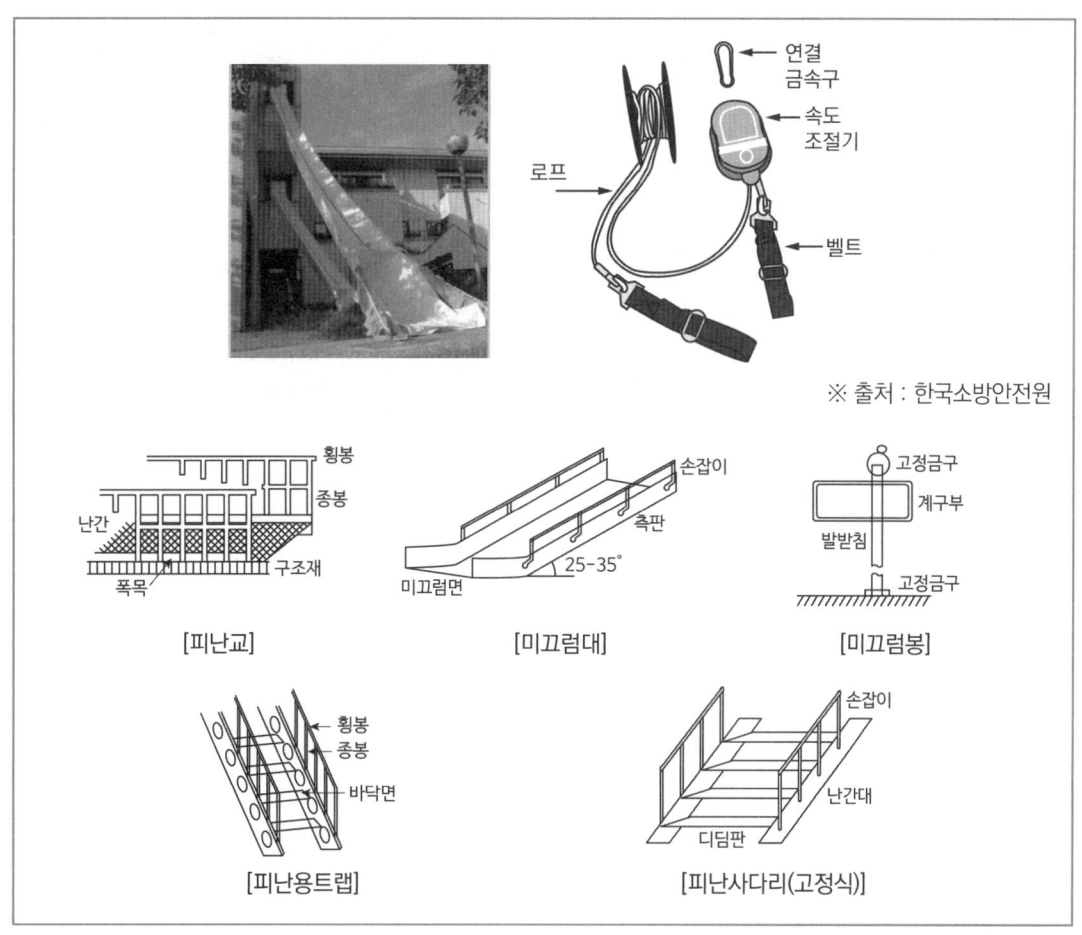

2) 설치장소별 피난기구의 적응성

구분 \ 층별	1층	2층	3층	4층 이상 10층 이하
노유자시설	미끄럼대 구조대 피난교 다수인피난장비 승강식피난기	미끄럼대 구조대 피난교 다수인피난장비 승강식피난기	미끄럼대 구조대 피난교 다수인피난장비 승강식피난기	구조대 피난교 다수인피난장비 승강식피난기
의료시설· 근린생활시설 중 입원실이 있는 의원·접골원· 조산원	-	-	미끄럼대 구조대 피난교 피난용트랩 다수인피난장비 승강식피난기	구조대 피난교 피난용트랩 다수인피난장비 승강식피난기

구분 \ 층별	1층	2층	3층	4층 이상 10층 이하
다중이용업소로서 영업장의 위치가 4층 이하인 다중이용업소	-	미끄럼대 피난사다리 구조대 완강기 다수인피난장비 승강식피난기	미끄럼대 피난사다리 구조대 완강기 다수인피난장비 승강식피난기	미끄럼대 피난사다리 구조대 완강기 다수인피난장비 승강식피난기
그 밖의 것	-	-	미끄럼대 피난사다리 구조대 완강기 피난교 피난용트랩 간이완강기 공기안전매트 다수인피난장비 승강식피난기	피난사다리 구조대 완강기 피난교 간이완강기 공기안전매트 다수인피난장비 승강식피난기

※ 비고 : 간이완강기의 적응성은 숙박시설의 3층 이상에 있는 객실에, 공기안전매트의 적응성은 공동주택에 한함
구조대의 적응성은 장애인 관련 시설로서 주된 사용자 중 스스로 피난이 불가한 자가 있는 경우 추가로 설치하는 경우에 한한다.

피난기구는 층마다 설치하되, 숙박시설·노유자시설 및 의료시설로 사용되는 층에 있어서는 그 층의 바닥면적 500 m²마다, 위락시설·문화집회 및 운동시설·판매시설로 사용되는 층 또는 복합용도의 층(하나의 층이 영 별표 2 제1호 나목 내지 라목 또는 제4호 또는 제8호 내지 제18호 중 2 이상의 용도로 사용되는 층을 말한다)에 있어서는 그 층의 바닥면적 800 m²마다, 계단실형 아파트에 있어서는 각 세대마다, 그 밖의 용도의 층에 있어서는 그 층의 바닥면적 1000 m²마다 1개 이상 설치할 것

2. 인명구조기구

화재 시 발생하는 열과 연기로부터 인명의 안전한 피난을 위한 기구

1) 인명구조기구의 종류

구분	정의	
방열복	고온의 복사열에 가까이 접근하여 소방활동을 수행할 수 있는 내열 피복	
공기 호흡기	소화활동 시 화재로 인하여 발생하는 각종 유독가스 중에서 일정시간 사용할 수 있도록 제조된 압축공기식 개인 호흡장비(보조마스크 포함)	
인공 소생기	호흡 부전 상태인 사람에게 인공호흡을 시켜 환자를 보호, 구급하는 기구	
방화복	화재진압 등의 소방활동을 수행할 수 있는 피복 (안전모, 보호장갑, 안전화 포함)	

2) 설치장소별 인명구조기구의 적응성

특정소방대상물	종류	설치수량
지하층을 포함하는 층수가 7층 이상인 관광호텔 및 5층 이상인 병원	방열복, 방화복 공기호흡기 인공소생기	각 2개 이상 비치할 것 (병원의 경우 인공소생기 설치 제외 가능)
수용인원 100명 이상의 영화상영관, 대규모 점포, 지하역사, 지하상가	공기호흡기	층마다 2개 이상 비치할 것
이산화탄소소화설비 설치대상	공기호흡기	이산화탄소소화설비가 설치된 장소의 출입구 외부 인근에 1대 이상 비치할 것

3. 비상조명등 및 휴대용 비상조명등

화재발생 등에 따른 정전 시에 안전하고 원활한 피난활동을 할 수 있도록 거실 및 피난통로 등에 설치되어 자동 점등되는 조명등

1) 설치대상

종류	소방대상물	설치대상	그림
비상조명등	지하층 포함 층수 5층 이상 건축물	연면적 3000 m² 이상	
	지하층 또는 무창층 (지하층 포함 층수 5층 이상 건축물 제외)	바닥면적 450 m² 이상	
	터널	길이 500m 이상	
휴대용 비상조명등	숙박시설	-	
	수용인원 100명 이상의 영화상영관, 판매시설 중 대규모 점포, 철도 및 도시철도 시설 중 지하역사, 지하상가	-	

2) 비상조명등 설치기준

구분		설치기준
설치장소		각 거실과 그로부터 지상에 이르는 복도·계단 및 통로
조도		바닥에서 1 Lx 이상
유효 작동시간	20분 이상	일반건축물
	60분 이상	① 지하층을 제외한 층수가 11층 이상의 층 ② 지하층 또는 무창층으로서 용도가 도매시장·소매시장·여객자동차터미널·지하역사 또는 지하상가

3) 휴대용 비상조명등 설치기준

구분	설치기준
설치장소	숙박시설 또는 다중이용업소에는 객실 또는 영업장 안의 구획된 실에 1개 이상 설치
	외부에 설치 시 출입문 손잡이로부터 1 m 이내 부분
설치거리 및 수량	대규모점포(지하상가·지하역사 제외)와 영화상영관 - 보행거리 50 m 이내마다 3개 이상
	지하상가 및 지하역사 - 보행거리 25 m 이내마다 3개 이상
설치높이	바닥으로부터 0.8 m 이상 1.5 m 이하
점등방식	사용 시 자동 점등
표지	어둠 속에서 위치 확인 표지 부착
용량	20분 이상
배터리 사용 시	건전지 - 방전방지 조치 충전식 - 상시충전상태 유지

4. 유도등 및 유도표지

1) 유도등

화재 시에 피난을 유도하기 위한 등으로서 정상상태에서는 상용전원에 따라 켜지고, 상용전원이 정전되는 경우에는 비상전원으로 자동 절환되어 켜지는 등

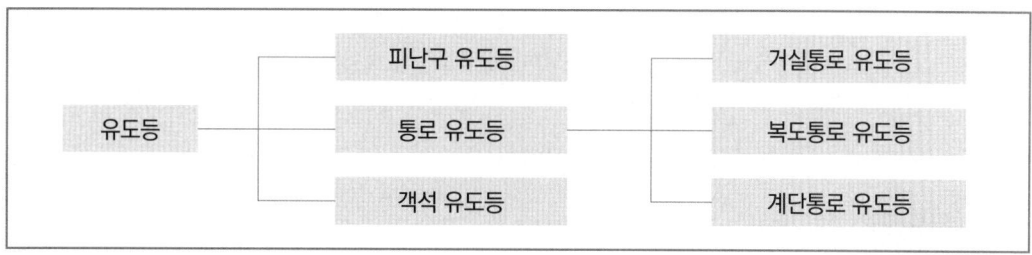

피난구유도등

복도통로유도등

거실통로유도등

계단통로유도등

객석유도등

2) 유도표지

(1) 피난구유도표지 : 피난구 또는 피난경로로 사용되는 출입구를 표시하여 피난을 유도하는 표지

(2) 통로유도표지 : 피난통로가 되는 복도, 계단 등에 설치하는 것으로서 피난구의 방향을 표시하는 유도표지

3) 용도별 설치해야 할 유도등 및 유도표지

설치장소	유도등 및 유도표지의 종류
1. 공연장·집회장(종교집회장 포함)·관람장·운동시설	• 대형피난구유도등 • 통로유도등 • 객석유도등
2. 유흥주점영업시설(유흥주점 영업 중 손님이 춤을 출 수 있는 무대가 설치된 카바레, 나이트클럽 등 영업시설만 해당)	
3. 위락시설·판매시설 운수시설·관광숙박업·의료시설·장례식장·방송통신시설·전시장·지하상가·지하철역사·창고시설	• 대형피난구유도등 • 통로유도등
4. 숙박시설(관광숙박업 외의 것)·오피스텔	• 중형피난구유도등 • 통로유도등
5. 1~3 외의 건축물로서 지하층·무창층 또는 층수가 11층 이상인 특정소방대상물	
6. 1~5 외의 건축물로서 근린생활시설·노유자시설·업무시설·발전시설·종교시설(집회장 용도로 사용하는 부분 제외)·교육연구시설·수련시설·공장·교정 및 군사시설(국방·군사시설 제외)·기숙사·자동차정비공장·운전학원 및 정비학원·다중이용업소·복합건축물·아파트	• 소형피난구유도등 • 통로유도등

설치장소	유도등 및 유도표지의 종류
그 밖의 것	• 피난구유도표지 • 통로유도표지

※ 비고
① 소방서장은 특정소방대상물의 위치·구조 및 설비의 상황을 판단하여 대형피난구유도등을 설치하여야 할 장소에 중형피난구유도등 또는 소형피난구유도등을 설치하게 할 수 있다.
② 복합건축물과 아파트의 경우 주택의 세대 내에는 유도등을 설치하지 아니할 수 있다.

* 아파트는 소형피난구유도등을 설치한다.

4) 유도등의 설치기준

(1) **피난구유도등**

피난구 또는 피난경로로 사용되는 출입구를 표시하여 피난을 유도하는 등
① 설치장소
  ㉠ 옥내로부터 직접 지상으로 통하는 출입구 및 그 부속실 출입구
  ㉡ 직통계단·직통계단의 계단실 및 그 부속실의 출입구
  ㉢ ㉠과 ㉡에 따른 출입구에 이르는 복도 또는 통로로 통하는 출입구
  ㉣ 안전구획된 거실로 통하는 출입구
② 피난층으로 향하는 피난구의 위치를 안내할 수 있도록 ㉠ 또는 ㉡의 출입구 인근 천장에 ㉠ 또는 ㉡에 따라 설치된 피난구유도등의 면과 수직이 되도록 피난구유도등을 추가 설치(피난구유도등이 입체형인 경우 제외)
③ ②에 따라 추가로 설치하는 피난구유도등은 피난구의 식별이 용이하도록 피난구 방향의 화살표가 함께 표시된 것으로 설치해야 한다.
④ 설치 높이 : 바닥으로부터 높이 1.5 m 이상 위치에 설치

(2) **통로유도등**

피난통로를 안내하기 위한 유도등으로 특정소방대상물의 각 거실과 그로부터 지상에 이르는 복도 또는 계단의 통로에 설치
① 복도통로유도등 : 피난통로가 되는 복도에 설치하는 통로유도등으로서 피난구의 방향을 명시하는 것
  ㉠ 복도에 설치하되 피난구유도등 ㉠ 또는 ㉡에 따라 피난구유도등이 설치된 출입구의 맞은편 복도에는 입체형으로 설치하거나, 바닥에 설치
  ㉡ 구부러진 모퉁이 및 보행거리 20 m마다 설치
  ㉢ 바닥으로부터 높이 1 m 이하의 위치에 설치(지하층 또는 무창층의 용도가 도매시장·소매시장·여객자동차터미널·지하역사·지하상가인 경우 복도·통로 중앙부분의 바닥에 설치)
  ㉣ 바닥에 설치하는 통로유도등은 하중에 따라 파괴되지 아니하는 강도

② 거실통로유도등 : 거주, 집무, 작업, 집회, 오락 그 밖에 이와 유사한 목적을 위하여 계속적으로 사용하는 거실, 주차장 등 개방된 통로에 설치하는 유도등으로 피난의 방향을 명시하는 것
  ㉠ 거실의 통로에 설치(거실의 통로가 벽체 등으로 구획 시 복도통로유도등 설치)
  ㉡ 구부러진 모퉁이 및 보행거리 20 m마다 설치
  ㉢ 바닥으로부터 높이 1.5 m 이상의 위치에 설치(거실 통로에 기둥 설치 시 기둥부분의 바닥으로부터 1.5 m 이하 위치에 설치 가능)
③ 계단통로유도등 : 피난통로가 되는 계단이나 경사로에 설치하는 통로유도등으로 바닥면 및 디딤 바닥면을 비추는 것
  ㉠ 각 층의 경사로 참 또는 계단참마다(1개 층에 경사로참 또는 계단참이 2 이상 있는 경우에는 2개의 계단참마다) 설치
  ㉡ 바닥으로부터 높이 1 m 이하의 위치에 설치

(3) 객석유도등
  ① 객석의 통로, 바닥 또는 벽에 설치
  ② 객석 내의 통로가 경사로 또는 수평로로 되어 있는 부분에 있어서는 다음의 식에 따라 산출한 수(소수점 이하의 수는 1로 본다)의 유도등 설치

$$설치개수 = \frac{객석의\ 통로의\ 직선부분의\ 길이(m)}{4} - 1$$

5) 유도표지의 설치기준
  (1) 계단에 설치하는 것을 제외하고는 각 층마다 복도 및 통로의 각 부분으로부터 하나의 유도표지까지의 보행거리가 15 m 이하가 되는 곳과 구부러진 모퉁이의 벽에 설치
  (2) 주위에는 이와 유사한 등화·광고물·게시물 등을 설치하지 아니할 것
  (3) 유도표지는 부착판 등을 사용하여 쉽게 떨어지지 아니하도록 설치

6) 유도등 배선
  (1) 유도등은 전기회로에 점멸기를 설치하지 않고 항상 점등 상태(2선식) 유지
  (2) 특정소방대상물 또는 그 부분에 사람이 없거나 다음의 어느 하나에 해당하는 장소로서 3선식 배선에 따라 상시 충전되는 구조인 경우에는 제외
    ① 외부의 빛에 의해 피난구 또는 피난방향을 쉽게 식별할 수 있는 장소
    ② 공연장, 암실(暗室) 등으로서 어두워야 할 필요가 있는 장소
    ③ 특정소방대상물의 관계인 또는 종사원이 주로 사용하는 장소
  (3) 3선식 배선 시 자동으로 점등되는 경우
    ① 자동화재탐지설비의 감지기 또는 발신기가 작동되는 때
    ② 비상경보설비의 발신기가 작동되는 때
    ③ 상용전원이 정전되거나 전원선이 단선되는 때

④ 방재업무를 통제하는 곳 또는 전기실의 배전반에서 수동으로 점등하는 때
⑤ 자동소화설비가 작동되는 때

7) 유도등 점검

(1) 3선식 유도등 점검

① 수신기에서 수동으로 점등스위치를 켜고 건물 내의 유도등 점등 여부 확인
② 감지기·발신기·중계기·스프링클러설비등을 현장에서 작동과 동시에 유도등 점등 여부 확인

(2) 2선식 유도등 점검

① 평상시 유도등 점등 여부 확인
② 평상시 점등이면 정상, 소등이면 비정상

(3) 예비전원 점검

예비전원 상태의 점검은 외부에 있는 점검스위치를 당겨보는 방법 또는 점검버튼을 눌러서 점등상태 확인

[예비전원 점검스위치]

[예비전원 점검버튼]

※ 출처 : 한국소방안전원

OX퀴즈

● "최다빈출 핵심지문 OX퀴즈"를 통해 학습개념을 쉽게 정리하고 기출에 대한 선행학습을 해보세요.

1 4층 이상인 노유자시설에는 미끄럼대를 설치한다. ⓞⓧ

2 소화활동 시 화재로 인하여 발생하는 각종 유독가스 중에서 일정시간 사용할 수 있도록 제조된 압축공기식 개인 호흡장비를 인공소생기라고 한다. ⓞⓧ

3 휴대용 비상조명등은 숙박시설일 경우 구획된 각 실마다 1개 이상 설치한다. ⓞⓧ

4 공연장에는 소형피난구유도등을 설치한다. ⓞⓧ

5 피난구유도등은 바닥으로부터 높이 1.5 m 이상 위치에 설치한다. ⓞⓧ

6 객석유도등의 설치개수는 $= \dfrac{객석의\ 통로의\ 직선부분의\ 길이(m)}{4} - 1$의 식을 이용하여 산정한다. ⓞⓧ

7 공연장으로서 어두워야 할 필요가 있는 장소에는 유도등을 3선식 배선으로 할 수 있다. ⓞⓧ

오답 지문 체크 01 (X) 02 (X) 03 (O) 04 (X) 05 (O) 06 (O) 07 (O)

01 4층 이상인 노유자시설에는 미끄럼대를 설치하지 **않는다**.
02 소화활동 시 화재로 인하여 발생하는 각종 유독가스 중에서 일정시간 사용할 수 있도록 제조된 압축공기식 개인 호흡장비를 **공기호흡기**라고 한다.
04 공연장에는 **대형피난구유도등**을 설치한다.

문제풀이(기출문제 + 예상문제)

01 백화점의 7층에 적용되지 않는 피난기구는 다음 중 어느 것인가?

① 구조대
② 미끄럼대
③ 피난교
④ 완강기

해설

■ 설치장소별 구분
1) 노유자 시설
2) 의료시설·근린생활시설 중 입원실이 있는 의원·접골원·조산원
3) 다중이용업소로서 영업장의 위치가 4층 이하인 다중이용업소
4) 그 밖의 것(백화점 : 판매시설)

■ 설치장소별 피난기구 적응성

구분	3층	4층 이상 10층 이하
그 밖의 것에 해당	미끄럼대 피난사다리 구조대 완강기 피난교 피난용트랩 간이완강기 공기안전매트 다수인피난장비 승강식피난기	피난사다리 구조대 완강기 피난교 간이완강기 공기안전매트 다수인피난장비 승강식피난기

02 특정소방대상물의 용도 및 장소별로 설치해야 할 인명구조기구의 기준으로 틀린 것은?

① 지하상가는 인공소생기를 층마다 2개 이상 비치할 것
② 판매시설 중 대규모 점포는 공기호흡기를 층마다 2개 이상 비치할 것
③ 지하층을 포함하는 층수가 7층 이상인 관광호텔은 방열복, 공기호흡기, 인공소생기를 각 2개 이상 비치할 것
④ 물분무등소화설비 중 이산화탄소 소화설비를 설치해야 하는 특정소방대상물은 공기호흡기를 이산화탄소 소화설비가 설치된 장소의 출입구 외부 인근에 1대 이상 비치할 것

해설

■ 용도 및 장소별 인명구조기구

특정소방대상물	종류	설치수량
지하층을 포함하는 층수가 7층 이상인 관광호텔 및 5층 이상인 병원	방열복, 방화복 공기호흡기 인공소생기	각 2개 이상 (병원의 경우 인공소생기 설치 제외 가능)
수용인원 100명 이상의 영화상영관, 대규모 점포, 지하역사, 지하상가	공기호흡기	층마다 2개 이상
이산화탄소소화설비 설치대상	공기호흡기	이산화탄소소화설비가 설치된 장소의 출입구 외부 인근에 1대 이상

정답 01 ② 02 ①

03 대형 피난구유도등의 설치장소가 아닌 것은?

① 위락시설
② 판매시설
③ 지하철 역사
④ 아파트

해설

■ 용도별 설치해야 할 유도등·유도표지

설치장소	유도등 및 유도표지의 종류
1. 공연장·집회장(종교집회장 포함)·관람장·운동시설	• 대형피난구유도등 • 통로유도등 • 객석유도등
2. 유흥주점영업시설(유흥주점 영업 중 손님이 춤을 출 수 있는 무대가 설치된 카바레, 나이트클럽 등 영업시설만 해당)	
3. 위락시설·판매시설 운수시설·관광숙박업·의료시설·장례식장·방송통신시설·전시장·지하상가·지하철역사·창고시설	• 대형피난구유도등 • 통로유도등

04 3선식 유도등이 자동으로 점등되는 경우가 아닌 것은?

① 자동화재탐지설비의 발신기 작동 시
② 비상경보설비의 감지기 작동 시
③ 상용전원 정전 시
④ 자동소화설비 작동 시

해설

■ 3선식 배선 시 자동으로 **점등되는 경우**
1) 자동화재탐지설비 감지기 또는 발신기가 작동되는 때
2) 비상경보설비의 발신기가 작동되는 때
3) 상용전원이 정전되거나 전원선이 단선되는 때
4) 방재업무를 통제하는 곳 또는 전기실의 배전반에서 수동으로 점등하는 때
5) 자동소화설비가 작동되는 때

05 다음 중 통로유도등의 설치기준으로 옳지 않은 것은?

① 복도통로유도등은 구부러진 모퉁이 및 보행거리 20 m마다 설치한다.
② 복도통로유도등을 지하상가에 설치하는 경우에는 복도·통로 중앙부분의 바닥에 설치한다.
③ 계단통로유도등은 바닥으로부터 높이 1.5 m 이하의 위치에 설치한다.
④ 계단통로유도등은 각 층의 경사로 참 또는 계단참마다 설치한다.

해설

■ 계단통로유도등의 설치기준
1) 각 층의 경사로 참 또는 계단참마다(1개 층에 경사로 참 또는 계단참이 2 이상 있는 경우에는 2개의 계단참마다) 설치할 것
2) 바닥으로부터 높이 1 m 이하의 위치에 설치

06 객석 내의 통로의 직선부분의 길이가 85 m이다. 객석유도등을 몇 개 설치하여야 하는가?

① 17개 ② 19개
③ 21개 ④ 22개

해설

■ 객석유도등의 설치기준

$$설치개수 = \frac{객석 통로 직선부분길이}{4} - 1$$
$$= \frac{85}{4} - 1 = 20.25 ≒ 21개$$

정답 03 ④ 04 ② 05 ③ 06 ③

07 다음은 무엇을 점검하고 있는 것인가?

① 2선식 유도등 점검
② 3선식 유도등 점검
③ 예비전원 점검
④ 유도등 조도 점검

> **해설**
>
> ▣ 예비전원 점검
> 예비전원 상태의 점검은 외부에 있는 점검스위치(배터리상태 점검스위치)를 당겨보는 방법 또는 점검버튼을 눌러서 점등상태 확인

08 휴대용 비상조명등 설치대상으로 틀린 것은?

① 대규모점포
② 숙박시설
③ 수용인원 50명 이상의 영화상영관
④ 지하상가

> **해설**
>
> ▣ 휴대용 비상조명등의 설치 대상
> 1) 숙박시설
> 2 수용인원 100명 이상의 영화상영관, 판매시설 중 대규모점포, 철도 및 도시철도 시설 중 지하역사, 지하상가

정답 07 ③ 08 ③

PART 06
소방계획 수립

CHAPTER 01 소방계획의 수립
CHAPTER 02 자위소방대 및 초기대응체계 구성·운영
CHAPTER 03 화재대응 및 피난
CHAPTER 04 업무수행 기록의 작성·유지

CHAPTER 01 소방계획의 수립

1. 소방계획의 수립

소방계획은 소방안전관리자가 선임되어 건물 내 화재로 인한 재난발생을 예방·대비하고 화재 발생 시 신속하고 효율적으로 대응·복구함으로써 인명 및 재산의 피해를 최소화하기 위해 소방계획을 작성·운영하고 유지·관리하는 위험관리계획

2. 소방계획의 작성

1) 주요원리

   (1) 종합적 안전관리

   ① 모든 형태의 위험을 포괄
   ② 재난의 전 주기적(예방 → 대응 → 복구) 단계의 위험성평가

   (2) 통합적 안전관리

   ① 외부 : 거버넌스(정부 - 대상처 - 전문기관) 및 안전관리 네트워크 구축
   ② 내부 : 협력 및 파트너십 구축, 전원 참여

   (3) 지속적 발전모델

   PDCA CYCLE(계획, 이행, 모니터링, 개선)

2) 소방계획서 작성 항목

   (1) 일반사항
   (2) 관리계획
   (3) 대응계획 및 부록

3) 소방계획서 포함 사항

   (1) 소방안전관리대상물의 위치·구조·연면적·용도 및 수용인원 등 일반 현황
   (2) 소방안전관리대상물에 설치한 소방·방화·전기·가스·위험물 시설의 현황
   (3) 화재 예방을 위한 자체점검계획 및 진압대책
   (4) 소방시설·피난시설 및 방화시설의 점검·정비계획
   (5) 피난층 및 피난시설의 위치와 피난경로의 설정, 화재안전취약자의 피난계획 등을 포함한 피난계획

⑹ 방화구획, 제연구획, 건축물의 내부 마감재료 및 방염대상물품의 사용 현황과 그 밖의 방화구조 및 설비의 유지·관리계획
⑺ 관리의 권원이 분리된 특정소방대상물의 소방안전관리에 관한 사항
⑻ 소방훈련·교육에 관한 계획
⑼ 특정소방대상물의 근무자·거주자의 자위소방대 조직과 대원의 임무(화재안전취약자의 피난 보조 임무를 포함한다)에 관한 사항
⑽ 화기 취급 작업에 대한 사전 안전조치 및 감독 등 공사 중 소방안전관리에 관한 사항
⑾ 소화에 관한 사항과 연소 방지에 관한 사항
⑿ 위험물의 저장·취급에 관한 사항(「위험물안전관리법」 제17조에 따라 예방규정을 정하는 제조소등은 제외한다)
⒀ 소방안전관리에 대한 업무수행에 관한 기록 및 유지에 관한 사항
⒁ 화재발생 시 화재경보, 초기소화 및 피난유도 등 초기대응에 관한 사항
⒂ 그 밖에 소방본부장 또는 소방서장이 소방안전관리대상물의 위치·구조·설비 또는 관리상황 등을 고려하여 소방안전관리에 필요하여 요청하는 사항

3. 소방계획의 작성원칙

작성원칙	주요 내용
실현 가능한 계획	소방계획의 핵심은 위험관리이며, 대상물의 위험요인을 체계적으로 관리하기 위한 일련의 활동이기 때문에 위험요인의 관리는 반드시 실현 가능한 계획으로 구성
관계인의 적극적 참여	소방계획의 수립 및 시행에 소방안전관리대상물의 관계인, 재실자 및 방문자 등 전원이 참여하도록 수립
계획 수립의 구조화	체계적이고 전략적인 계획의 수립을 위해 작성 - 검토 - 승인의 3단계의 구조화된 절차를 거쳐야 함
실행 우선	문서로 작성된 계획만으로는 소방계획의 완료로 보기 어려우며, 교육훈련 및 평가 등 이행의 과정이 있어야 비로소 소방계획의 완성

4. 소방계획의 수립시기 및 절차

1) 소방계획의 수립시기
   ⑴ 소방안전관리자는 소방계획서를 매년 12월 31일까지 작성 및 시행
   ⑵ 1~3분기 : 소방계획 내 수립된 이행계획 실시
   ⑶ 3분기 : 교육훈련 및 자체평가 등을 통해 이행사항에 대한 측정 및 평가, 감독 실시 및 개선조치사항 파악
   ⑷ 4분기 : 차기연도 소방계획서 작성(개선조치 요구사항 등은 위원회 등 의견수렴 체계를 거친 후 반영)

2) 수립절차

단계	절차	주요 내용
1단계	사전기획	소방계획 수립을 위한 임시조직을 구성하거나 위원회 등을 개최하여 법적 요구사항은 물론 이해관계자의 의견을 수렴하고 세부 작성계획 수립
2단계	위험환경 분석	대상물 내 물리적 및 인적 위험요인 등에 대한 위험요인을 식별하고, 이에 대한 분석 및 평가를 실시한 후 대책 수립
3단계	설계 및 개발	소방계획수립의 목표와 전략을 수립하고 세부 실행계획 수립
4단계	시행 및 유지관리	구체적인 소방계획을 수립하고 이해관계자의 검토를 거쳐 최종 승인을 받은 후 소방계획 이행 및 개선

CHAPTER 02. 자위소방대 및 초기대응체계 구성·운영

1. 자위소방대

1) 소방안전관리대상물에서 화재 등 재난발생 시 비상연락, 초기소화, 피난유도 및 인명·재산피해의 최소화를 위해 편성된 자율안전관리 조직으로, 관계인과 소방안전관리대상물의 소방안전관리자로 하여금 구성·운영
2) 자위소방대는 소방안전관리대상물의 화재 시 초기소화, 조기피난 및 응급처치 등에 필요한 골든타임(화재 시 5분, CPR은 4 ~ 6분 이내) 확보를 위해 필수적

2. 자위소방대 편성조직의 업무(자위소방활동)

편성조직	업무 내용
비상연락팀	화재사실의 전파 및 신고 업무
초기소화팀	화재 발생 시 초기화재 진압 활동
피난유도팀	재실자 및 장애인, 노인, 임산부, 영유아 및 어린이 등 이동이 어려운 사람(피난약자)을 안전한 장소로 대피시키는 업무
응급구조팀	인명을 구조하고, 부상자에 대한 응급조치
방호안전팀	화재확산방지 및 위험시설의 제어 및 비상반출 등 방호안전 업무

3. 초기대응체계의 구성

① 초기대응체계를 자위소방대에 포함하여 편성하되, 화재 발생 시 초기에 신속하게 대처할 수 있도록 해당 소방안전관리대상물에 근무하는 사람의 근무위치, 근무인원 등을 고려하여 구성
② 소방안전관리대상물이 이용되고 있는 동안 초기대응체계를 상시적 운영
③ 화재 초기 비상연락, 초기소화, 피난유도 등의 기본기능과 대상물 특성을 반영한 특수기능을 수행할 수 있도록 구역별 소규모 팀으로 편성

4. 자위소방대 인력편성

1) 팀별 인원편성

    ① 자위소방대원은 대상물 내 상시 근무하거나 거주하는 인원 중 자위소방활동이 가능한 인력으로 편성
    ② 각 팀별 최소편성 인원은 2명 이상(단, 초기소화팀과 피난유도팀은 3명 이상)으로 하고 각 팀별 책임자(팀장)을 지정하여 운영

2) 대장 및 부대장 지정

    소방안전관리대상물의 소유주, 법인의 대표 또는 관리기관의 책임자를 자위소방대장으로 지정하고, 소방안전관리자를 부대장으로 지정

3) 대리자 지정

    소방안전관리대상물의 대장 또는 부대장이 대상물에 부재하는 경우, 대리자를 지정하여 해당 직무를 대리

4) 자위소방대 개별임무 부여

    ① 각 팀별 기능에 기초하여 자위소방대원별 개별임무 부여
    ② 대원별 임무를 복수로 하거나 중복하여 지정 가능

5) 초기대응체계의 인원편성

    ① 초기대응체계는 소방안전관리보조자, 경비(보안) 근무자 또는 대상물 관리인 등 상시 근무자를 중심으로 구성
    ② 초기대응체계는 소방안전관리대상물의 근무자의 근무위치, 근무인원 등을 고려하여 편성하고, 소방안전관리보조자(보조자가 없는 대상처는 대원 중 선임)를 운영책임자로 지정
    ③ 초기대응체계 편성 시 1명 이상은 방재실(또는 수신반)에 근무해야 하며 화재상황에 대한 모니터링 또는 지휘통제가 가능해야 함
    ④ 휴일 및 야간에 무인경비시스템을 통해 감시하는 경우에는 무인경비회사와 비상연락체계 구축

6) 다수 소방대상물의 구성

    ① 하나의 관리권원인 대상처 내에 다수의 소방대상물이 있는 경우, 각 대상물의 자위소방대가 유기적으로 연계되어 운영될 수 있도록 편성
    ② 다수의 소방대상물 중 급수(특급, 1급, 2급, 3급)가 가장 높은 대상물을 본부대로 편성하고 그 밖의 대상물은 지구대로 구성

5. 교육 및 훈련

1) 교육 및 훈련계획의 수립

    ⑴ 자위소방대장은 자위소방대(초기대응체계 포함)의 연간 교육·훈련계획을 소방대상물의 건물구조 및 소화, 피난특성을 고려하여 수립, 시행
    ⑵ 자위소방대 교육·훈련의 대상자는 자위소방대원, 초기대응체계대원, 대상물의 재실자, 종업원, 방문자 등을 포함
    ⑶ 자위소방대장은 대상물의 화재안전관리체계 확립을 위해 종업원에 대한 교육 및 훈련 계획을 별도로 작성

2) 교육의 실시

    ⑴ 자위소방대장은 교육·훈련 계획에 따라 교육대상, 교육방법을 정하고 교육 자료를 준비하여 실시
    ⑵ 자위소방대장은 교육 실시 전 교육내용 등에 대한 수요조사를 실시할 수 있으며 교육 후에는 교육평가 및 설문 등을 받을 수 있음

3) 훈련의 실시

    자위소방대장은 대상물의 규모, 인원 및 이용형태 등을 이용하여 대상물에 적합한 훈련대상 및 훈련방법을 결정

4) 실시결과 기록

    기록 결과 2년간 보관

CHAPTER 03 화재대응 및 피난

1. 화재대응

1) 화재전파 및 접수
불을 발견하면 "불이야" 하고 외쳐 다른 사람에게 알리고, 화재경보장치(발신기)를 누름

2) 화재신고
화재를 인지/접수한 경우 침착하게 불이 난 사실과 현재 위치, 화재진행 상황 및 피해 현황 등을 소방기관(119)에 신고

3) 비상방송
담당 대원은 비상방송설비(일반방송설비 또는 확성기 등 장비)를 사용하여 신속하게 화재사실을 전파하며 필요한 경우 즉각적인 피난 개시명령

4) 대원소집 및 임무부여
화재가 접수되면 초기대응체계를 구축하여 신속하게 화재에 대응하고 이후 화재의 확대 여부 등을 고려하여 자위소방대장 또는 부대장은 자위소방대원을 소집하고 임무 부여

5) 관계기관 통보 및 연락
소방안전관리자 또는 자위소방조직상 담당 대원은 비상연락체계를 통해 유관기관, 협력업체 등에 화재사실을 전파하고 신속한 대응준비 지시

6) 초기소화
화재를 인지한 경우 화재현장에서 소화기 또는 옥내소화전을 사용하여 신속한 초기소화 작업을 실시하고, 초기소화가 어려운 경우에는 열 또는 연기 확산 방지를 위해 출입문을 닫고 즉시 피난

2. 피난

1) 화재 시 일반적 피난행동
(1) 엘리베이터는 절대 이용하지 않도록 하며 계단을 이용해 옥외로 대피
(2) 아래층으로 대피가 불가능한 때에는 옥상으로 대피
(3) 아파트의 경우 세대 밖으로 나가기 어려울 경우 세대 사이에 설치된 경량칸막이를 통해 옆 세대로 대피하거나 세대 내 대피공간으로 대피

(4) 유도등, 유도표지를 따라 대피
(5) 연기 발생 시 최대한 낮은 자세로 이동하고, 코와 입을 젖은 수건 등으로 막아 연기를 마시지 않도록 주의
(6) 출입문을 열기 전 문손잡이가 뜨거우면 문을 열지 말고 다른 길 찾기
(7) 옷에 불이 붙었을 때에는 눈과 입을 가리고 바닥에서 뒹굴기
(8) 탈출한 경우에는 절대로 다시 화재 건물로 들어가지 않기

2) 피난실패 시 행동요령
(1) 건물 밖으로 대피하지 못한 경우 밖으로 통하는 창문이 있는 방으로 들어가기
(2) 방안으로 연기가 들어오지 못하도록 문틈을 커튼 등으로 막고, 내부 물건 등을 활용하여 자신의 위치를 알리고 구조를 기다리기

3) 일반적 피난계획 수립

구분	내용
사전 피난준비	(1) 소방안전관리자는 해당 대상물의 특성에 부합하는 피난계획을 사전에 수립 (2) 피난계획에 따라 각 층 및 구역별 피난경로(동선)가 파악되면 피난안내도를 작성하여 부착
피난개시 명령	(1) 소방안전관리자 또는 자위소방조직상 피난 관련 대원은 해당 대상물의 경보방식을 기준으로 피난방식 결정 (2) 대상물의 붕괴, 폭발 가능성으로 인해 긴급 피난이 필요한 경우에는 대상물 재실자 및 방문자 모두가 즉시 피난 개시 (3) 피난경보 및 비상방송설비(일반방송설비 또는 확성기 등)를 통해 피난개시 명령을 내리고 조기피난 독려
피난유도	(1) 화재 시 대상물의 재실자 및 방문자를 안전구역 또는 집결지로 피난 유도 (2) 계단 등에서 병목현상이 발생하지 않도록 재실자 및 방문자를 분산하여 피난 유도 (3) 양방향 피난경로 중 폐쇄 또는 접근이 불가한 경로가 있는 경우 대체 경로 활용 (4) 피난유도 시 피난자의 패닉방지를 위한 심리적 안정조치 취하기
피난안전 구역의 활용	(1) 피난안전구역이 설치된 대상물의 담당 대원은 피난유도 시 피난안전구역 활용 (2) 피난안전구역으로 피난요구자를 1차 대피유도하고 피난 및 구조진행 상황에 따라 추가적인 피난을 유도하거나 보조 가능 (3) 피난안전구역에 설치되어 있는 구급장비 등을 활용해 응급처치 등 필요한 조치 취하기
집결	(1) 피난요구자를 사전에 지정된 집결 장소로 최종 유도 (2) 피난을 완료한 재실자 등이 다시 대상물로 진입(Re-entry)하지 못하도록 조치 취하기 (3) 집결지에 집결한 인원에 대해 부상자 및 실종자 현황을 파악하고 필요시 응급조치 시행 (4) 집결 장소에서 습득한 화재 및 피해상황에 대한 정보를 대장 및 소방기관에 통보

구분	내용
피난계획 수립 예시	(1) 지상 3층이 판매시설이고 피난계단이 3개소가 있는 경우 거실로부터 피난계단이 가까운 곳으로 3개 구역으로 나누고, 구역별 수용인원에 따라 실제 대피훈련을 실시하여 고객들이 신속하게 대피하는지를 확인하고 안전하게 대피하는 경우 대피계획 수립 (2) 지상 4층이 업무시설이고 피난계단이 1개가 있는 경우 각 거실에 있는 사람들을 중앙통로로 1차 대피시키고, 대피요원이 2차로 피난계단을 따라 지상으로 대피(옥상으로 대피시키는 것이 안전한 경우에는 옥상으로 대피) (3) 판매시설, 공연장, 집회장 등은 매장 내 방호요원(경비원)이 있음으로 사전에 구역별로 임무를 지정하여 고객들을 대피시키고 초기소화용인 스프레이 소화용구를 허리춤에 항상 차고 다니게 하는 것도 바람직함

4) 피난약자의 피난 계획 수립

(1) 일반원칙 및 공통사항

구분		내용
일반 원칙		① 피난약자의 재배치 또는 수직피난 등 화재상황에 적합한 피난 전략을 고려하여 시행 ② 피난유도 시 피난약자를 우선 피난대상으로 지정하여 피난을 유도하고 보조를 요청 ③ 피난약자의 피난을 위해 사전에 지정된 피난보조자를 배치하거나 현장에서 피난 보조자를 지정
공통 사항	건물에 대한 이해	비상구 위치(2 이상의 피난로 확보), 피난 시 장애가 될 수 있는 물품이나 구역, 화재경보설비 등 소방시설의 위치, 구조대와 연락 장치 위치, 임시 대피공간(건물 내 1차 피난구역, 계단실 내 휠체어 체류공간, 초고층건축물의 피난안전구역) 등을 장애인 및 노약자는 물론 전 거주자가 숙지
	피난약자에 대한 현황파악과 피난보조요령 등 숙지	유형별 현황 파악[예] 장애인(지체, 청각, 시각 등), 노인 및 어린이, 임산부, 환자 등의 인원수 및 피난 장애정도와 평상시 위치 및 동선 등과 유형에 따른 피난보조자의 임무와 피난(보조)기구 사용법, 피난유도방법 등 포함
	적절한 설비 설치	법적인 소방시설 및 편의시설 설치는 물론 피난약자를 위한 적극적인 설비보강이 요구됨 건축물의 환경에 적합한 소방시설(음성안내 유도등), 피난보조기구의 설치, 다수인피난장비, 비상구, 계단난간, 바닥에 대한 표지 등이 권장
	소방안전교육 및 훈련 실시	피난약자는 물론, 건물 내 신입직원의 오리엔테이션 때부터 대피 및 대피유도 방법을 숙지시키고 유형별 훈련으로(휠체어 사용자 피난훈련, 피난보조기구 사용훈련 등) 피난 및 피난보조 능력을 향상

구분	내용	
공통 사항	효과적인 피난시스템 구축	가장 중요한 점은 건물 내 자위소방대 조직에 의한 화재 초기 대피시스템의 구축 소방, 경찰 등 재난 관련 관서와의 협조체제 구축이 필요하며 이를 위해 소방안전관리자와 재난 관련 기관과의 평소 토론과 전 거주자가 참여하는 합동훈련이 효과적

(2) 장애유형별 피난보조 예시

유형		내용
지체 장애인		불가피한 경우를 제외하고는 2인 이상이 1조가 되어 피난을 보조하고 장애 정도에 따라 보조기구를 적극 활용하며 계단 및 경사로에서의 균형에 주의를 요함
	일반적	① 소아 및 장애인의 몸무게가 보조자에 비해 가벼울 때 장애 정도에 따라 업거나 한 손은 다리를 다른 한 손은 등을 받치고 안아 이동 ② 장애인의 몸무게가 보조자에 비해 비슷하거나 무거울 때 앉은 자세에서 장애인 옆에 위치하여 팔을 어깨에 걸쳐 부축하거나, 2인이 장애인 등 뒤로 팔목을 맞잡고 다른 한 손은 무릎 뒤쪽으로 하여 손을 잡은 후 서로 기대어 장애인을 고정시키고 셋을 센 후 일어나 들어서 대피(들것이나 담요 활용)
	휠체어 사용자	평지보다 계단에서 주의가 필요하며, 많은 사람들이 보조할수록 상대적으로 쉬운 대피가 가능 ① 일반휠체어 : 뒤쪽으로 기울여 손잡이를 잡고 뒷바퀴보다 한 계단 아래에서 무게중심을 잡고 이동한다. 2인이 보조 시 다른 1인은 장애인을 마주보며 손잡이를 잡고 동일한 방법으로 이동 ② 전동휠체어 사용자 : 전동휠체어에 탑승한 상태에서 계단 이동 시는 일반 휠체어와 동일한 요령으로 보조할 수도 있으나 무거워 많은 인원과 공간이 필요하므로 전원을 끈 후 업거나 안아서 피난을 보조하는 것이 가장 효과적
청각 장애인		시각적인 전달을 위해 표정이나 제스처를 사용하고 조명(손전등 및 전등)을 적극 활용하며 메모를 이용한 대화도 효과적
시각 장애인		① 지팡이를 이용하여 피난하고, 피난보조자는 팔과 어깨에 살며시 기대도록 하여 안내하며 계단, 장애물 등을 미리 알려줌 ② 피난유도 시 여기, 저기 등 애매한 표현보다는 좌측 1 m, 왼쪽 2 m 같이 명확하게 표현하고 여러 명의 시각장애인이 동시 대피하는 경우 서로 손을 잡고 질서 있게 피난
지적 장애인		공황상태에 빠질 수 있으므로 차분하고 느린 어조로 도움을 주러 왔음을 밝히고 피난을 보조하며, 인격을 고려한 친절한 말투 사용
노약자		① 노인은 지병이 있는 경우가 많으므로 구조대가 알기 쉽게 지병을 표시하고, 인솔자나 보조자 외 어린이의 경우 성장이 빠른 1인, 기타는 장애정도가 적은 1인의 유도자를 지정하여 줄서서 피난하는 것이 바람직하며, 환자 및 임산부는 상태를 쉽게 알 수 있는 표시을 부착하는 등 배려 ② 병원의 경우 환자 상태에 따른 의료진의 피난보조 능력에 따라 인명피해의 규모가 좌우될 수 있으므로 정기적인 소방교육 및 훈련이 절대적으로 필요

CHAPTER 04 업무수행 기록의 작성·유지

1. 업무수행 기록의 작성·유지

1) 소방안전관리자는 소방안전관리업무 수행에 관한 기록을 소방안전관리 업무수행 기록표에 월 1회 이상 작성·관리해야 하며, 소방안전관리업무 수행 중 보수 또는 정비가 필요한 사항을 발견한 경우에는 이를 지체 없이 관계인에게 알리고, 소방안전관리 업무수행 기록표에 기록
2) 당해 연도 소방계획서 및 소방시설등(최초점검, 작동점검, 종합점검) 점검표에 따른 점검항목 참고하여 작성
3) 소방안전관리대상물의 특성에 따라 기타사항에 추가항목 작성
4) 경보설비의 수신기, 소화설비의 제어반 및 가압송수장치(펌프 등)를 중점적으로 확인하여 작성
5) 업무 수행에 관한 기록을 작성한 날부터 2년간 보관

2. 특정소방대상물의 소방안전관리(다만 제1호·제2호·제5호 및 제7호의 업무는 소방안전관리대상물의 경우에만 해당한다)

1) 피난계획에 관한 사항과 대통령령으로 정하는 사항이 포함된 소방계획서의 작성 및 시행
2) 자위소방대(自衛消防隊) 및 초기대응체계의 구성, 운영 및 교육
3) 「소방시설 설치 및 관리에 관한 법률」 제16조에 따른 피난시설, 방화구획 및 방화시설의 관리
4) 소방시설이나 그 밖의 소방 관련 시설의 관리
5) 소방훈련 및 교육
6) 화기(火氣) 취급의 감독
7) 행정안전부령으로 정하는 바에 따른 소방안전관리에 관한 업무수행에 관한 기록·유지(제3호·제4호 및 제6호의 업무를 말한다)
8) 화재발생 시 초기대응
9) 그 밖에 소방안전관리에 필요한 업무

3. 소방안전관리자 업무수행 기록표

■ 화재의 예방 및 안전관리에 관한 법률 시행규칙 [별지 제12서식]

소방안전관리자 업무 수행 기록표

※ [ ]에는 해당되는 곳에 √표를 합니다.

수행일자			수행자			(서명)
소방안전 관리 대상물	상호		등급	[ ] 특급 [ ] 1급 [ ] 2급 [ ] 3급		
	소재지					
	지하층	지상층	연면적 (m^2)	바닥면적(m^2)		동수

항목	확인내용	확인결과	조치사항
소방시설		[ ] 양호 [ ] 불량	
피난방화시설		[ ] 양호 [ ] 불량	
화기취급감독		[ ] 양호 [ ] 불량	
기타사항		[ ] 양호 [ ] 불량	

불량사항 개선보고	보고일시	보고방법			보고받은 사람	
	. . .	[ ] 대면	[ ] 서면	[ ] 정보통신		
	조치방법	[ ] 이전	[ ] 제거	[ ] 수리·교체	[ ] 기타	

※ 작성요령
1. 소방안전관리대상물의 소방안전관리자는 소방안전관리업무를 수행한 날을 포함하여 월 1회 이상 작성
2. 당해연도 소방계획서 및 소방시설등(최초점검, 작동점검, 종합점검) 점검표에 따른 점검항목을 참고하여 작성
3. 소방안전관리대상물의 특성에 따라 기타사항에 추가항목을 작성
4. 경보설비의 수신기, 소화설비의 제어반 및 가압송수장치(펌프 등)를 중점적으로 확인하여 작성

OX퀴즈

● "최다빈출 핵심지문 OX퀴즈"를 통해 학습개념을 쉽게 정리하고 기출에 대한 선행학습을 해보세요.

1 소방계획의 수립절차는 총 3단계이다. O X

2 자위소방대의 조직 중 인명을 구조하고, 부상자에 대한 응급조치를 하는 팀은 응급 O X
구조팀이다.

3 화재를 인지한 경우 화재현장에서 소화기 또는 옥내소화전을 사용하여 신속한 초기 O X
소화 작업을 실시하고, 초기소화가 어려운 경우에는 열 또는 연기 확산 방지를 위해
출입문을 닫고 즉시 피난한다.

4 피난실패 시 건물 밖으로 대피하지 못한 경우 엘리베이터를 통해 옥상으로 올라간다. O X

5 화재 시 엘리베이터는 절대 이용하지 않도록 하며 계단을 이용해 옥외로 대피한다. O X

6 청각 장애인의 피난 보조는 시각적인 전달을 위해 표정이나 제스처를 사용하고 조명 O X
(손전등 및 전등)을 적극 활용하며 메모를 이용한다.

7 소방안전관리자는 소방안전관리업무 수행에 관한 기록을 소방안전관리 업무수행 기 O X
록표에 6개월에 1회 이상 작성·관리한다.

오답 지문 체크 01 (X) 02 (O) 03 (O) 04 (X) 05 (O) 06 (O) 07 (X)

01 소방계획의 수립절차는 총 **4단계**이다.
04 피난실패 시 건물 밖으로 대피하지 못한 경우 **밖으로 통하는 창문이 있는 방으로 들어간다.**
07 소방안전관리자는 소방안전관리업무 수행에 관한 기록을 소방안전관리 업무수행 기록표에 **월에 1회 이상** 작성·관리한다.

문제풀이(기출문제 + 예상문제)

01 다음 중 장애유형별 피난 시 손전등 및 전등을 활용하거나 메모를 이용한 대화가 효과적인 유형은?

① 시각장애인
② 청각장애인
③ 지적장애인
④ 거동이 어려운 장애인

해설

■ 장애유형별 피난보조 예시
1) 지체장애인 : 2인 이상이 1조가 되어 피난을 보조
2) 시각장애인 : 지팡이 이용, 여러 명의 시각장애인이 동시에 대피 시 서로 손을 잡고 질서 있게 피난
3) 청각장애인 : 소리전달이 어려우므로 시각적인 전달, 즉 조명(손전등 및 전등)을 이용하고, 메모를 적극 활용
4) 지적장애인 : 공황상태에 빠질 수 있으므로 차분하고 느린 어조로 도움을 주러왔음을 얘기하고, 피난 보조
5) 노약자 : 장애인에 준하는 피난보조

02 화재 시 일반적 피난행동으로 옳은 것은?

① 계단은 이용하지 않고 엘리베이터를 통해 옥외로 대피한다.
② 아래층 쪽으로 대피가 불가능하면 옥상으로 대피한다.
③ 옷에 불이 붙었을 때에는 눈과 입을 가리고 즉시 옷을 벗는다.
④ 연기 발생 시 최대한 높은 자세로 이동하고, 코와 입을 젖은 수건 등으로 막아 연기를 마시지 않도록 한다.

해설

■ 화재 시 일반적 피난행동
(1) 엘리베이터는 절대 이용하지 않도록 하며 계단을 이용해 옥외로 대피
(2) 아래층으로 대피가 불가능한 때에는 옥상으로 대피
(3) 아파트의 경우 세대 밖으로 나가기 어려울 경우 세대 사이에 설치된 경량칸막이를 통해 옆 세대로 대피하거나 세대 내 대피공간으로 대피
(4) 유도등, 유도표지를 따라 대피
(5) 연기 발생 시 최대한 낮은 자세로 이동하고, 코와 입을 젖은 수건 등으로 막아 연기를 마시지 않도록 주의
(6) 출입문을 열기 전 문손잡이가 뜨거우면 문을 열지 말고 다른 길 찾기
(7) 옷에 불이 붙었을 때에는 눈과 입을 가리고 바닥에서 뒹굴기
(8) 탈출한 경우에는 절대로 다시 화재 건물로 들어가지 않기

정답 01 ② 02 ②

03 피난계획의 일반적 원칙으로 옳지 않은 것은?
① 피난경로는 간단명료할 것
② 피난수단은 이동식 시설을 원칙으로 할 것
③ 두 방향의 피난동선을 항상 확보하여 둘 것
④ 인간의 특성을 고려하여 피난계획을 세울 것

해설
■ 피난계획의 일반적 원칙
1) 피난경로는 간단명료할 것
2) 양방향 피난로를 상시 확보해둘 것
3) 피난수단은 원시적인 방법에 따를 것
4) 피난수단은 고정식 시설을 원칙으로 할 것
5) 인간의 특성을 고려하여 피난계획을 세울 것

정답 03 ②

PART 07
응급처치

CHAPTER 01 응급처치 개요
CHAPTER 02 응급처치 요령

CHAPTER 01 응급처치 개요

1. 응급처치

1) 갑자기 발생한 외상이나 질환에 대해 주로 발생하는 장소 또는 반송된 의료기관에서 최소한도의 치료를 행하는 것, 즉 의사에게 치료를 받기 전까지의 즉각적인 임시조치를 말함
2) 중요성
   (1) 환자의 고통 경감
   (2) 긴급환자의 생명 유지
   (3) 응급처치로 인한 치료기간 단축
   (4) 현장처치의 원활화로 의료비 절감

2. 응급처치의 일반원칙

1) 긴박한 상황에서도 구조자는 자신의 안전을 최우선으로 할 것
2) 응급처치 시 사전에 보호자 또는 당사자의 이해와 동의를 얻어 실시
3) 당황하거나 흥분하지 말고 침착하게 사고의 정도와 환자의 모든 상태 확인
4) 응급처치와 동시에 119 구조·구급대, 경찰, 병원 등에 응급구조 요청
5) 환자상태를 관찰하며 모든 손상을 발견하여 처치하되 불확실한 처치 금지
6) 119구급차 이용에 따른 비용징수 문제

3. 응급처치 기본사항

1) 기도 확보(유지)

   (1) 구강 내 이물질 제거하기 위해 기침 유도, 기침이 어려울 시 하임리히법 실시 (이물질 함부로 제거 금지)
   (2) 구토를 하는 경우 머리를 옆으로 돌려 구토물의 흡입으로 인한 질식 예방
   (3) 이물질 제거 후 머리를 뒤로 젖히고, 턱을 위로 들어 올려 기도 개방

2) 지혈

   출혈부위 지압으로 저산소 출혈성 쇼크 방지

3) 상처 보호

   상처 부위에 소독거즈로 응급처치하고 붕대로 드레싱하되, 1차 사용한 거즈 등으로 상처를 닦는 것은 금하고 청결하게 소독된 거즈 사용

4. 응급처치 체계도

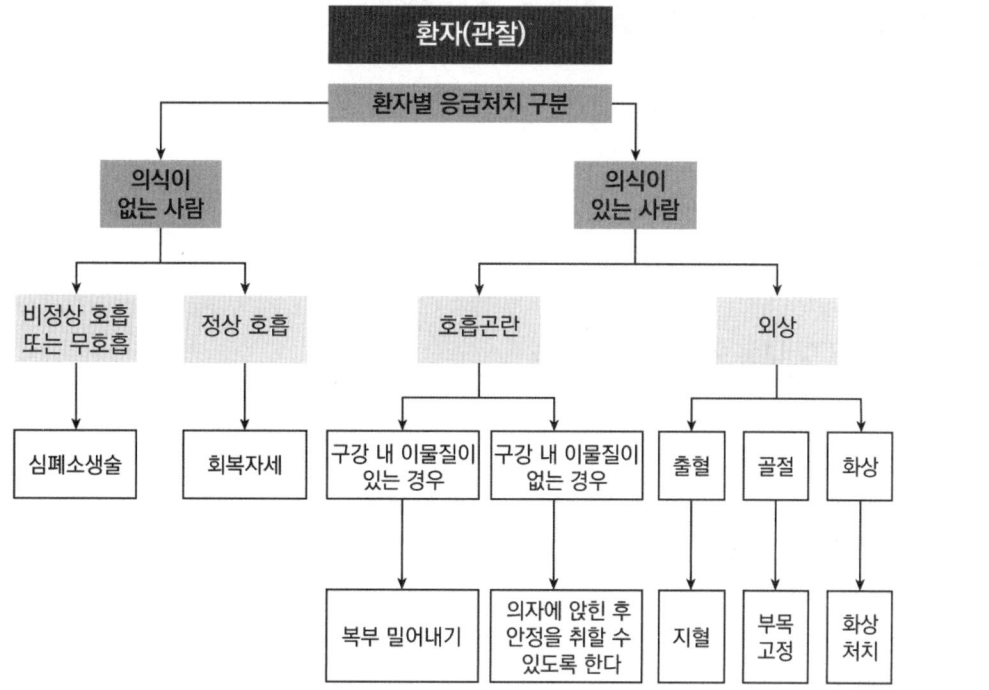

※ 출처 : 한국소방안전원

CHAPTER 02 응급처치 요령

01 화상

1. 화상의 원인 및 내용 물질

1) 열 : 열, 뜨거운 증기나 고체
2) 전기 : 일반전기 또는 낙뢰
3) 화학물질 : 독성 물질(강산, 강알카리성, 부식성 물질)
4) 빛 : 태양열을 포함한 자외선, 강력한 빛
5) 방사선 : 핵물질

2. 화상의 종류

구분	설명	그림
1도 화상 (표피 화상)	1) 표피손상 : 홍반성 2) 약간의 부종과 홍반 수반 3) 가벼운 통증	
2도 화상 (부분층 화상)	1) 진피손상 : 수포성 2) 심한 통증과 발적, 수포 발생 3) 진물이 나고 감염 위험	
3도 화상 (전층 화상)	1) 피하지방층 및 근육층 손상 : 괴사성 2) 피부는 가죽처럼 매끈하고 피부색은 검게 변함 3) 화상부위 건조하며 통증 없음	

3. 화상의 응급처치

1) 의복이 화상부위에 붙어 있을 경우 옷을 잘라내지 말고 다른 물질들과 접촉 금지
2) 1, 2도 화상은 15 ~ 30분 동안 흐르는 물에 화상부위 열 식혀줄 것, 3도 화상은 물에 적신 천을 대어 열기가 심부로 전달되는 것 방지
3) 화상부위 오염 우려 시 소독거즈 있을 경우 화상부위 덮어주기(골절환자의 경우 무리한 드레싱 금지)

4) 2도 화상의 경우 수포 상태의 감염우려가 있으니 터뜨리지 말 것
5) 이송 : 화상부위가 상부로 오도록 조치하고, 손상되지 않도록 유의

02 일반적인 응급 처치요령

1. 출혈

1) 출혈
   (1) 외출혈 : 혈액이 피부 밖으로 흘러나오는 것
   (2) 내출혈 : 피부 안쪽에 고이는 것

2) 출혈 증상
   (1) 호흡과 맥박이 빠르고 약하며 불규칙
   (2) 저체온, 저혈압 및 호흡곤란(피부 창백)
   (3) 탈수현상으로 인한 갈증
   (4) 동공 확대 및 두려움이나 불안 호소
   (5) 구토 발생

2. 출혈 시 응급조치

1) 직접 압박법
   (1) 출혈부위를 압박붕대 및 솜 등으로 압박하여 지혈하는 방법
   (2) 소독거즈로 출혈부위를 덮은 후 4 ~ 6인치 압박붕대로 출혈부위가 압박되게 감아줌
   (3) 압박 후 출혈이 계속되면 소독된 거즈를 추가로 덮고 압박붕대를 한 번 더 감아 출혈부위를 심장보다 높여줌으로써 출혈량 감소

2) 지혈대
   (1) 신체의 절단이나 과다출혈의 경우 최후의 수단으로 사용
   (2) 지혈대를 오랜 시간 장착하면 산소의 공급으로 조식괴사 유발되므로 관절부위에는 착용 금지(5 cm 이상의 띠 사용)
   (3) 지혈대 사용법
      ① 출혈부위에서 5 ~ 7 cm 상단부위 묶기
      ② 출혈이 멈추는 지점에서 소임 정지
      ③ 지혈대가 풀리지 않도록 정리
      ④ 지혈대 착용시간 기록

3. 심폐소생술(CPR)

1) 목적

(1) 심장의 기능이 정지하거나 호흡이 멈출 경우를 대비한 응급조치
(2) 호흡이 없으면 즉시 심폐소생술 실시
(3) 심정지 4 ~ 6분 경과 : 산소부족으로 뇌손상되어 회복되지 않음
(4) 기본순서 : 가슴압박 → 기도유지 → 인공호흡

2) 심폐소생술 시행방법

조치	내용
반응 확인	환자에게 "여보세요, 괜찮으세요?"라고 물어보고 소리를 내거나 반응이 없으면 심정지 가능성 높음
119신고	주변사람에게 119신고 요청
호흡 확인	얼굴과 가슴을 10초 이내 관찰하고 호흡이 없으면 심정지 판단
가슴압박 30회 시행	성인 분당 100 ~ 120회 속도로 환자의 가슴이 약 5 cm(소아 4 ~ 5 cm) 깊이로 강하게 눌리도록 체중을 실어 가슴압박
인공호흡 2회 시행	1) 환자의 머리를 젖히고, 턱을 들어 올려 기도 개방 2) 엄지와 검지로 환자의 코를 잡아서 막고, 입을 크게 벌려 환자의 입을 완전히 막은 후 가슴이 올라올 정도로 1초에 걸쳐 숨을 불어 넣음 3) 숨을 불어넣은 후에는 입을 떼고 코도 놓아 공기 배출
가슴압박과 인공호흡 반복	심폐소생술 5주기 시행 30 : 2 가슴압박과 인공호흡 5회 반복
회복자세	환자가 움직이거나 호흡이 회복되었는지 확인하고, 호흡이 회복된 경우 옆으로 눕혀 기도 개방

※ 사진 : 대한심폐소생협회 자료 참조

4. 자동심장충격기(AED) 사용방법

구분	사용방법	사진
1단계	전원 ON	
2단계	2개의 패드 부착 ① 패드1 : 환자의 오른쪽 빗장뼈 아래 부착 ② 패드2 : 환자의 왼쪽 젖꼭지 아래 중간겨드랑선 부착	
3단계	심장리듬 분석 ① "분석 중"이라는 음성 지시가 나오면, 심폐소생술을 멈추고 환자에게서 손을 뗀다. ② "심장충격이 필요합니다"라는 음성 지시와 함께 스스로 설정된 에너지 충전을 시작한다. ③ 심장충격기의 충전은 수 초 이상 소요되므로 가능한 가슴압박을 시행한다. ④ 심장충격이 필요 없는 경우에는 "환자의 상태를 확인하고, 심폐소생술을 계속 하십시오"라는 음성 지시가 나오며, 이 경우에는 즉시 심폐소생술을 시작한다.	
4단계	심장충격(제세동) 시행 ① 심장충격이 필요한 경우에만 심장충격 버튼이 깜박이기 시작한다. ② 깜박이는 버튼을 눌러 심장충격을 시행한다. ③ 심장충격 버튼을 누르기 전에는 반드시 다른 사람이 환자에게서 떨어져 있는지 확인하여야 한다.	
5단계	즉시 심폐소생술 다시 시행 ① 심장충격을 실시한 뒤에는 즉시 가슴압박과 인공호흡을 30 : 2로 다시 시작한다. ② 심장충격기는 2분마다 심장리듬을 반복해서 분석한다. ③ 심장충격기의 사용 및 심폐소생술의 시행은 119구급대가 현장에 도착할 때까지 계속한다.	

※ 사진 : 대한심폐소생협회 자료 참조

OX퀴즈

● "최다빈출 핵심지문 OX퀴즈"를 통해 학습개념을 쉽게 정리하고 기출에 대한 선행학습을 해보세요.

1 긴박한 상황에서도 구조자는 환자의 안전을 최우선으로 한다. ○ⓧ

2 의식이 없는 환자의 호흡이 비정상인 경우 회복자세를 취한다. ○ⓧ

3 의식이 있는 출혈환자인 경우 부목고정을 한다. ○ⓧ

4 심한 통증과 수포가 발생한 화상은 2도 화상이다. ○ⓧ

5 출혈이 심해지면 저혈압과 호흡곤란이 발생한다. ○ⓧ

6 지혈대는 출혈부위에서 5~7 cm 하단부위에 묶는다. ○ⓧ

7 심폐소생술은 성인 분당 100~120회 속도로 환자의 가슴이 약 5 cm(소아 4~5 cm) 깊이로 강하게 눌리도록 체중을 실어 가슴압박을 한다. ○ⓧ

8 자동심장충격기의 패드 부착 위치는 환자의 오른쪽 빗장뼈 아래와 환자의 왼쪽 젖꼭지 아래 중간겨드랑선이다. ○ⓧ

오답 지문 체크 01 (X) 02 (X) 03 (X) 04 (O) 05 (O) 06 (X) 07 (O) 08 (O)

01 긴박한 상황에서도 구조자는 **자신의** 안전을 최우선으로 한다.
02 의식이 없는 환자의 호흡이 비정상인 경우 **심폐소생술**을 한다.
03 의식이 있는 출혈환자인 경우 **지혈**을 한다.
06 지혈대는 출혈부위에서 5~7 cm **상단부위**에 묶는다.

문제풀이(기출문제 + 예상문제)

01 응급처치의 중요성으로 옳지 않은 것은?
① 긴급한 환자의 생사 여부 확인
② 환자의 절박한 고통 경감
③ 현장처치의 원활화로 의료비 절감
④ 위급한 부상부위의 응급처치로 입원치료 기간 단축

해설
■ 응급처치의 중요성
1) 환자의 고통 경감
2) 긴급환자의 생명 유지
3) 응급처치로 인한 치료기간 단축
4) 현장처치의 원활화로 의료비 절감

02 재난사고 시 호흡과 심장이 정지되어 얼마의 시간이 경과되면 산소 부족으로 뇌의 손상이 되는가?
① 0 ~ 4분 ② 4 ~ 6분
③ 5 ~ 10분 ④ 10 ~ 15분

해설
■ 재난사고 발생 시 호흡과 심장의 박동이 멈출 경우
4 ~ 6분이 지나면 뇌의 손상이 되어 생명에도 지장이 있다.

03 응급처치에 대한 내용으로 옳지 않은 것은?
① 응급환자는 기도확보가 중요하나 눈에 보이는 이물질이라도 함부로 제거하면 안 된다.
② 구토를 하는 경우 환자를 똑바로 눕혀 구토물의 흡입으로 인한 질식을 예방한다.
③ 출혈부위를 지압하여 저산소 출혈성 쇼크를 방지한다.
④ 상처 부위에 소독거즈로 응급처치하고 붕대로 드레싱하되, 1차 사용한 거즈 등으로 상처를 닦는 것은 금하고 청결하게 소독된 거즈를 사용한다.

해설
■ 응급처치 기본사항
1) 기도 확보(유지)
 (1) 구강 내 이물질 제거하기 위해 기침 유도, 기침이 어려울 시 하임리히법 실시(이물질 함부로 제거 금지)
 (2) 구토를 하는 경우 머리를 옆으로 돌려 구토물의 흡입으로 인한 질식 예방
 (3) 이물질 제거 후 머리를 뒤로 젖히고, 턱을 위로 들어 올려 기도 개방
2) 지혈
 출혈부위 지압으로 저산소 출혈성 쇼크 방지
3) 상처 보호
 상처 부위에 소독거즈로 응급처치하고 붕대로 드레싱하되, 1차 사용한 거즈 등으로 상처를 닦는 것은 금하고 청결하게 소독된 거즈 사용

| 정답 | 01 ① | 02 ② | 03 ② |

04 최외부 피부가 손상되어 그 부위가 빨간 색깔을 띠고, 통증을 느끼는 정도의 화상은?

① 1도 화상
② 2도 화상
③ 3도 화상
④ 4도 화상

해설
■ 화상의 종류

구분	설명
1도화상 (표피화상)	1) 표피손상 : 홍반성 2) 약간의 부종과 홍반 수반 3) 가벼운 통증
2도화상 (부분층화상)	1) 진피손상 : 수포성 2) 심한 통증과 발적, 수포 발생 3) 진물이 나고 감염 위험
3도화상 (전층화상)	1) 피하지방층 및 근육층 손상 : 괴사성 2) 피부는 가죽처럼 매끈하고 피부색은 검게 변함 3) 화상부위 건조하며 통증 없음

05 출혈 시 응급조치 중 지혈대에 대한 내용으로 옳지 않은 것은?

① 지혈대를 오랜 시간 장착하면 산소의 공급으로 조직괴사 유발되므로 관절부위에는 착용 금지
② 신체의 절단이나 과다출혈의 경우 최후의 수단으로 사용
③ 출혈부위에서 5 ~ 7 cm 하단부위 묶기
④ 출혈이 멈추는 지점에서 조임 정지

해설
■ 지혈대
(1) 신체의 절단이나 과다출혈의 경우 최후의 수단으로 사용
(2) 지혈대를 오랜 시간 장착하면 산소의 공급으로 조직괴사 유발되므로 관절부위에는 착용 금지(5 cm 이상의 띠 사용)
(3) 지혈대 사용법
① 출혈부위에서 5 ~ 7 cm 상단부위 묶기
② 출혈이 멈추는 지점에서 조임 정지
③ 지혈대가 풀리지 않도록 정리
④ 지혈대 착용시간 기록

06 심폐소생술을 할 때 성인의 경우 가슴압박의 분당 횟수는?

① 50 ~ 80회
② 80 ~ 100회
③ 100 ~ 120회
④ 40회 ~ 50회

해설
■ 심폐소생술 시 가슴압박

구분	설명
속도	분당 100 ~ 120회
시행 횟수	30회
압박깊이	5 cm

정답 04 ① 05 ③ 06 ③

07 자동심장충격기 패드의 부착 위치로 옳은 것은?

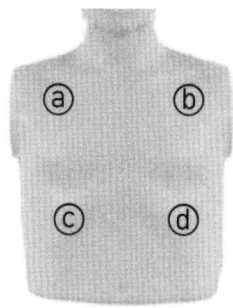

① a, b   ② a, d
③ b, c   ④ b, d

해설

■ 자동심장충격기 패드 부착부위
1) 패드1 : 환자의 오른쪽 빗장뼈 아래
2) 패드2 : 환자의 왼쪽 젖꼭지 아래 중간겨드랑선

정답 07 ②

PART 08
소방안전교육 및 훈련

CHAPTER 01 소방안전교육 및 훈련

CHAPTER 01 소방안전교육 및 훈련

01 소방안전교육 및 훈련

1. 소방교육 훈련의 실시원칙

원칙	설명
학습자 중심의 원칙	1) 학습자에게 감동이 있는 교육 2) 한 번에 한 가지씩 습득 가능한 분량 교육 및 훈련 3) 쉬운 것부터 어려운 것으로 교육 실시하되 기능적 이해에 비중을 둠
동기부여의 원칙	1) 교육의 중요성 전달 2) 적절한 스케줄을 배정 3) 교육은 시기적절하게 실시 4) 교육의 재미를 부여 5) 핵심사항에 교육의 포커스를 맞춤 6) 학습에 대한 보상 제공 7) 다양성 활용 8) 사회적 상호작용 제공 9) 전문성 공유 10) 초기성공에 대해 격려
목적의 원칙	1) 어떤 기술을 어느 정도까지 익혀야 되는지를 명확히 제시 2) 습득하여야 할 기술이 활동 전체에서 어느 위치에 있는지 인식
현실성의 원칙	학습자의 능력을 고려함
실습의 원칙	1) 목적을 생각하고 적절한 방법으로 정확히 함 2) 실습을 통해 지식 습득
경험의 원칙	사례를 들어 현실감 부여
관련성의 원칙	실무적인 접목과 현장성이 있어야 함

2. 소방교육 및 훈련의 실시

실시 내용	행동요령
소화기, 옥내소화전설비 구조원리 및 사용방법 실습	소화기 종류별 화재 적응성 및 옥내소화전설비의 구조원리를 이해하고 실습을 통하여 사용법 숙달
화재 시 대피 및 대피유도 실습	1) 대피요령과 관련된 영상물을 시청하게 하고, 연막탄 등을 활용한 실습을 통해 대피와 대피유도 체험 실시 2) 실습 후 토의를 통해 올바른 대피요령, 대피유도 방법을 도출하고 층별 피난동선 및 피난유도자의 역할 숙지
피난기구의 활용법 훈련	완강기와 로프, 구조대, 휴대용비상조명등 등을 이용하여 대피하는 훈련 반복 실시
응급처치	1) 발생할 수 있는 응급처치 사례를 중심으로 응급처치요령을 숙지 2) 응급처치 훈련용 마네킹을 이용하여 심폐소생술 반복 실습
소방시설 작동방법 및 점검방법	대상물에 설치된 소방시설에 대한 작동방법 및 점검방법 등을 설명하고 실습

3. 소방교육 및 훈련 결과작성

1) 자위소방대 및 초기대응체계 교육·훈련 실시결과 기록부 작성
2) 소방훈련·교육 실시결과 기록부 작성

4. 합동소방훈련

합동소방훈련은 소방안전관리대상물과 소방관서에서 함께 실시하는 훈련으로, 소방서장은 특급 및 1급 소방안전관리대상물의 관계인으로 하여금 합동소방훈련을 실시하게 할 수 있다.

OX퀴즈

● "최다빈출 핵심지문 OX퀴즈"를 통해 학습개념을 쉽게 정리하고 기출에 대한 선행학습을 해보세요.

1 소방교육은 학습자 중심의 원칙을 지킨다. ⬜O ⬜X

2 소방교육은 학습사항에 교육의 포커스를 맞춘다. ⬜O ⬜X

3 소방교육은 실습은 필요하지 않다. ⬜O ⬜X

4 응급처치 훈련용 마네킹을 이용하여 심폐소생술 반복 실습한다. ⬜O ⬜X

5 합동소방훈련은 소방안전관리대상물과 소방관서에서 함께 실시하는 훈련으로, 소방 ⬜O ⬜X
서장은 특급 및 1급, 2급 소방안전관리대상물의 관계인으로 하여금 합동소방훈련을
실시하게 할 수 있다.

오답 지문 체크 01 (O) 02 (O) 03 (X) 04 (O) 05 (X)

03 소방교육은 실습을 통해 지식 습득하여야 한다.
05 합동소방훈련은 소방안전관리대상물과 소방관서에서 함께 실시하는 훈련으로, 소방서장은 **특급 및 1급** 소방안전관리대상물의 관계인으로 하여금 합동소방훈련을 실시하게 할 수 있다.

문제풀이(기출문제 + 예상문제)

01 소방안전관리자는 자위소방조직을 소집하여 소방훈련 및 교육계획수립을 하는 횟수로 옳은 것은?

① 월 1회 이상
② 분기별 1회 이상
③ 반기별 1회 이상
④ 연 1회 이상

해설

■ 소방교육·훈련 실시결과
1) 실시회수 : 연 1년 이상
2) 기록부 보관기간 : 2년간 보관

02 소방교육 및 훈련의 정의로 올바른 것은?

① 사고나 재해로부터 피해가 없도록 사전 실시하는 교육
② 위험 가능성 또는 사고를 피할 수 있는 목적으로 실시하는 교육
③ 재난으로부터 인명 안전을 위해 안전의식 고취와 위험에 적절히 대응할 수 있는 능력을 기르기 위한 계획적인 교육
④ 사고예방과 개인적 피해 또는 사고로 재산적 손해가 없도록 하기 위한 교육

해설

■ 소방교육 및 훈련
화재사고와 재난으로부터 인명안전을 위한 안전의식고취와 훈련을 통해 행동능력을 기르기 위한 계획적인 교육

03 소방교육 및 훈련의 실시원칙 중 아래의 내용에 알맞은 것은?

> ㉠ 한 번에 한 가지씩 습득 가능한 분량을 교육 및 훈련한다.
> ㉡ 쉬운 거에서 어려운 것으로 교육을 실시하되 기능적 이해에 비중을 둔다.
> ㉢ 학습자에게 감동이 있는 교육이 되어야 한다.

① 학습자 중심의 원칙
② 관련성의 원칙
③ 동기부여의 원칙
④ 목적의 원칙

해설

■ 학습자 중심의 원칙
1) 학습자에게 감동이 있는 교육
2) 한 번에 한 가지씩 습득 가능한 분량 교육 및 훈련
3) 쉬운 것부터 어려운 것으로 교육 실시하되 기능적 이해에 비중을 둠

정답 01 ④ 02 ③ 03 ①

모아바 www.moa-ba.com
모아소방전기학원 www.moate.co.kr

PART 09

작동점검표 작성 및 실습

CHAPTER 01 작동기능점검표 작성

CHAPTER 02 자체점검 실시결과 보고서 작성

CHAPTER 01 작동기능점검표 작성

01 작성 근거 및 주요 내용

1. 작성근거
1) 「소방시설 설치 및 관리에 관한 법률 시행규칙」 별표3
2) 소방시설 자체점검사항 등에 관한 고시

2. 주요내용
1) 점검자
   (1) 특정소방대상물의 관계인
   (2) 소방안전관리자
   (3) 소방시설관리업자

2) 점검표
   점검항목을 통합한 소방시설등 자체점검 실시결과 보고서로 서식을 통일하여 작성 및 제출

02 점검표 구성 및 점검 전 준비사항·현황 확인

1. 작동기능점검표의 구성
1) 소방시설등 점검표 작성
   (1) 특정소방대상물(건물명, 대상물 구분, 소재지)
      ① 건물명(상호) : 점검대상물의 상호 기재
      ② 대상물 구분 : 소방안전관리대상물의 등급 기재(특급, 1급, 2급, 3급)
      ③ 소재지 : 건축물의 소재지 기재
   (2) 소방시설등 점검결과(해당설비, 점검결과)
   (3) 다중이용업소 안전시설등 점검결과(해당설비, 점검결과)

(4) 점검업체 현황(점검인력별 성명, 자격구분, 자격번호, 점검참여일, 서명)
  ① 소방시설관리업자가 점검하는 경우 점검인력 1단위 : 소방시설관리사 또는 특급점검자 1명과 보조기술인력 2명
  ② 점검인력 1단위에 2명(같은 건축물을 점검할 때에는 4명) 이내의 보조 기술인력 추가
(5) 점검번호 구분(대분류 - 중분류 - 소분류)

2) 소방시설등의 세부 현황(해당설비, 설치장소, 수량, 제원 등 현황)
  (1) 소화설비
    ① 소화기구, 자동소화장치
    ② 수계소화설비(공통사항, 개별사항)
    ③ 가스계소화설비(개별사항)
  (2) 경보설비
  (3) 피난구조설비
  (4) 소화용수설비
  (5) 소화활동설비

2. 점검 전 준비사항 및 현황 확인

1) 점검 전 준비사항
  (1) 협의나 협조를 받을 건물 관계인 등의 연락처를 사전 확보
  (2) 건물관계인에 사전 안내
  (3) 음향장치 및 각 실별 방문점검을 미리 공지

2) 현황확인
  (1) 건축물대장을 이용하여 건물 개요 확인
  (2) 소방도면 및 소방시설의 현황 파악
  (3) 점검사항을 토대로 점검순서를 계획하고 점검장비, 공구를 준비
  (4) 기존 점검자료 및 조치결과가 있다면 점검 전 참고
  (5) 점검과 관련된 각종 법규 및 기준을 준비 및 숙지

3) 점검표 작성을 위한 준비물
  (1) 소방시설등 자체점검 실시결과 보고서
  (2) 소방시설등[작동, 종합(최초점검, 그 밖의 점검)] 점검표
  (3) 건축물대장
  (4) 소방도면 및 소방시설 현황
  (5) 소방계획서 등

■ 소방시설 자체점검사항 등에 관한 고시[별지 제4호 서식]

| 소방시설등 | 작동점검[ ]
종합점검(최초점검[ ] 그 밖의 점검[ ]) | 점검표 |

※ 소방시설, 다중이용업란의 [ ]란에는 해당 시설에 √ 표를 한다.
　점검결과란은 양호○. 불량X. 해당 없는 항목은 /표시를 한다.

☐ 특정소방대상물

건물명(상호)		대상물 구분	
소 재 지			

☐ 소방시설등 점검결과

구분	해당설비	점검결과	구분	해당설비	점검결과
소화설비	[ ] 소화기구 및 자동소화장치 　[ ] 소화기(소화기·자확·간이) 　[ ] 주거용주방자동소화장치 　[ ] 상업용주방자동소화장치 　[ ] 캐비닛형자동소화장치 　[ ] 가스·분말·고체자동소화장치		피난구조설비	[ ] 피난기구 　[ ] 공기안전매트·피난사다리 　　(간이)완강기·미끄럼대·구조대 [ ] 다수인피난장비 [ ] 승강식피난기 　하향식피난구용내림식사다리	
	[ ] 옥내소화전설비			[ ] 인명구조기구	
	[ ] 스프링클러설비			[ ] 유도등	
	[ ] 간이스프링클러설비			[ ] 유도표지	
	[ ] 화재조기진압용스프링클러설비			[ ] 피난유도선	
	[ ] 물분무소화설비			[ ] 비상조명등	
	[ ] 미분무소화설비			[ ] 휴대용비상조명등	
	[ ] 포소화설비		소화용수설비	[ ] 상수도소화용수설비	
	[ ] 이산화탄소소화설비			[ ] 소화수조 및 저수조	
	[ ] 할론소화설비				
	[ ] 할로겐화합물 및 불활성기체소화설비		소화활동설비	[ ] 거실제연설비	
	[ ] 분말소화설비			[ ] 부속실 등 제연설비	
	[ ] 강화액소화전설비			[ ] 연결송수관설비	
	[ ] 고체에어로졸소화전설비			[ ] 연결살수설비	
	[ ] 옥외소화전설비			[ ] 비상콘센트설비	
경보설비	[ ] 단독경보형감지기			[ ] 무선통신보조설비	
	[ ] 비상경보설비			[ ] 연소방지설비	
	[ ] 자동화재탐지설비 및 시각경보기		기타	[ ] 방화문, 자동방화셔터	
	[ ] 비상방송설비			[ ] 비상구, 피난통로	
	[ ] 통합감시시설			[ ] 방 염	
	[ ] 자동화재속보설비				
	[ ] 누전경보기		비고		
	[ ] 가스누설경보기				

☐ 다중이용업소 안전시설등 점검결과

구분	해당설비	점검결과	구분	해당설비	점검결과
소화설비	[ ] 소화기 또는 자동확산소화기		비상구	[ ] 방화문	
	[ ] 간이스프링클러설비			[ ] 비상구(비상탈출구)	
경보설비	[ ] 비상경보설비 또는 자동화재탐지설비		기타	[ ] 영업장 내부 피난통로	
				[ ] 영상음향차단장치	
	[ ] 가스누설경보기			[ ] 누전차단기	
피난구조설비	[ ] 피난기구			[ ] 창 문	
	[ ] 피난유도선			[ ] 피난안내도 · 피난안내영상물	
	[ ] 유도등, 유도표지 또는 비상조명등			[ ] 방염대상물품	
	[ ] 휴대용비상조명등		비고		

☐ 점검업체(점검인력) 현황

구분	성명	자격구분	자격번호	점검참여일(기간)	서명
주인력					(서명)
보조인력					(서명)
보조인력					(서명)
보조인력					(서명)
보조인력					(서명)
보조인력					(서명)
보조인력					(서명)

점검기간(일자) :   년   월   일부터   년   월   일 까지 (총 점검일수 :   일)

소방시설관리업체(등록번호) :   (제0000-00호)

대 표 자 :   (인)

점검번호 구분	
대분류 (설비구분)	소화기구 및 자동소화장치를 '1'번으로 하여 설비별 순차적으로 번호를 부여하여 다중이용업소 '32'번까지로 함
중분류 (단위구분)	각 설비별 점검단위에 따라 'A'부터 알파벳 순서대로 부여함
소분류 (점검항목)	각 설비별 점검단위 내의 점검항목에 따라 '001'부터 순서대로 부여함

작성 및 유의사항
1. 소방시설등(작동, 종합)점검결과보고서의 '각 설비별 점검결과'에는 본 서식의 점검번호를 기재한다. 2. 자체점검결과(보고서 및 점검표)를 2년간 보관하여야 한다.

CHAPTER 02 자체점검 실시결과 보고서 작성

1. 소방시설등 자체점검 실시결과보고서
특정소방대상물, 점검기간, 점검자, 점검인력 등을 기재

2. 특정소방대상물의 정보
1) 소방안전정보(등급, 자체점검 및 교육훈련 등의 실시 여부)
2) 건축물 정보(건축허가일, 사용승인일, 연면적, 건축물의 구조 등)

3. 소방시설등의 현황
1) 소방시설등의 점검결과
2) 안전시설등의 점검결과(다중이용업소)
3) 소방시설등의 세부현황
4) 소방시설등의 불량 세부사항

4. 자체점검 실시결과 보고서 작성방법
1) 소방시설등의 점검표를 활용하여 소방시설등 자체점검 실시결과 보고서 작성
   (1) 특정소방대상물 : 명칭, 대상물 구분, 소재지
   (2) 점검기간 : 소방시설 점검을 실시한 일자 및 총 일수
   (3) 점검자 : 점검을 실시한 자의 인적사항(자격 포함)
   (4) 점검인력 : 성명, 자격, 자격번호, 점검 참여일
   (5) 서명 : 점검을 실시한 관계인등 서명
2) 소방대상물 정보 입력란으로 건축물정보는 건축물대장을 참조하여 작성
3) 소방시설등의 현황 소방시설등 세부현황에서 작성한 부분과 동일한 서식으로 소방시설등 자체점검표에서 작성했던 내용을 참고하여 작성
4) 소방시설등 불량사항 세부사항은 소방시설등 자체점검표의 점검항목별 번호를 기입하고 이에 해당하는 불량내용 작성

5. 자체점검 실시결과 보고서 보고 및 보관

⑴ 관리업자 또는 소방안전관리자로 선임된 소방시설관리사 및 소방기술사(이하 "관리업자등"이라 한다)는 자체점검을 실시한 경우에는 그 점검이 끝난 날부터 10일 이내에 소방시설등 자체점검 실시결과 보고서(전자문서로 된 보고서를 포함한다)에 소방청장이 정하여 고시하는 소방시설등 점검표를 첨부하여 관계인에게 제출해야 한다.

⑵ 제1항에 따른 자체점검 실시결과 보고서를 제출받거나 스스로 자체점검을 실시한 관계인은 자체점검이 끝난 날부터 15일 이내에 소방시설등 자체점검 실시결과 보고서(전자문서로 된 보고서를 포함한다)에 다음 각 호의 서류를 첨부하여 소방본부장 또는 소방서장에게 서면이나 소방청장이 지정하는 전산망을 통하여 보고해야 한다.
　① 점검인력 배치확인서(관리업자가 점검한 경우만 해당한다)
　② 소방시설등의 자체점검 결과 이행계획서

⑶ 제1항 및 제2항에 따른 자체점검 실시결과의 보고기간에는 공휴일 및 토요일은 산입하지 않는다.

⑷ 제2항에 따라 소방본부장 또는 소방서장에게 자체점검 실시결과 보고를 마친 관계인은 소방시설등 자체점검 실시결과 보고서(소방시설등점검표를 포함한다)를 점검이 끝난 날부터 2년간 자체 보관해야 한다.

⑸ 제2항에 따라 소방시설등의 자체점검 결과 이행계획서를 보고받은 소방본부장 또는 소방서장은 다음 각 호의 구분에 따라 이행계획의 완료 기간을 정하여 관계인에게 통보해야 한다. 다만 소방시설등에 대한 수리·교체·정비의 규모 또는 절차가 복잡하여 다음 각 호의 기간 내에 이행을 완료하기가 어려운 경우에는 그 기간을 달리 정할 수 있다.
　① 소방시설등을 구성하고 있는 기계·기구를 수리하거나 정비하는 경우: 보고일부터 10일 이내
　② 소방시설등의 전부 또는 일부를 철거하고 새로 교체하는 경우: 보고일부터 20일 이내

⑹ 제5항에 따른 완료기간 내에 이행계획을 완료한 관계인은 이행을 완료한 날부터 10일 이내에 소방시설등의 자체점검 결과 이행완료 보고서(전자문서로 된 보고서를 포함한다)에 다음 각 호의 서류(전자문서를 포함한다)를 첨부하여 소방본부장 또는 소방서장에게 보고해야 한다.
　① 이행계획 건별 전·후 사진 증명자료
　② 소방시설공사 계약서

■ 소방시설 설치 및 관리에 관한 법률 시행규칙 [별지 제9호 서식]

[ ] 작동점검, 종합점검 ([ ] 최초점검, [ ] 그 밖의 종합점검)
소방시설등 자체점검 실시결과 보고서

※ [ ]에는 해당되는 곳에 √표를 합니다.

특정소방 대상물	명칭(상호)		대상물 구분(용도)	
	소재지			

점검기간	년 월 일 ~ 년 월 일 (총 점검일수 : 일)

점검자	[ ] 관계인 (성명 : , 전화번호 :)
	[ ] 소방안전관리자 (성명 : , 전화번호 :)
	[ ] 소방시설관리업자 (업체명 : , 전화번호 :)
	전자우편 송달 동의	「행정절차법」 제14조에 따라 정보통신망을 이용한 문서 송달에 동의합니다.
		[ ] 동의함 [ ] 동의하지 않음
		관계인 (서명 또는 인)
		전자우편 주소 @

점검인력	구분	성명	자격구분	자격번호	점검참여일(기간)
	주된 점검인력				
	보조 점검인력				
	보조 점검인력				
	보조 점검인력				
	보조 점검인력				

「소방시설 설치 및 관리에 관한 법률」 제23조 제3항 및 같은 법 시행규칙 제23조 제1항 및 제2항에 따라 위와 같이 소방시설등 자체점검 실시결과 보고서를 제출합니다.

년   월   일

소방시설관리업자 · 소방안전관리자 · 관계인 :   (서명 또는 인)

관계인 · ○○ 소방본부장 · 소방서장 귀하

구분	첨부서류
소방시설관리업자 또는 소방안전관리자가 관계인에게 제출	소방청장이 정하여 고시하는 소방시설등점검표
관계인이 소방본부장 또는 소방서장에게 제출	1. 점검인력 배치확인서(소방시설관리업자가 점검한 경우에만 제출합니다) 1부 2. 별지 제10호 서식의 소방시설등의 자체점검 결과 이행계획서
유의 사항	
「소방시설 설치 및 관리에 관한 법률」 제58조 제1호 및 제61조 제1항 제8호	1. 특정소방대상물의 관계인이 소방시설등에 대한 자체점검을 하지 아니하거나 관리업자 등으로 하여금 정기적으로 점검하게 하지 않은 경우 1년 이하의 징역 또는 1천만 원 이하의 벌금에 처합니다. 2. 특정소방대상물의 관계인이 소방시설등의 점검 결과를 보고하지 않거나 거짓으로 보고한 경우 300만 원 이하의 과태료를 부과합니다.

OX퀴즈

"최다빈출 핵심지문 OX퀴즈"를 통해 학습개념을 쉽게 정리하고 기출에 대한 선행학습을 해보세요.

1 소방시설 점검 전 건물관계인에게 사전 안내를 한다. ⭕❌

2 기존 점검자료 및 조치결과가 있어도 점검 전에 참고하지 않는다. ⭕❌

3 특정소방대상물의 명칭, 대상물 구분, 소재지를 작성한다. ⭕❌

4 자체점검 실시결과 보고서를 제출받거나 스스로 자체점검을 실시한 관계인은 자체점검이 끝난 날부터 30일 이내에 소방시설등 자체점검 실시결과 보고서에 소방시설등의 자체점검결과 이행계획서를 첨부하여 소방본부장 또는 소방서장에게 서면 또는 소방청장이 지정하는 전산망을 통하여 보고한다. ⭕❌

5 소방본부장 또는 소방서장에게 자체점검 실시결과 보고서를 보고한 관계인은 그 점검 결과를 점검이 끝난 날부터 3년간 자체 보관한다. ⭕❌

오답 지문 체크 01 (O) 02 (X) 03 (O) 04 (X) 05 (X)

02 기존 점검자료 및 조치결과가 있다면 점검 전 참고한다.
04 자체점검 실시결과 보고서를 제출받거나 스스로 자체점검을 실시한 관계인은 자체점검이 끝난 날부터 15일 이내에 소방시설등 자체점검 실시결과 보고서에 소방시설등의 자체점검결과 이행계획서를 첨부하여 소방본부장 또는 소방서장에게 서면 또는 소방청장이 지정하는 전산망을 통하여 보고한다.
05 소방본부장 또는 소방서장에게 자체점검 실시결과 보고서를 보고한 관계인은 그 점검 결과를 점검이 끝난 날부터 2년간 자체 보관한다.

문제풀이(기출문제 + 예상문제)

01 다음 중 스프링클러설비의 점검을 완료하고, 동력제어반의 상태가 그림과 같을 때 정상 상태로 하기 위한 조치로 옳은 것은?

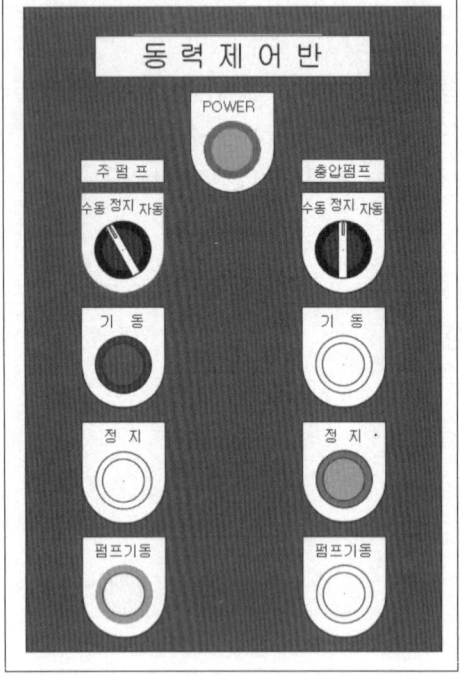

① 주펌프의 작동스위치는 수동상태로 유지한다.
② 충압펌프의 작동스위치는 수동상태로 유지한다.
③ 충압펌프 작동스위치를 자동으로 절환해야 한다.
④ 주펌프 작동스위치를 정지상태로 절환해야 한다.

해설

■ 동력제어반 정상 상태
1) 충압펌프의 작동스위치는 자동으로 절환되어야 한다.
2) 주펌프의 작동스위치는 자동으로 절환되어야 한다.
3) 주펌프는 수동상태로 절환 시 지속적으로 작동되므로 배관의 파손의 우려가 있어, 방수시험 후 충압펌프를 이용하여 배관 내 충압 후 자동으로 절환시킨다.

02 피난구유도등의 점검방법으로 옳지 않은 것은?

① 2선식인 경우 평상시 점등되었는지 확인한다.
② 2선식인 경우 차단기의 전원을 내렸을 때 유도등이 미점등상태인지 확인한다.
③ 3선식의 경우 점검스위치를 동작시켰을 때 점등되는지 확인한다.
④ 3선식의 경우 감지기가 동작 시 유도등이 점등되는지 확인한다.

정답 01 ③ 02 ②

해설
■ 피난구유도등의 점검방법
1) 2선식인 경우 평상시 점등되었는지 확인한다.
2) 2선식인 경우 차단기의 전원을 내렸을 때 유도등 내부에 배터리에 의해 점등되어야 한다.
3) 3선식의 경우 점검스위치를 동작시켰을 때 점등되는지 확인한다.
4) 3선식의 경우 감지기가 동작 시 유도등이 점등되는지 확인한다.

03 다음 그림은 도통시험을 용이하게 하기 위한 감지기 배선방식이다. 어떤 방식인가?

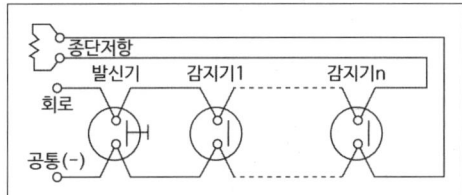

① 교차회로방식
② 송배선방식
③ 3선식 배선방식
④ 비접지 배선방식

해설
■ 감지기의 배선방식
송배선방식

04 자체점검 실시 이후 관계인의 자체점검 실시결과 보고서에 관한 내용이다. ( )에 알맞은 것은?

> - 자체점검 실시결과 보고서를 제출받거나 스스로 자체점검을 실시한 관계인은 점검이 끝난 날부터 (㉠) 이내에 "소방시설등 자체점검 실시결과 보고서"에 "소방시설등의 자체점검결과 이행계획서"를 첨부하여 소방본부장 또는 소방서장에게 서면 또는 소방청장이 지정하는 전산망을 통하여 보고하여야 한다.
> - 소방본부장 또는 소방서장에게 자체점검 실시 결과보고서를 보고한 관계인은 그 점검결과(소방시설등 점검표를 포함한다)를 점검이 끝난 날부터 (㉡) 자체 보관해야 한다.

① ㉠ 7일 ㉡ 1년간
② ㉠ 7일 ㉡ 2년간
③ ㉠ 15일 ㉡ 1년간
④ ㉠ 15일 ㉡ 2년간

해설
■ 자체점검 실시결과 보고서 보고 및 보관
1) 자체점검 실시결과 보고서를 제출받거나 스스로 자체점검을 실시한 관계인은 자체점검이 끝난 날부터 15일 이내에 소방시설등 자체점검 실시결과 보고서에 소방시설등의 자체점검결과 이행계획서를 첨부하여 소방본부장 또는 소방서장에게 서면 또는 소방청장이 지정하는 전산망을 통하여 보고
2) 소방본부장 또는 소방서장에게 자체점검 실시결과 보고서를 보고한 관계인은 그 점검 결과를 점검이 끝난 날부터 <u>2년간</u> 자체 보관

| 정답 | 03 ② 04 ④ |

05 자체점검 실시결과 보고서 주요구성 내용 중 소방시설등의 현황에 해당하지 않는 것은

① 안전시설등의 점검결과(다중이용업소)
② 소방안전정보(등급, 자체점검 및 교육훈련 등의 실시 여부)
③ 소방시설등의 세부현황
④ 소방시설등의 불량 세부사항

해설

■ 자체점검 실시결과 보고서 구성
1) 소방시설등 자체점검 실시결과보고서
   특정소방대상물, 점검기간, 점검자, 점검인력 등 기재
2) 특정소방대상물의 정보
   (1) 소방안전정보(등급, 자체점검 및 교육훈련 등의 실시 여부)
   (2) 건축물 정보(건축허가일, 사용승인일, 연면적, 건축물의 구조 등)
3) 소방시설등의 현황
   (1) 소방시설등의 점검결과
   (2) 안전시설등의 점검결과(다중이용업소)
   (3) 소방시설등의 세부현황
   (4) 소방시설등의 불량 세부사항

정답 05 ②

모아바 www.moa-ba.com
모아소방전기학원 www.moate.co.kr

모아 소방안전관리자 2급 이론서 [개정판]

발행일 2025년 1월 24일 개정판 1쇄
지은이 오민정
발행인 황모아
발행처 (주)모아교육그룹
주 소 서울특별시 영등포구 영신로 32길 29 세화빌딩 2층
전 화 02-2068-2393(출판, 주문)
등 록 제2015-000006호 (2015.1.16.)
이메일 moagbooks@naver.com
ISBN 979-11-6804-399-2 (13500)

이 책의 가격은 뒤표지에 있습니다.

Copyright ⓒ (주)모아교육그룹 Co., Ltd. All Rights Reserved.

이 책은 저작권법에 의해 보호를 받는 저작물이므로 저자와 출판사의 서면 허락 없이
내용의 전부 또는 일부를 이용하는 것을 금합니다.

소방안전관리자 2급 합격!
여러분의 합격은 모아의 보람입니다.

끊임없이 변화를 추구하는 교육기업
모아교육그룹

모아를 선택해주신 여러분께 감사드립니다.

- ✔ 모아는 혁신적인 교육을 통해 인간의 사고(思考)를 확장 및 변화시킬 수 있다고 믿고 있습니다.
- ✔ 모아는 미래를 교육으로 변화시킬 수 있다고 믿고 있습니다.
- ✔ 모아는 청년부터 장년, 중년, 노년까지의 성인교육에 중점을 두고 사업을 진행하고 있습니다.

초고령화, 불확실성의 시대
모아는 당신의 미래를 함께 하는 혁신적인 교육 플랫폼이 되겠습니다.